GUOWAI XIAOFEIPIN ZHAOHUI
SHUJU FENXI BAOGAO

2012—2017年

国外消费品召回数据分析报告

谢志利　孙宁　王卫玲 等 ◎ 著

中国标准出版社
北 京

图书在版编目（CIP）数据

2012—2017年国外消费品召回数据分析报告 / 谢志利，孙宁，王卫玲等著. —北京：中国标准出版社，2021.7

ISBN 978-7-5066-9845-0

Ⅰ. ①2… Ⅱ. ①谢… ②孙… ③王… Ⅲ. ①消费品—质量管理—研究报告—国外—2012—2017 Ⅳ. ①F416.8

中国版本图书馆CIP数据核字（2021）第144638号

出版发行	中国标准出版社	印　刷	北京博海升彩色印刷有限公司
	北京市朝阳区和平里西街甲2号（100029）	版　次	2021年7月第1版　2021年7月第1次印刷
	北京市西城区三里河北街16号（100045）	开　本	880mm × 1230mm　1/16
	总编室：(010) 68533533	印　张	9.75
	发行中心：(010) 51780238	字　数	195千字
	读者服务部：(010) 68523946	书　号	ISBN 978-7-5066-9845-0
网　址	http：//www.spc.net.cn	定　价	70.00元

如有印装差错　由本社发行中心调换

著者名单

著　者（按姓名音序排列）

白　铁　丁　洁　姜肇财
刘　婷　马学智　莫英俊
宋　黎　孙　宁　王卫玲
谢志利　徐思红　袁北哲
郑杰昌

前　言

消费品召回是由消费品生产者对存在缺陷的消费品采取措施消除缺陷，有效预防并消除安全风险的活动。生产者在召回缺陷消费品的同时，往往会对消费品的设计、制造等方面的安全问题进行修正。消费品召回已成为一项重要的国际通用的消费品安全市场监管措施，在加强事中事后监管、维护消费品安全、保障消费者权益方面发挥着重要的作用。

为了充分掌握国外消费品召回实施的具体实践及发展情况，为我国消费品召回实施及制度建设提供数据支撑，本书收集并整理了2012—2017年美国、欧盟、澳大利亚、加拿大、日本5个国家/地区的12923条消费品召回通报数据。在此基础上，主要从通报地、消费品分级、召回数量、原产地、缺陷性质、危害类别、召回措施、召回反应时间、事故报告情况、生产时间跨度、销售时间跨度等维度，对这5个国家/地区的召回数据进行了全面的统计分析和对比研究。

著　者

2021年4月

目　录

1 国外消费品召回总体情况

1.1 简介

召回是生产者的一项责任和义务，是由消费品生产者对存在缺陷的消费品采取措施消除缺陷，有效预防并消除安全风险的活动。存在缺陷的消费品有以下三个特征，且缺一不可：

（1）安全性

消费品召回通常有两种情形：一种是不符合国家标准、行业标准中保障人身、财产安全要求而发生的召回；另一种是虽然符合国家标准、行业标准中保障人身、财产安全要求，但仍然具有危及人身、财产安全的不合理危险而发生的召回。

不管是哪种类型的消费品缺陷，都与人身、财产安全高度相关。消费品使用性能方面的问题，不在政府召回监管范围内。由于召回所投入的成本非常高，大部分消费品召回活动都是针对消费品的高风险的缺陷问题。

（2）普遍性

“普遍性”区别于仅在个别消费品中偶然出现的情形，在同一批次、型号或类别的消费品中普遍存在的安全问题才需要实施召回。“普遍性”的界定，目的在于强调消费品发生危险或伤害的“高概率”情形。在同一批次、型号或类别的消费品中，缺陷产生原因以及缺陷所致后果相同。

（3）生产者（产品）原因

缺陷产生的原因包括：

1）设计原因，即由于技术的局限性、结构、材料和工艺或其他原因，消费品在最初设计时由于未考虑全面，致使消费品在投放市场后的使用、检验等过程中暴露出来的安全问题。如儿童自行车闸把尺寸过大，导致儿童在紧急情况下因无法握紧手闸而从车体上跌落，造成伤害事故。

2）制造原因，即消费品在加工、制作、装配过程中某个工序或环节出现偏差、错误或疏忽，而使消费品存在安全隐患。消费品的制造缺陷可产生于消费品生产过程的任一环节，从原材料供应、冲压、焊接、机械加工等工序到零件装配工序的偏差、错误或疏忽都有可能造成缺陷。

3）警示标识原因，即消费品未能提供完整的、符合安全使用要求的操作使用说明或警示说明等告知消费品风险，这种缺陷会因为没有明确提醒消费者如何正确操作，而可能导致消费者或他人受到某种伤害。如压面机说明书中未标注消费者在机器运转时不得将手伸入其中的警告，导致消费者在使用压面机时将手伸入滚轴中而发生轧伤事件。

生产者是消费品召回的责任主体。一般来讲，采取什么样的召回措施，以及回收后的消费品如何处置，由企业根据消费品存在缺陷的具体情形自主决定。召回措施包括采取修正或者补充标识、修理、更换、退货等方式或其他有效措施预防、消除安全风险的活动。

政府相关主管部门对召回活动实施监督，若发现召回活动未能取得预期效果，可要求生产者再次实施召回或者采取其他补救措施。

1.2　国外消费品召回制度

20世纪60年代以来，世界上有许多国家/地区，如美国、欧盟、加拿大、日本、澳大利亚等，陆续建立了消费品召回制度，每年都要从市场和消费者手中召回大量存在缺陷的消费品，使消费者免受缺陷消费品可能带来的危害，有力地保障了消费者的合法权益。

（1）美国

美国是世界上最早实行消费品召回制度的国家。1966年美国制定了《国家交通及机动车安全法》，1972年颁布了《消费品安全法案》。此后，美国陆续在多项消费品安全和公众健康的立法中引入了消费品召回制度，召回范围也扩展到几乎所有可能对消费者造成伤害的消费品。在立法实践上，根据产品的不同类别确立了由不同的监管部门依法实施召回监管工作。

美国负责实施消费品召回制度的机构是美国消费品安全委员会（CPSC），它是由法律授权的独立的联邦政府机构，直接对国会负责。CPSC主要负责对一般消费品的监控和召回，其监控的消费品在15000种以上，大致包括6类：玩具类、（不包括玩具的）儿童消费品类（该类又经常与玩具类合为一大类）、家用消费品类、户外用品类、运动娱乐消费品类和专业消费品类。

目前，CPSC执行职责依据的法律有：《消费品安全法案》及《消费品安全改进法案》《易燃织物法》《联邦危险物品法案》《包装材料中有毒物质控制示范法规》《冰箱安全法案》《防止儿童汽油烧伤法案》等。这几部法律，特别是《消费品安全法案》，不仅规定了实施消费品召回的基本条件和程序，还规定了违反召回义务的制裁措施，成为实施消费品召回措施的主要法律依据。

美国发布召回信息的网站为CPSC官方网站：https：//www. cpsc. gov/。

（2）欧盟

欧盟的《通用产品安全指令》（GPSD，2001/95/EC）中明确规定，当发现危险消费品时，成员国相关机构可以采取适当行动以消除风险，包括从市场上下架该消费品、从消费者手中召回消费品或发布预警。该指令适用于除食品以外的一切消费品，包括玩具、体育用品、纺织服装、家具等，特别是对无专门法规的消费品安全要求作出了基本规定。同时，欧盟建立了针对非食品类消费品快速预警系统（RAPEX），确保来自成员国的关于危险消费品的信息能够迅速地在所有成员国之间及其与欧盟委员会之间传播，其中包括消费品召回的信息。

目前，欧盟消费品安全管理的核心法律依据为《通用产品安全指令》，该指令对欧盟各成员国的消费品生产、进口、经销企业就消费品召回工作的基本责任和义务提出了具体的原则性要求，对主管部门的监管职能及主要程序、各成员国之间的消费品质量安全监管信息互通与技术评估协调等进行了规范。

欧盟发布召回信息的网站为RAPEX官方网站：https：//ec. europa. eu/consumers/consumers _ safety/safety_ products/rapex/alerts/？ event＝main. listNotifications&lng＝en。

（3）加拿大

加拿大于2011年6月开始实施《消费品安全法案》，该法案规定了消费品事故报告制度、消费品安全禁令及缺陷消费品处置措施等。负责消费品召回的部门为加拿大卫生部（HC）健康环境与消费者安全局，其任务是管理、监督危险的或具有潜在危险的消费品的广告、销售、进口等环节，保护消费者安全，对于不安全消费品，其管理措施有警告、召回、查封、起诉等。

加拿大发布召回信息的网站为HC官方网站：https：//www. canada. ca/en/health-canada. html。

当加拿大召回的消费品同时在美国进行召回时，召回信息同时在美国CPSC官方网站上发布。

（4）日本

《消费品安全法》是保障日本消费品安全的根本法，也是日本消费品召回的法律依据，该法案规定了制造、进口、流通、销售企业实施消费品召回的基本方法和程序。

日本消费品召回主管机构为日本经济产业省（METI）。国家技术评估研究院（National Institute of Technology and Evaluation，NITE）负责收集消费品伤害信息并开展调查。

日本发布召回信息的网站为METI官方网站：http：//www.meti.go.jp/。

（5）澳大利亚

澳大利亚《贸易实践法》明确规定，若消费品具有造成人身伤害的危险，生产商或销售商不主动召回消费品的，将被强制性地要求召回消费品，若生产商或销售商违反了强制召回消费品的命令将被追究刑事责任。

澳大利亚的消费品召回主管机构是澳大利亚竞争和消费者委员会（ACCC）。

澳大利亚发布召回信息的网站为ACCC官方网站：https：//www.productsafety.gov.au/recalls。

总的来看，发达国家/地区经过几十年的实践，已经形成了较为完善的消费品召回制度，为保护消费者安全、消除消费品安全隐患起到了不可替代的作用。

1.3 召回通报的数据项

本书以美国、欧盟、澳大利亚、加拿大和日本5个国家/地区的消费品召回通报信息为基础，从通报中提取了通报日期、原产地、缺陷性质、消费品分级、召回措施、事故报告情况等12个数据项用于统计分析。本书中使用的主要数据项如表1.3-1所示。各数据项说明如下：

1）通报日期是指5个国家/地区发布召回信息的时间。

2）通报地是指美国、欧盟、加拿大、日本、澳大利亚5个国家/地区。由于美国发布的召回通报中包括加拿大的召回数据，所以在本书中，加拿大的召回数据不再单独分析。

3）原产地是指被召回产品的实际生产地。

4）缺陷性质是指召回的原因是标准符合性的问题还是非标准符合性的问题。日本发布的召回通报中未提及缺陷性质的信息，在本书中日本的数据分析对该数据项均以“不详”来计，且不做具体分析。

5）消费品分级，共分3级。其中，一级包括：电子电器、儿童用品、家具、家用日用品、文教体育用品、五金建材、其他交通运输工具①、日用纺织品和服装、食品相关产品、药品（欧盟和日本的召回通报中未涉及药品相关数据）共计10大类。这10大类又可分为重点消费品和非重点消费品。需要说明的是欧盟RAPEX发布的召回通报中，还包括一些化学制品、机动车、化妆品等，澳大利亚发布的召回通报中包括医疗器械等，本书将消费

① 本书中其他交通运输工具二级分类目录下的电动工具指草坪拖拉机等。

品定位为一般消费品，即上述10大类产品。

6）召回数量、召回次数是指每期召回通报中涉及召回产品的数量和次数。欧盟和澳大利亚发布的召回通报中并未提及缺陷消费品的召回数量信息，所以在本书中欧盟和澳大利亚的数据分析对该数据项均以“不详”来计，且不做具体分析。

7）危害类别是指缺陷消费品对消费者可能造成的危害情况，例如窒息、触电、烧伤、跌伤等。

8）召回措施是指生产者针对缺陷产品采取的补救措施，例如退货/退款、维修、更换等。

9）召回反应时间是指召回发布时间到召回实施时间的时间跨度。

10）事故报告情况是指召回通报中的产品，是否已经收到事故报告。

11）生产时间跨度是指召回实施时间到生产开始时间的时间跨度。

12）销售时间跨度是指召回实施时间到销售开始时间的时间跨度。

表1.3-1中的符号“√”表示该国家/地区的召回通报中包含该数据项的内容，符号“—”表示该国家/地区的召回通报中未包含该数据项的内容。

表1.3-1 本书涉及的主要数据项

国家/地区	数据项												
	通报日期	通报地	原产地	缺陷性质	消费品分级	召回数量	召回次数	危害类别	召回措施	召回反应时间	事故报告情况	生产时间跨度	销售时间跨度
美国	√	√	√	√	√	√	√	√	√	√	√	√	√
欧盟	√	√	√	√	√	—	√	√	√	—	√	—	—
加拿大	√	√	√	√	√	√	√	√	√	√	√	√	√
澳大利亚	√	√	√	√	√	—	√	√	√	√	—	√	√
日本	√	√	—	—	√	√	√	√	√	√	—	√	√

1.4 召回次数的总体情况

依据收集到的美国和加拿大、欧盟、澳大利亚、日本发布的消费品召回通报，总的来看，2012—2017年，5个国家/地区的消费品总召回次数为12923次。其中欧盟的消费品召回次数最多为9520次，占比为73.67%，美国和加拿大、澳大利亚居中，其占比分别为12.87%和9.84%，召回次数最少的是日本，占比为3.62%。5个国家/地区总召回次数的分布情况如图1.4-1所示。

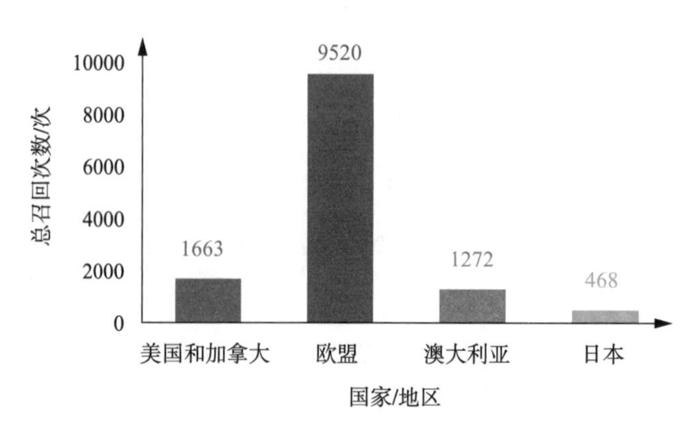

图 1.4-1　2012—2017 年 5 个国家/地区的总召回次数

就各个年度来看，欧盟的年均消费品召回次数是 5 个国家/地区中最多的，达到1500 次以上，其次是美国和加拿大、澳大利亚，年均召回次数分别为 277 次和 212 次，年均召回次数最少的是日本，为 78 次。5 个国家/地区各个年度消费品召回次数如图 1.4-2 所示。

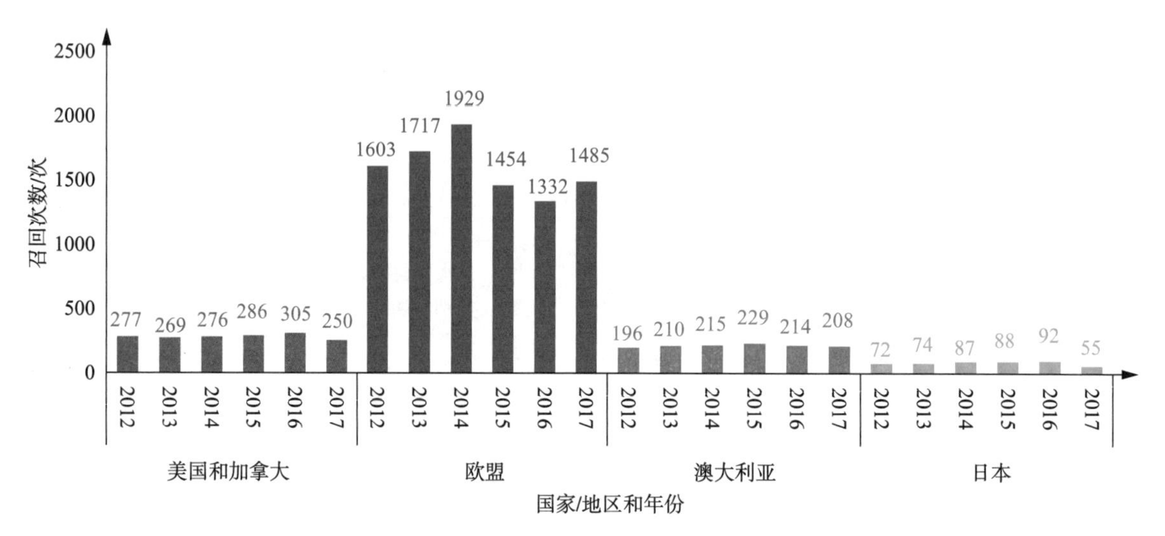

图 1.4-2　2012—2017 年各个年度 5 个国家/地区的召回次数

1.5　召回数量的总体情况

依据收集到的美国和加拿大、欧盟、澳大利亚、日本发布的消费品召回通报，2012—2017 年，美国和加拿大、日本 3 个国家/地区的消费品召回数量[①]总数为 597 百万件（欧盟、澳大利亚召回数量不详）。其中，美国和加拿大各类消费品召回数量为 571 百万件，占比 95.64%。日本各类消费品召回的数量为 26 百万件，占比 4.36%。5 个国家/地区召回数

① 本书中的召回数量以百万件为单位，按四舍五入的原则进取。因本书中部分数据的数值较小，所以部分图中的召回数量单位为十万件，但在文中叙述时统一用百万件。另外，图中部分数值非常小的时候，在图上标示为 0，但实际数值不是 0。根据原始数据统计得出的总召回数量的取舍值与分项取舍后的数值加总会出现偏差。

量的总体情况如图 1.5-1 所示。

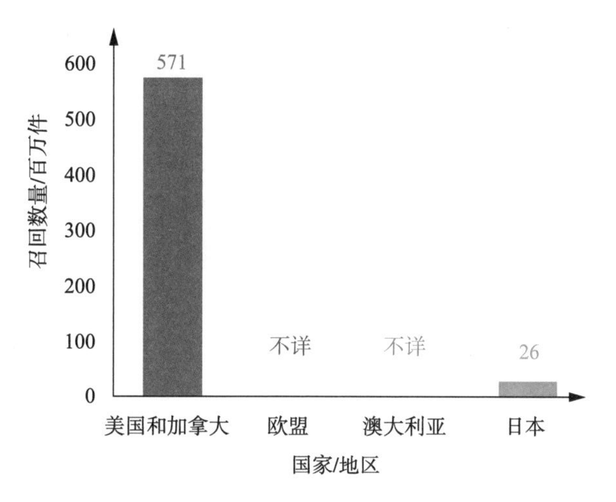

图 1.5-1　2012—2017 年 5 个国家/地区的总召回数量

就各个年度来看，美国和加拿大消费品年均召回数量为 95 百万件，其中 2016 年最多，召回数量达到 235 百万件。日本消费品的年均召回数量为 4 百万件。5 个国家/地区各个年度消费品召回数量如图 1.5-2 所示。

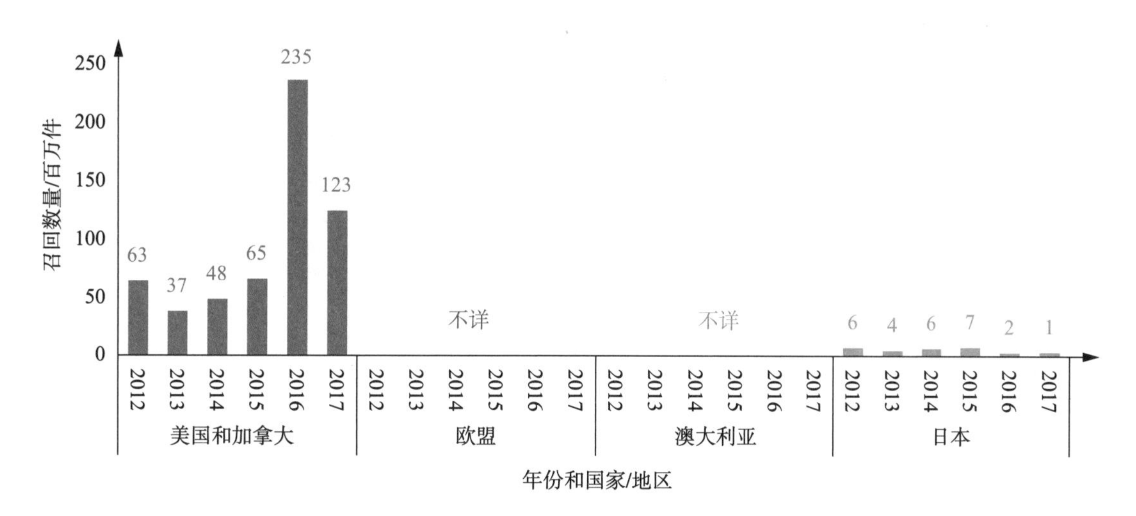

图 1.5-2　2012—2017 年 5 个国家/地区各个年度的召回数量

2　消费品召回重点内容分析

2.1　年度召回情况

就年度召回情况来看，欧盟各个年度消费品召回次数远远高于其他国家和地区，其次是美国和加拿大、澳大利亚，日本最少。

2012—2017 年，美国和加拿大在各个年度实施的消费品召回数量都要远远高于日本。

2.1.1　美国和加拿大

2012—2017 年，美国和加拿大各类消费品召回次数如图 2.1-1 所示。数据表明，美国和加拿大各个年度召回次数居于前两位的均是电子电器和儿童用品，年均召回次数达到 87 次和 60 次，其次是文教体育用品、家具、其他交通运输工具以及家用日用品等。

2012—2017 年，美国和加拿大各类消费品召回数量分布如图 2.1-2 所示。数据表明，2012—2017 年，家用日用品、电子电器、家具和儿童用品的召回数量较多，分别是 229.6 百万件、143 百万件、87.2 百万件、38.9 百万件。各个年度情况不同，2012 年美国和加拿大各类消费品中召回数量最多的是五金建材，达到 35.2 百万件；2013 年、2014 年召回数量最多的是电子电器，平均达到 28.3 百万件；2015 年召回数量最多的是家具，达到 29.9 百万件；2016 年、2017 年召回数量最多的是家用日用品，召回数量分别是 125.6 百万件和 84.2 百万件。

2.1.2　欧盟

2012—2017 年，欧盟各类消费品召回次数分布情况如图 2.1-3 所示。数据表明，欧盟召回次数较多的产品是儿童用品、电子电器、日用纺织品和服装、家用日用品。其中，儿童用品年均召回次数近 1000 次；电子电器年均召回次数在 300 次以上；家用日用品、日用纺织品和服装年均召回次数在 100 次以上。

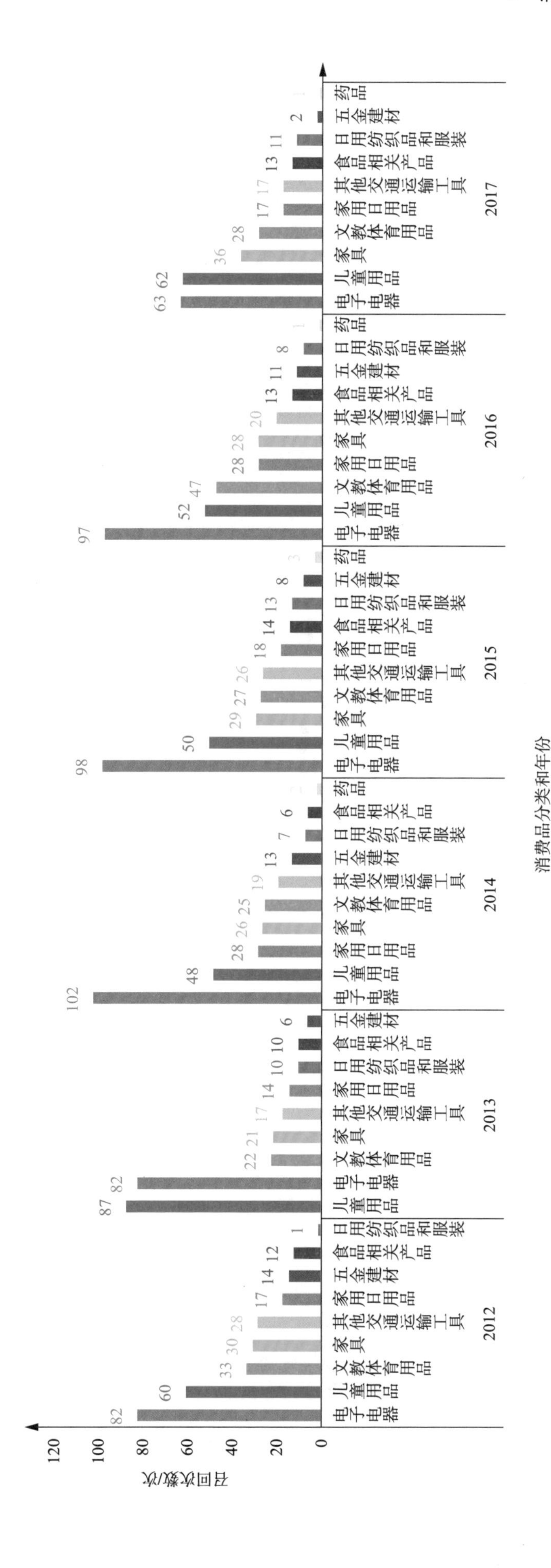

图2.1-1 2012—2017年美国和加拿大各个年度各类消费品的召回次数

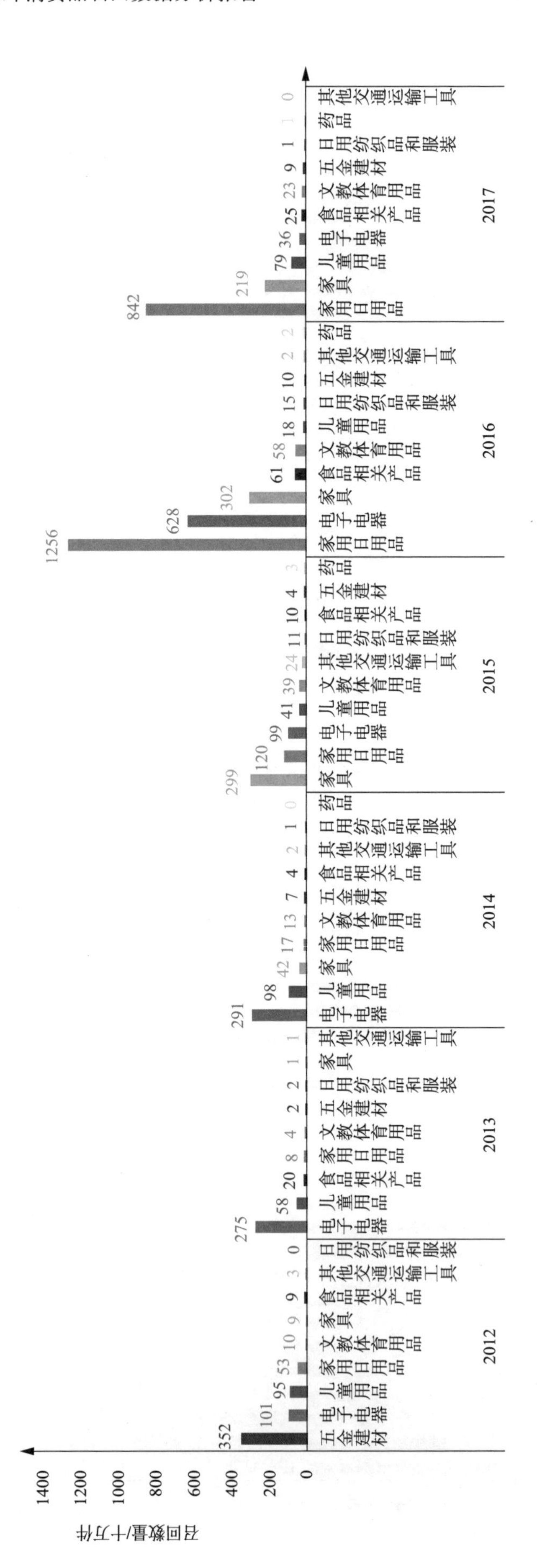

图2.1-2　2012—2017年美国和加拿大各个年度各类消费品的召回数量

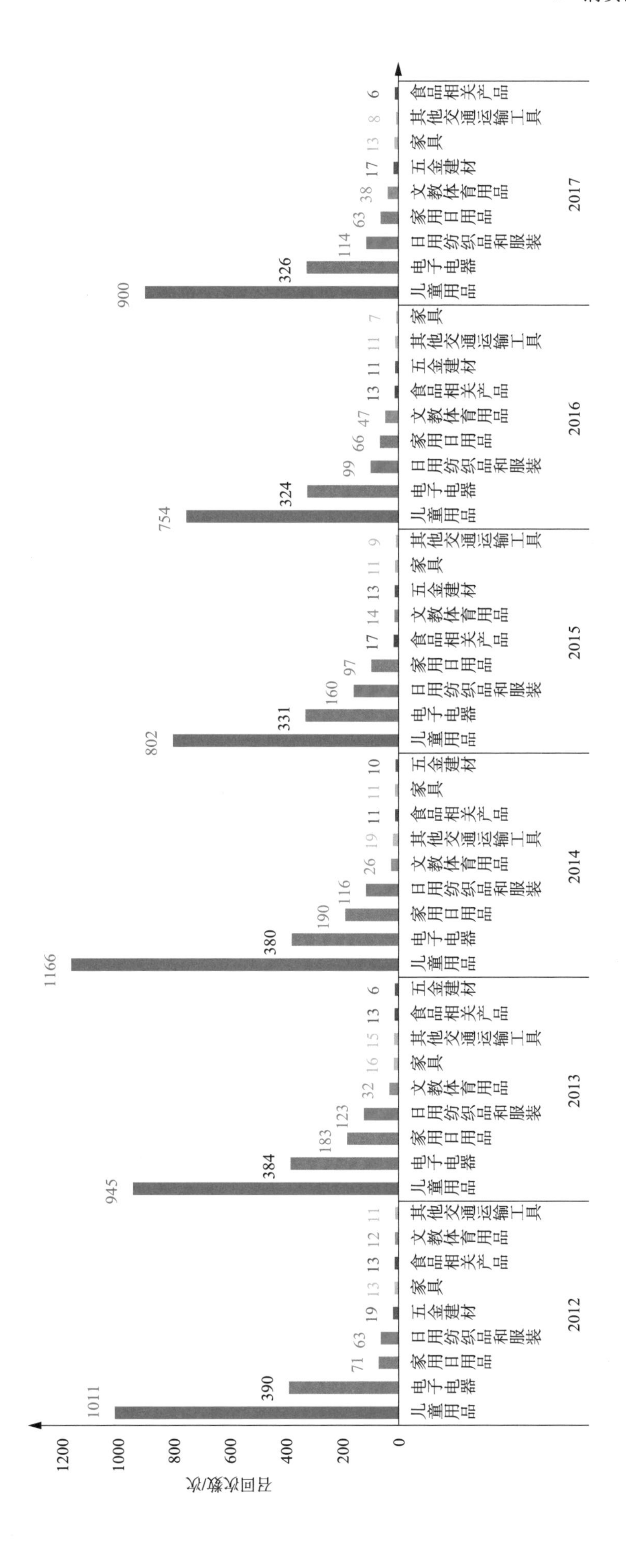

图2.1-3 2012—2017年欧盟各个年度各类消费品的召回次数

2.1.3 澳大利亚

2012—2017年，澳大利亚各类消费品召回次数分布情况如图2.1-4所示。数据表明，澳大利亚召回次数较多的产品是电子电器、儿童用品和家用日用品，年均召回次数分别为68次、64次和18次。各个年度情况有所不同，2012年、2014年、2015年、2016年召回次数最多的是电子电器，2013年和2017年召回次数最多的是儿童用品。

2.1.4 日本

2012—2017年，日本各类消费品召回次数分布情况如图2.1-5所示。数据表明，日本年均召回次数最多的是电子电器，其次是其他交通运输工具、日用纺织品和服装、儿童用品等，分别为33次、10次、9次和7次。

2012—2017年，日本各类消费品召回数量分布情况如图2.1-6所示。统计数据表明，除2013年以外，日本各类消费品召回数量最多的是电子电器；2013年召回数量最多的是食品相关产品，为2.1百万件。

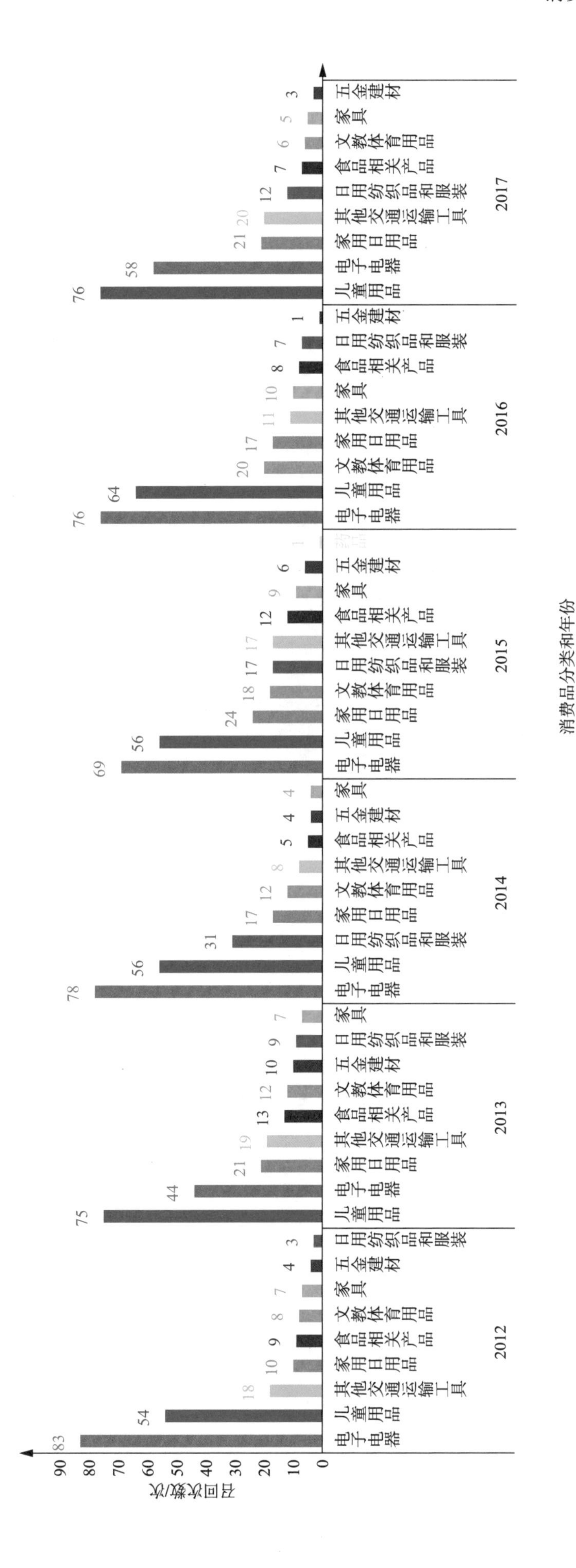

图2.1-4　2012—2017年澳大利亚各个年度各类消费品的召回次数

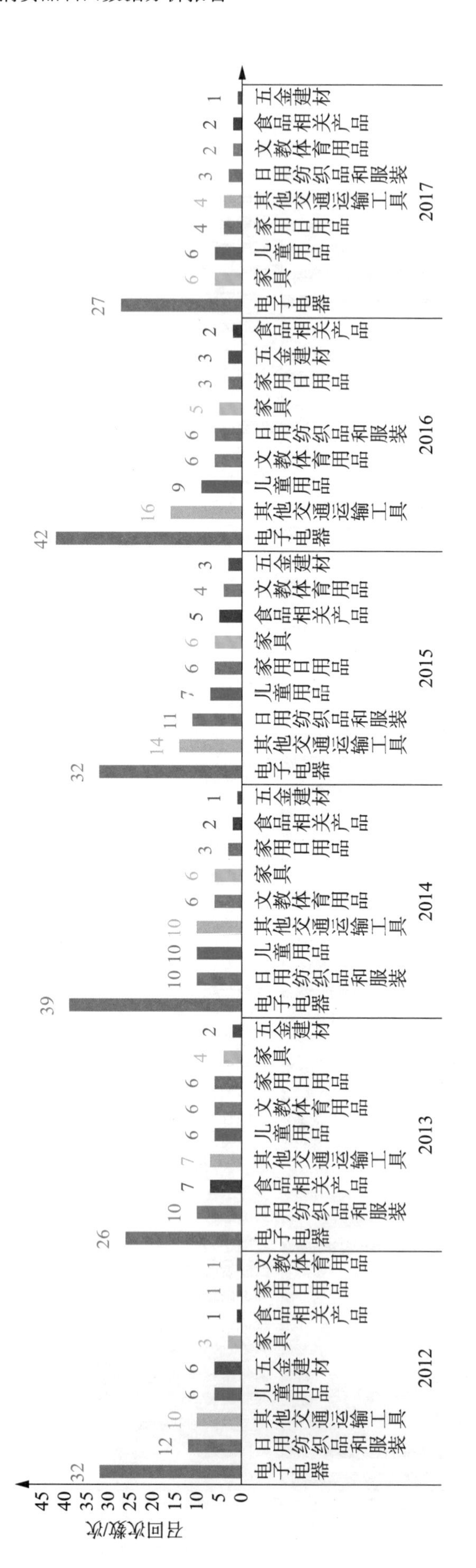

图2.1-5 2012—2017年日本各个年度各类消费品的召回次数

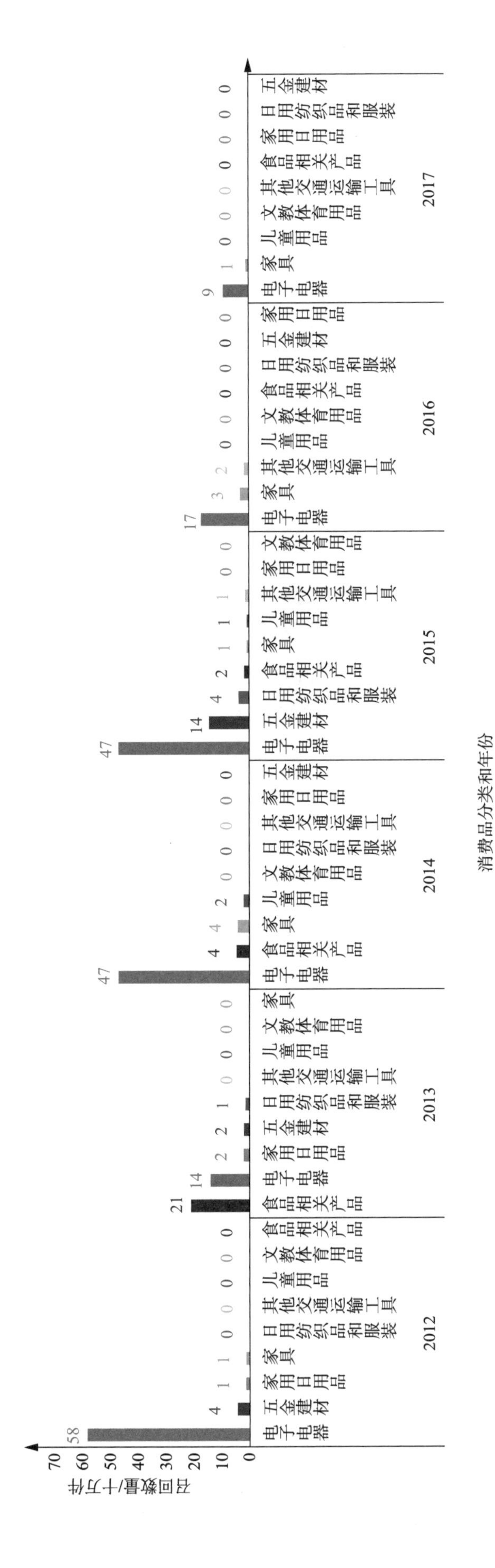

图2.1-6 2012—2017年日本各个年度各类消费品的召回数量

2.2 原产地情况

就召回消费品的原产地维度来看，2012—2017年，5个国家/地区实施的总召回次数是12923次，原产地为中国的召回次数是7812次，占总召回次数的60%，具体5个国家/地区的召回次数情况如图2.2-1所示。其中欧盟召回次数中原产地为中国的召回次数占比达到71%，美国和加拿大召回次数中原产地为中国的召回次数占比是62%，澳大利亚召回次数中原产地为中国的召回次数占比不足1%，日本召回次数中原产地为中国的召回次数不详。

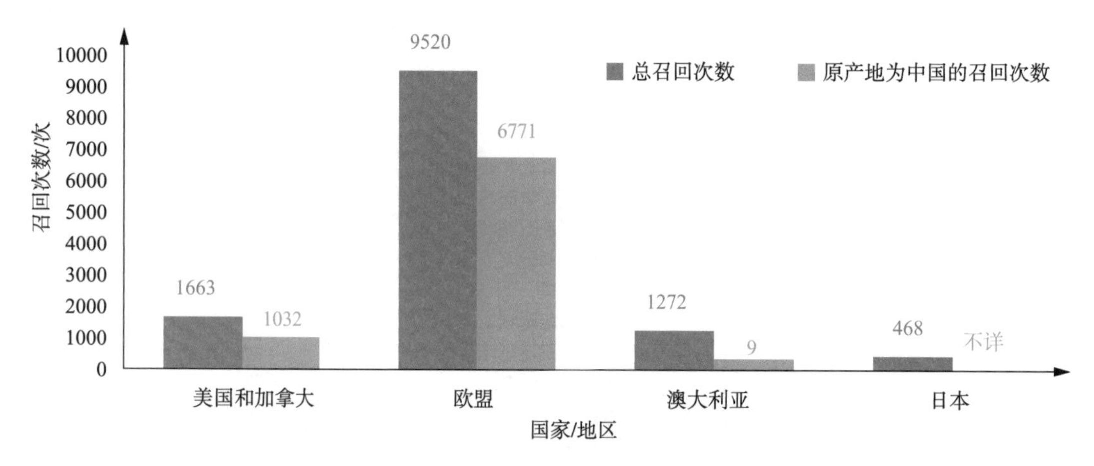

图2.2-1 2012—2017年5个国家/地区总召回次数与原产地为中国的召回次数对比

2012—2017年，5个国家/地区实施的总召回数量是597百万件，原产地为中国的召回数量是187百万件，占总召回数量的31%，具体5个国家/地区的召回数量分布情况如图2.2-2所示。其中，原产地为中国的召回的数量占美国和加拿大总召回数量的33%，欧盟与澳大利亚的总召回数量和原产地为中国的召回数量均不详，日本原产地为中国的召回数量不详。

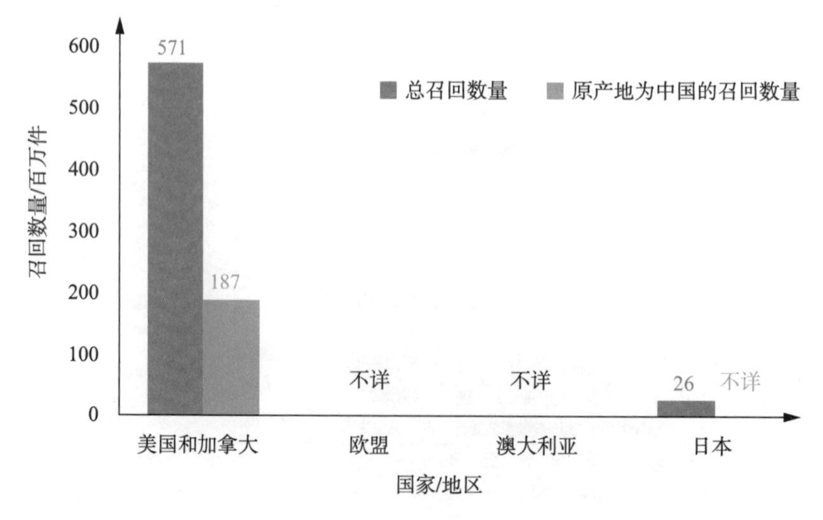

图2.2-2 2012—2017年5个国家/地区总召回数量与原产地为中国的召回数量对比

2012—2017 年，5 个国家/地区各个年度的召回次数情况如图 2.2-3 所示。统计数据表明，2012—2017 年，欧盟实施的年度召回次数在 5 个国家/地区中都是最多的。同时，欧盟实施的原产地为中国的年度召回次数在 5 个国家/地区中也是最多的。

2012—2017 年，5 个国家/地区各个年度的召回数量情况如图 2.2-4 所示。统计数据表明，2012—2017 年，美国和加拿大实施的年度召回数量要远高于日本。

2012—2017 年，5 个国家/地区实施的召回中，各类消费品的总召回次数与原产地为中国的召回次数分布情况如图 2.2-5 所示，其中日本原产地为中国的召回次数不详。统计数据表明，儿童用品的总召回次数最多，原产地为中国的召回次数也是最多；其次是电子电器、家用日用品、日用纺织品和服装、文教体育用品等。原产地为中国的儿童用品的召回次数占儿童用品总召回次数的比例是 66%，原产地为中国的电子电器、家用日用品、日用纺织品和服装、文教体育用品所占比例分别是 63%、53%、53%和 46%。

2012—2017 年，5 个国家/地区实施的召回中，美国和加拿大、日本各类消费品的总召回数量与原产地为中国的召回数量分布情况如图 2.2-6 所示，日本原产地为中国的召回数量和欧盟、澳大利亚的召回数量总体情况均不详。统计数据表明，5 个国家/地区实施的消费品召回中，原产地为中国的电子电器的召回数量最多，其次是儿童用品、食品相关产品、家具和文教体育用品。原产地为中国的电子电器的召回数量占电子电器总召回数量的 67%，儿童用品、食品相关产品、家具和文教体育用品的比例分别是 90%、75%、11%和 60%。

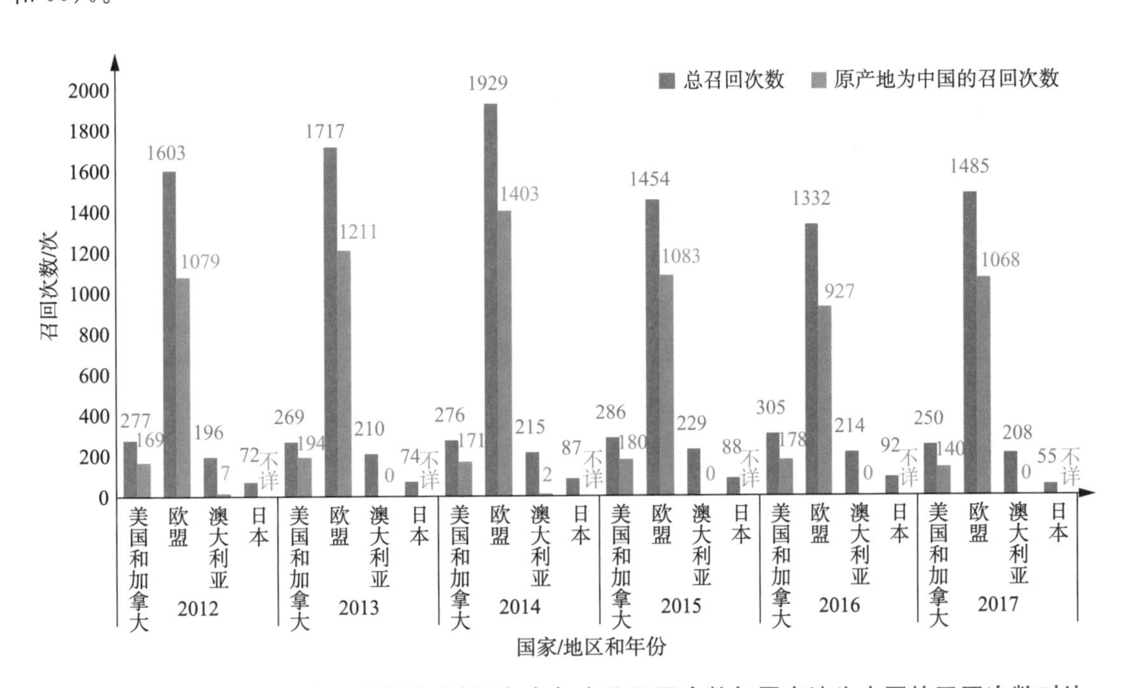

图 2.2-3　2012—2017 年 5 个国家/地区各个年度总召回次数与原产地为中国的召回次数对比

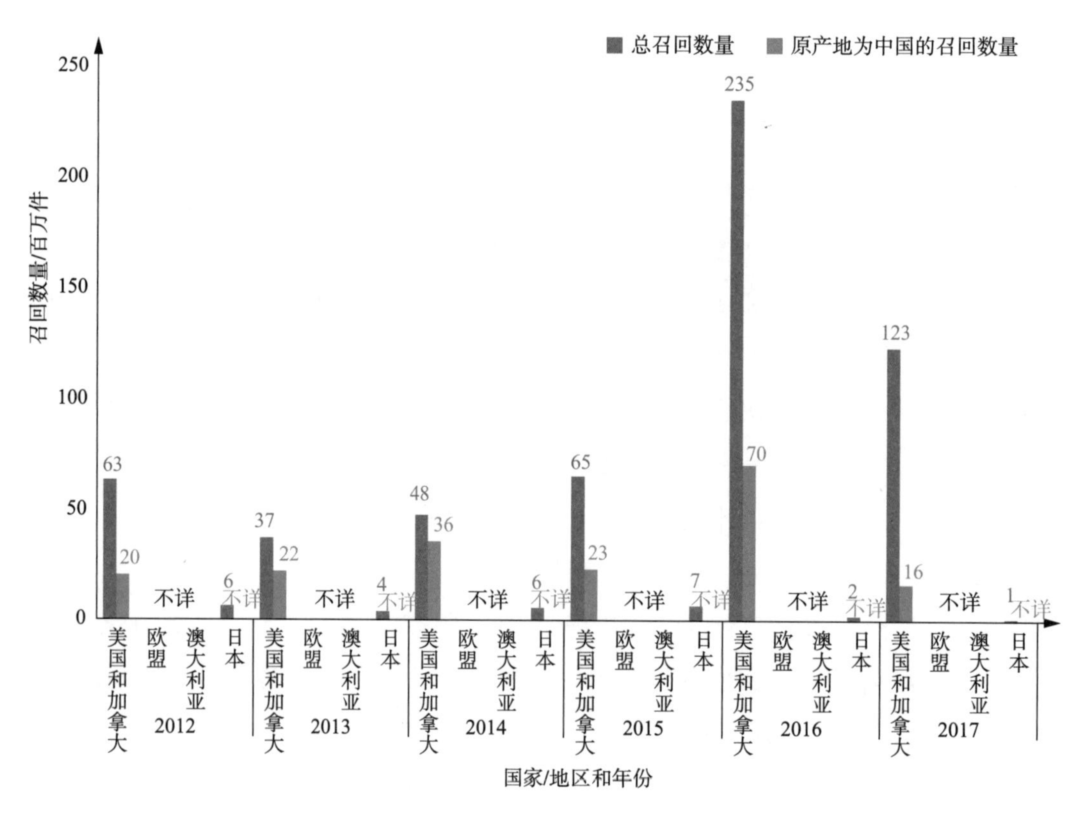

图 2.2-4　2012—2017年5个国家/地区各个年度总召回数量与原产地为中国的召回数量对比

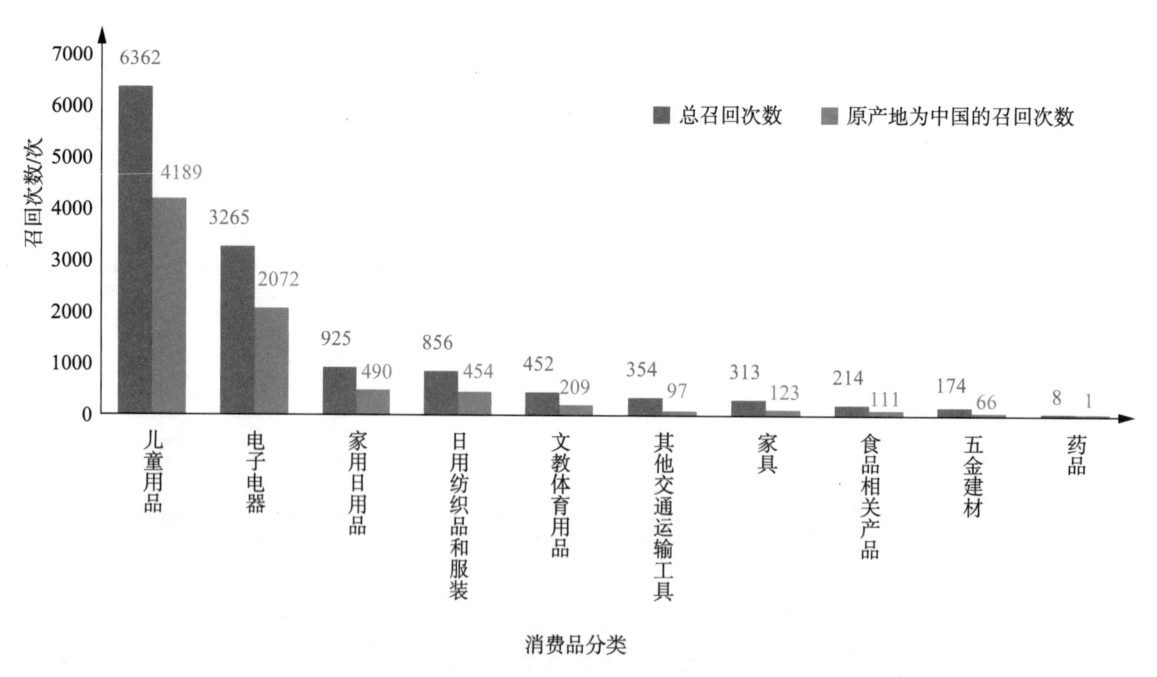

图 2.2-5　2012—2017年5个国家/地区各类消费品总召回次数与原产地为中国的召回次数对比

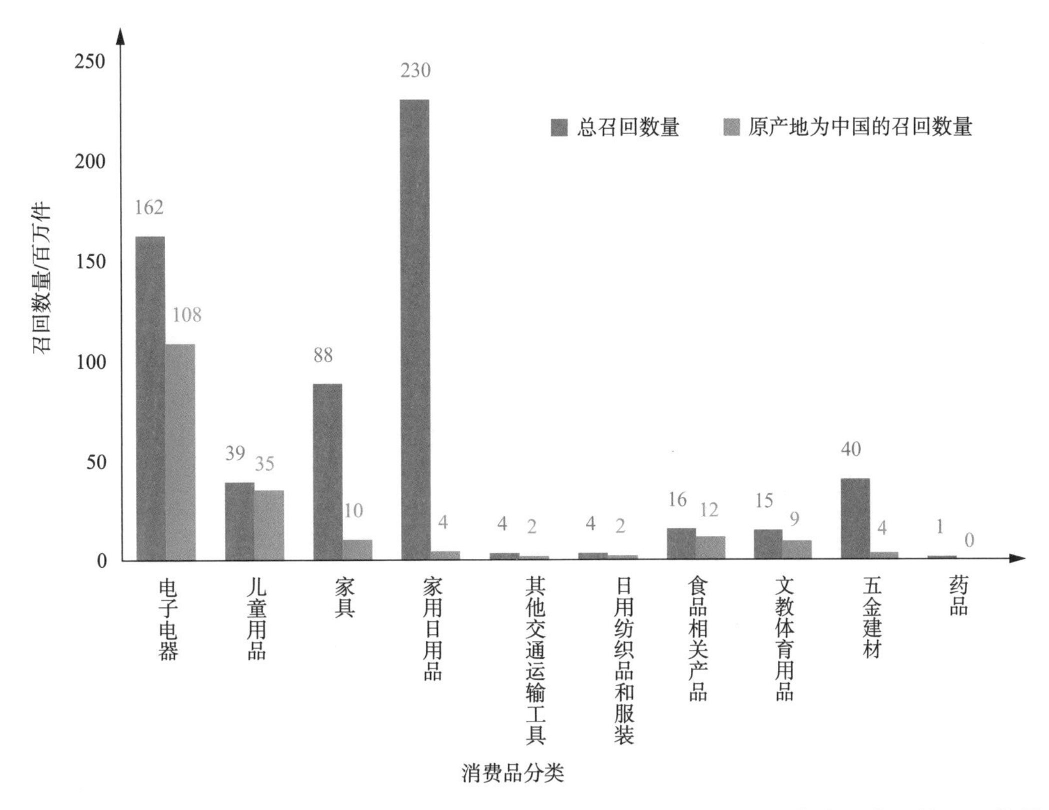

图 2.2-6 2012—2017 年美国和加拿大、日本各类消费品总召回数量与原产地为中国的召回数量对比

2012—2017 年，5 个国家/地区实施召回的重点消费品为儿童用品、电子电器、家用日用品和家具。各种重点消费品的二级分类目录下各消费品的召回次数分布情况如图 2.2-7 所示（由于家具没有二级分类，不做展示），其中日本原产地为中国的召回次数不详。对儿童用品实施的召回中，原产地为中国的召回次数最多的是儿童玩具，其次是儿童服装。对电子电器实施的召回中，原产地为中国的召回次数较多的产品依次是照明电器、家用电器和信息技术设备。对家用日用品实施的召回中，原产地为中国的召回次数较多的产品依次是烟花、家用饰品和打火机。

美国和加拿大、日本各种重点消费品的二级分类目录下各消费品的召回数量分布情况如图 2.2-8 所示（由于家具没有二级分类，不做展示）。对儿童用品实施的召回中，原产地为中国的召回数量最多的产品是儿童玩具。对电子电器实施的召回中，原产地为中国的召回数量最多的产品是信息技术设备。对家用日用品实施的召回中，原产地为中国的召回数量最多的是家用饰品。

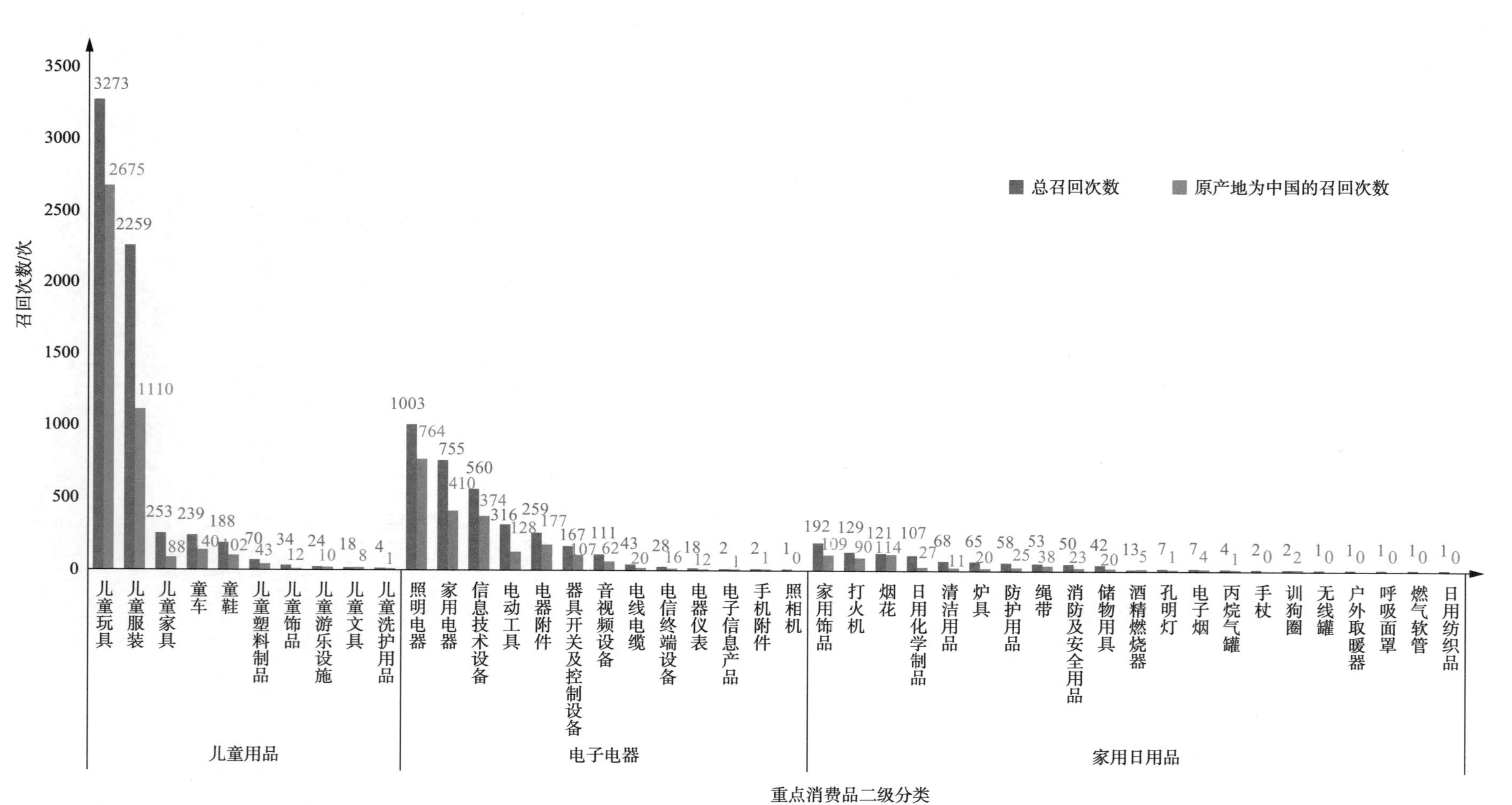

图2.2-7 2012—2017年5个国家/地区重点消费品的二级分类目录消费品的总召回次数与原产地为中国的召回次数对比

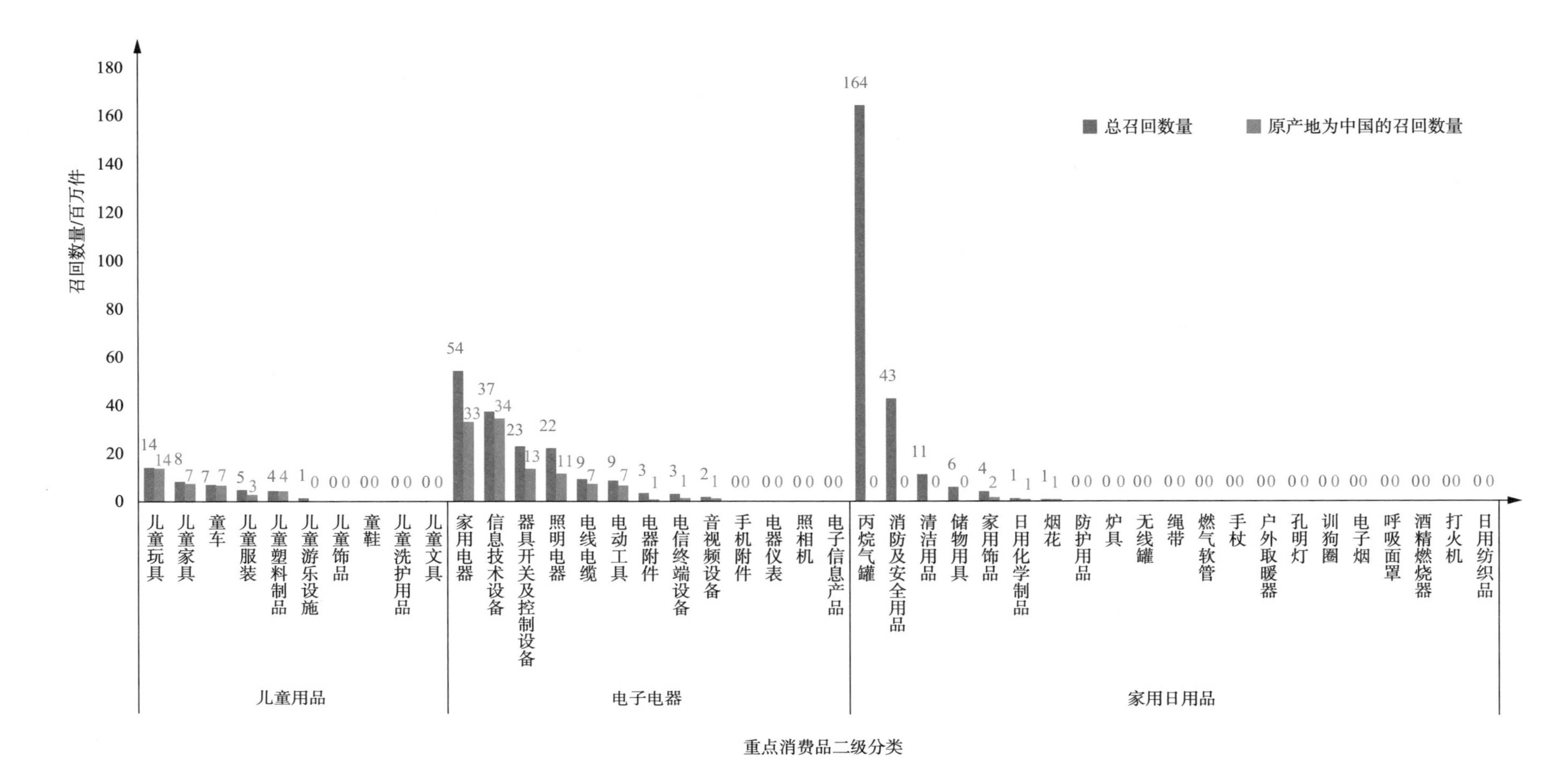

图2.2-8 2012—2017年美国和加拿大、日本重点消费品的二级分类目录消费品的总召回数量与原产地为中国的召回数量对比

2.2.1 美国和加拿大

2012—2017年，美国和加拿大实施的召回中，原产地为中国的消费品召回次数与当年总召回次数的对比如图2.2-9所示。美国和加拿大各个年度召回的消费品中，原产地为中国的消费品召回次数在170次左右，2013年原产地为中国的召回次数占当年总召回次数的比例最高，达到72%，2017年原产地为中国的召回次数占当年总召回次数的比例最低，占比为56%。

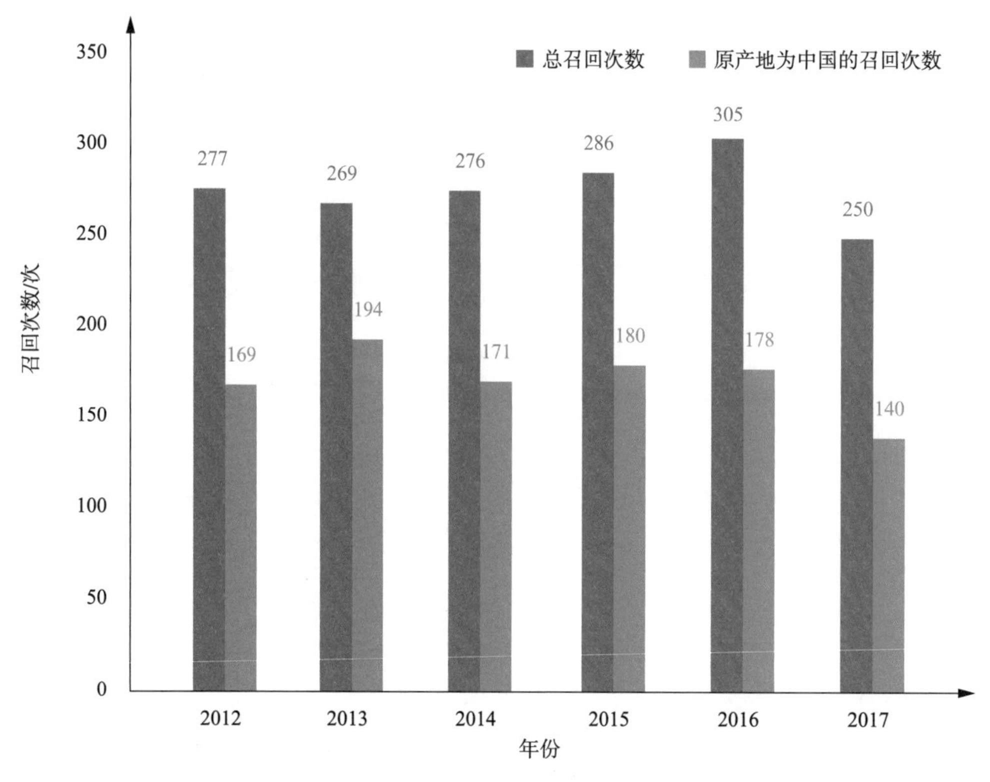

图2.2-9 2012—2017年美国和加拿大各个年度总召回次数与原产地为中国的召回次数对比

2012—2017年，美国和加拿大各个年度实施的召回中，原产地为中国的消费品召回数量与当年总召回数量的分布情况如图2.2-10所示。统计数据表明，原产地为中国的消费品召回数量在2016年最多，达到70百万件。2014年原产地为中国的消费品召回数量占当年总召回数量的比例最高，达到75%，2013年原产地为中国的消费品召回数量占当年总召回数量的比例为59%，其余年份的占比均在40%以下。

2012—2017年，美国和加拿大实施的召回中，各类消费品的总召回次数与原产地为中国的消费品的召回次数分布情况如图2.2-11所示。统计数据表明，原产地为中国的电子电器和儿童用品的召回次数最多，分别是328次和261次。

2012—2017年，美国和加拿大实施的召回中，各类消费品的总召回数量与原产地为中国的消费品的召回数量分布情况如图2.2-12所示。统计数据表明，原产地为中国的电子电器和

儿童用品的召回数量最多，分别是 108 百万件和 35 百万件。

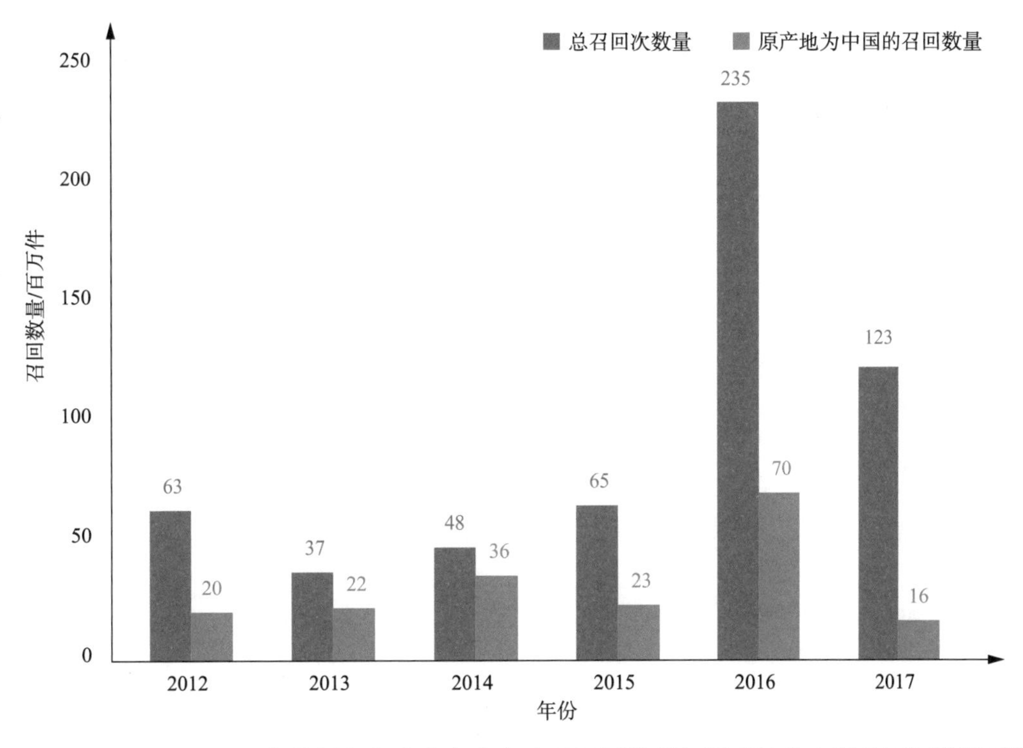

图 2. 2-10　2012—2017 年美国和加拿大各个年度总召回数量与原产地为中国的召回数量对比

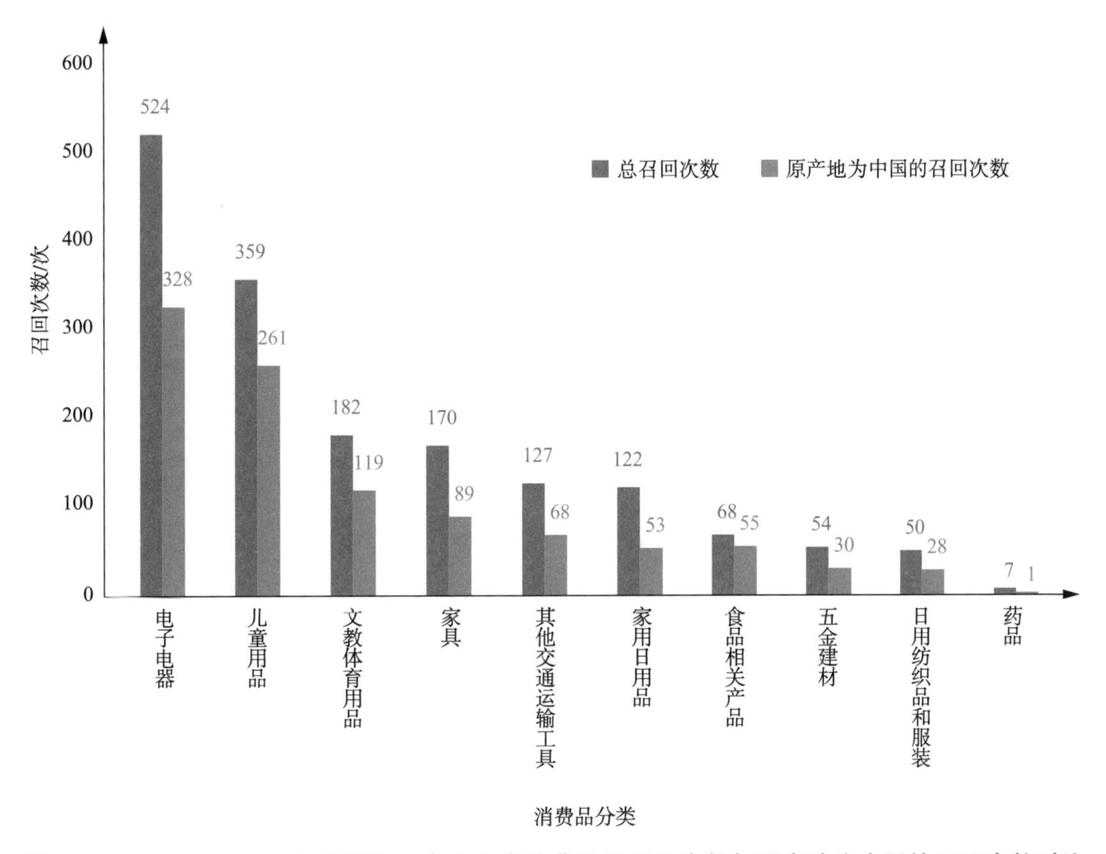

图 2. 2-11　2012—2017 年美国和加拿大各类消费品总召回次数与原产地为中国的召回次数对比

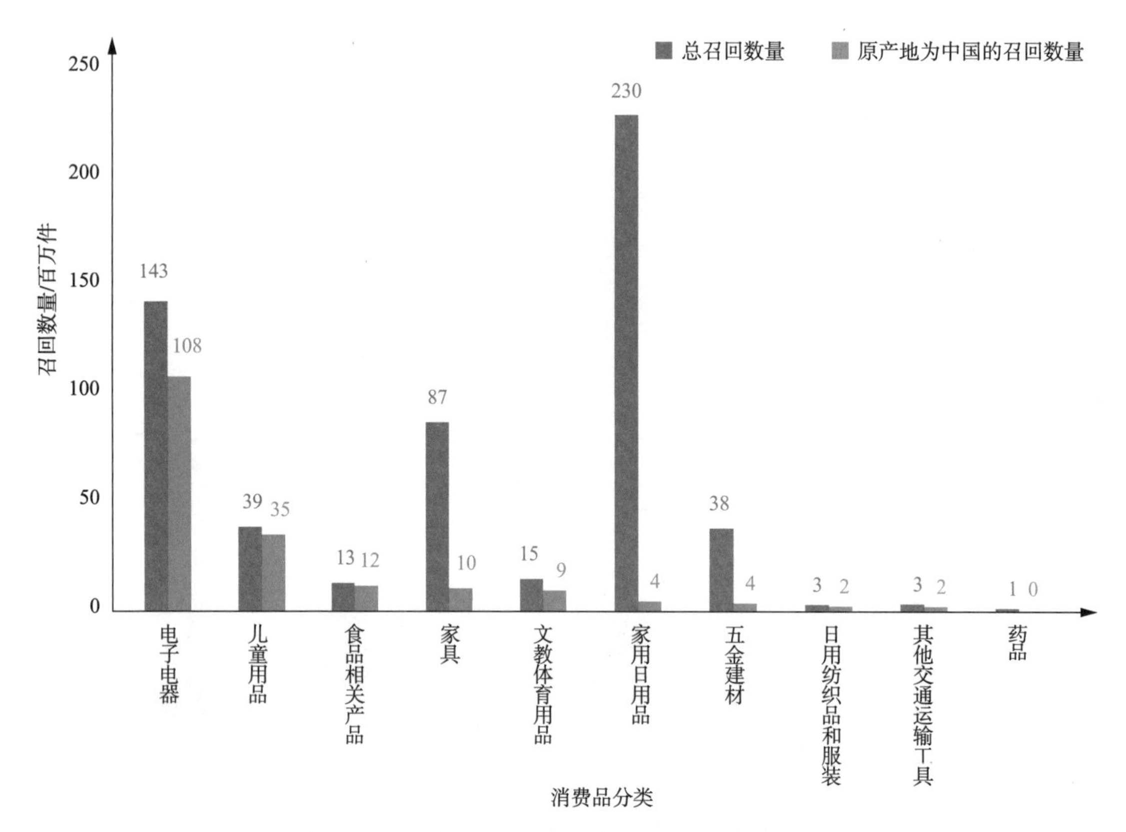

图 2.2-12　2012—2017 年美国和加拿大各类消费品总召回数量与原产地为中国的召回数量对比

2012—2017 年，美国和加拿大实施召回的重点消费品对应的二级分类目录消费品的总召回次数与原产地为中国的召回次数分布情况如图 2.2-13 所示（由于家具没有二级分类，不做展示）。统计数据表明，电子电器对应的二级分类目录召回的消费品中，原产地为中国的召回次数较多的产品依次是家用电器、照明电器和信息技术设备，分别是 104 次、87 次和 56 次。儿童用品对应的二级分类目录召回的消费品中，原产地为中国的儿童玩具和儿童服装的召回次数较多，分别是 99 次和 82 次。家用日用品对应的二级分类目录召回的消费品中，原产地为中国的家用饰品和烟花的召回次数较多，分别是 20 次和 11 次。

2012—2017 年，美国和加拿大实施召回的重点消费品对应的二级分类目录消费品的总召回数量与原产地为中国的召回数量分布情况如图 2.2-14 所示（由于家具没有二级分类，不做展示）。统计数据表明，电子电器对应的二级分类目录消费品中，原产地为中国的召回数量较多的产品依次是信息技术设备和家用电器，分别是 34.4 百万件和 33 百万件。儿童用品对应的二级分类目录消费品中，原产地为中国的召回数量较多的产品依次是儿童玩具、儿童家具和童车，分别为 13.6 百万件、7.3 百万件和 6.6 百万件。家用日用品对应的二级分类目录消费品中，原产地为中国的召回数量最多的产品是家用饰品，为 1.7 百万件。

2012—2017 年，美国和加拿大各个年度实施的召回中，各类消费品总召回次数与原产地为中国的召回次数分布情况如图 2.2-15 所示。原产地为中国的电子电器的召回次数占电子电器总召回次数的比例在 2017 年最低，占比为 54%，在 2013 年最高，占比为 73%；原产地为中国的儿童用品的召回次数占儿童用品总召回次数的比例在 2016 年最低，占比为 63%，在 2017 年最高，占比为 77%。

2012—2017 年，美国和加拿大各个年度实施的召回中，各类消费品总召回数量与原产地为中国的召回数量分布情况如图 2.2-16 所示。统计数据表明，各个年度原产地为中国的电子电器的召回数量都比较多。原产地为中国的儿童用品的召回数量占儿童用品总召回数量的比例在 2012 年、2014 年、2017 年达到 90%以上；电子电器的比例在 2016 年达到 90%以上。

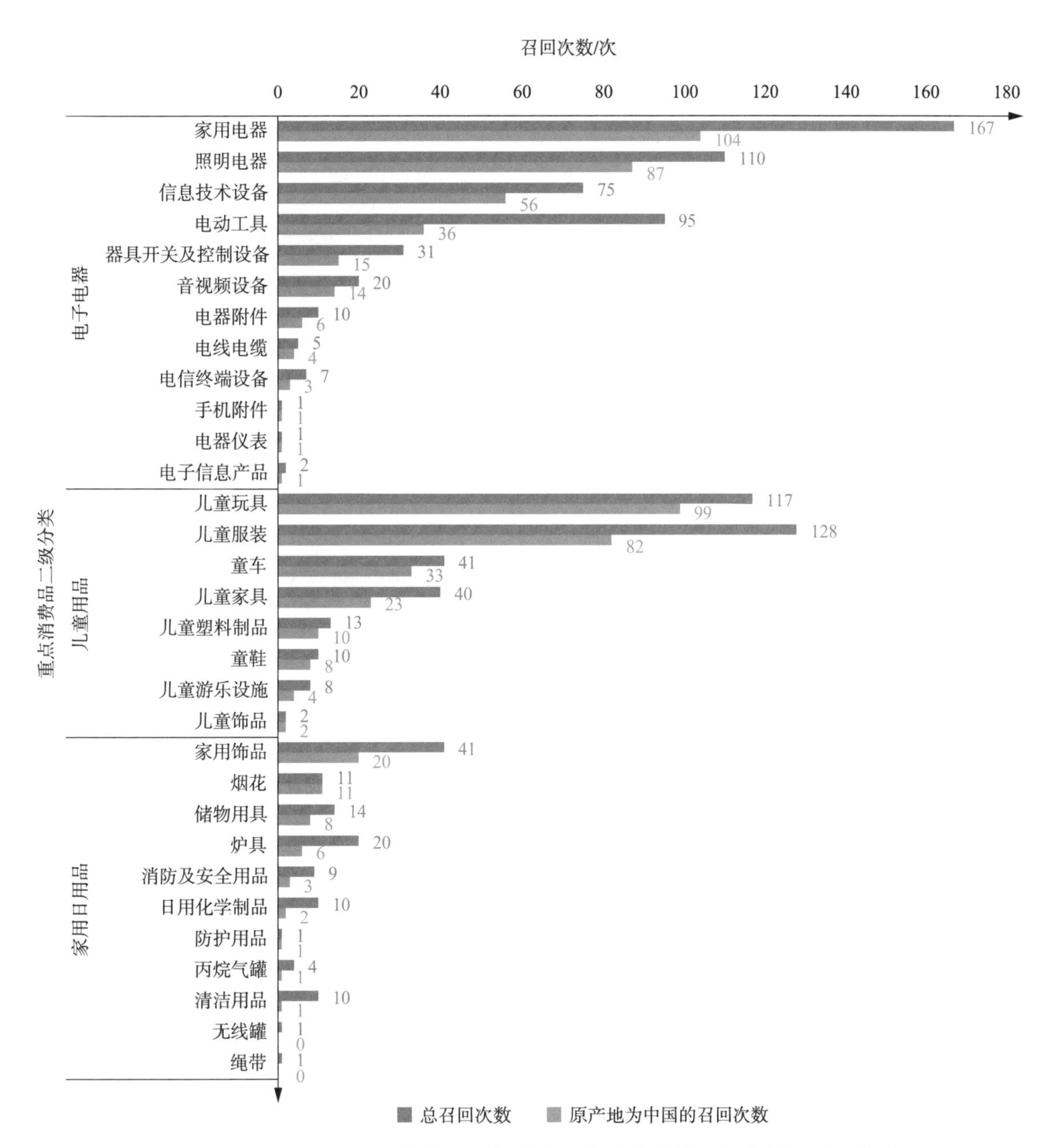

图 2.2-13 2012—2017 年美国和加拿大重点消费品的二级分类目录消费品总召回次数与原产地为中国的召回次数对比

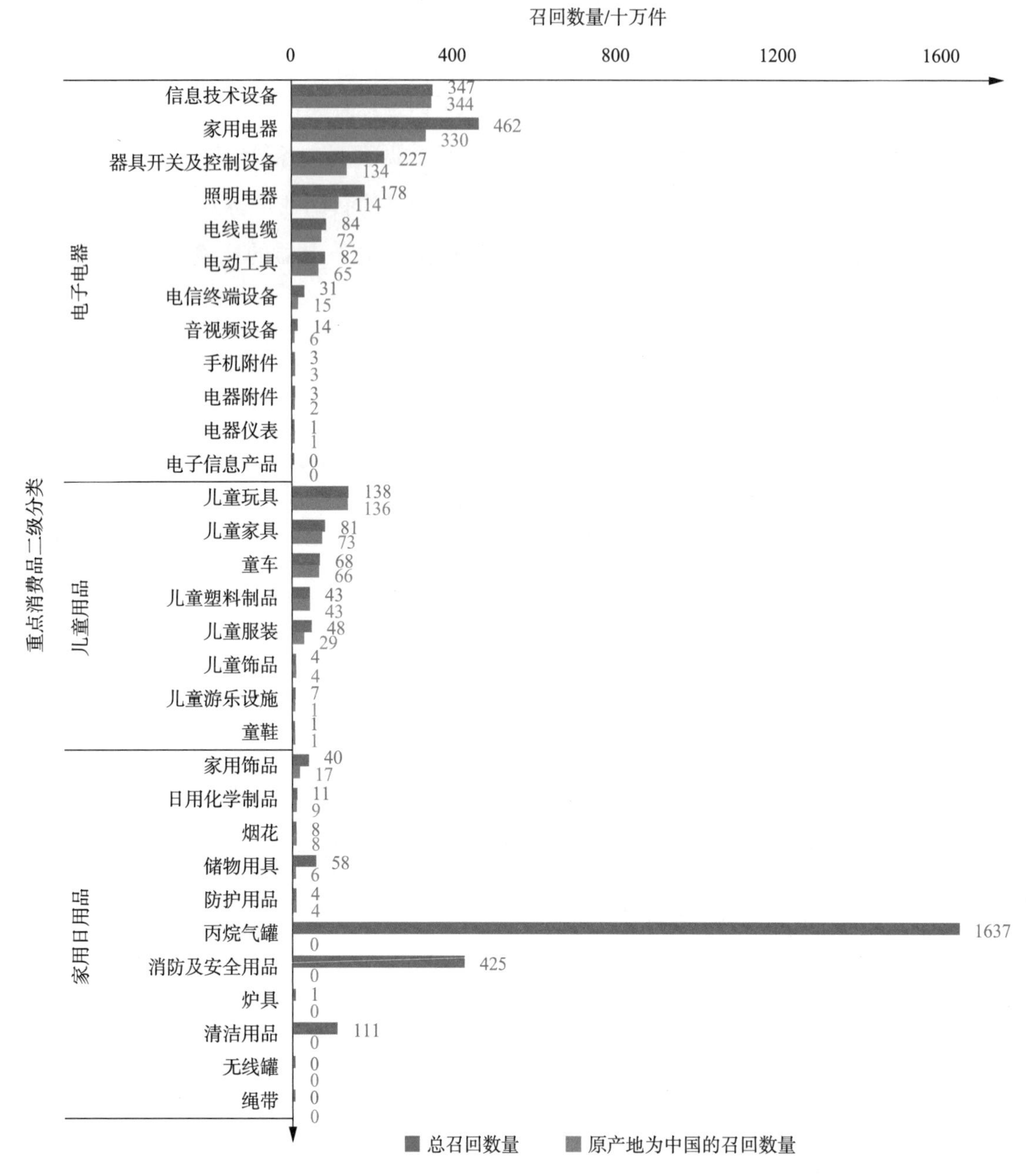

图 2.2-14 2012—2017年美国和加拿大重点消费品的二级分类目录消费品总召回数量与原产地为中国的召回数量对比

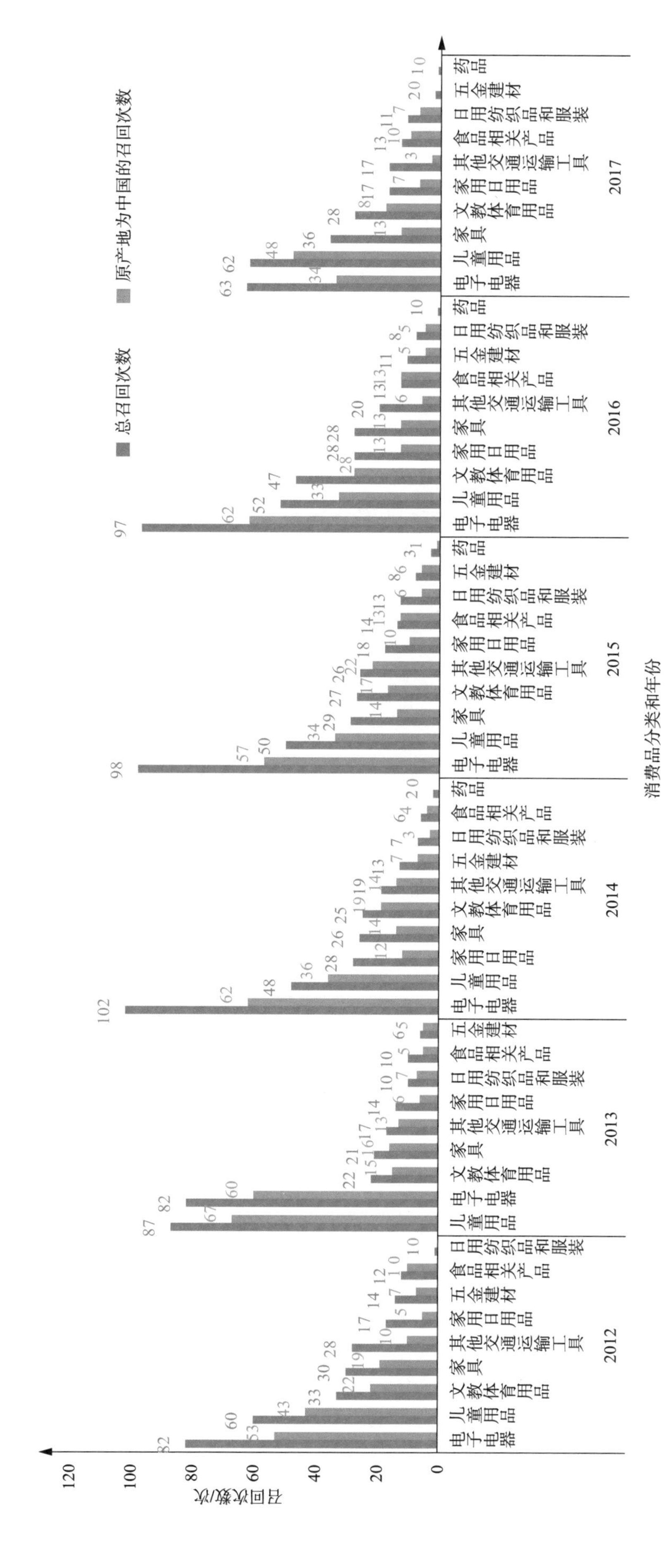

图2.2-15 2012—2017年美国和加拿大各个年度各类消费品总召回次数与原产地为中国的召回次数对比

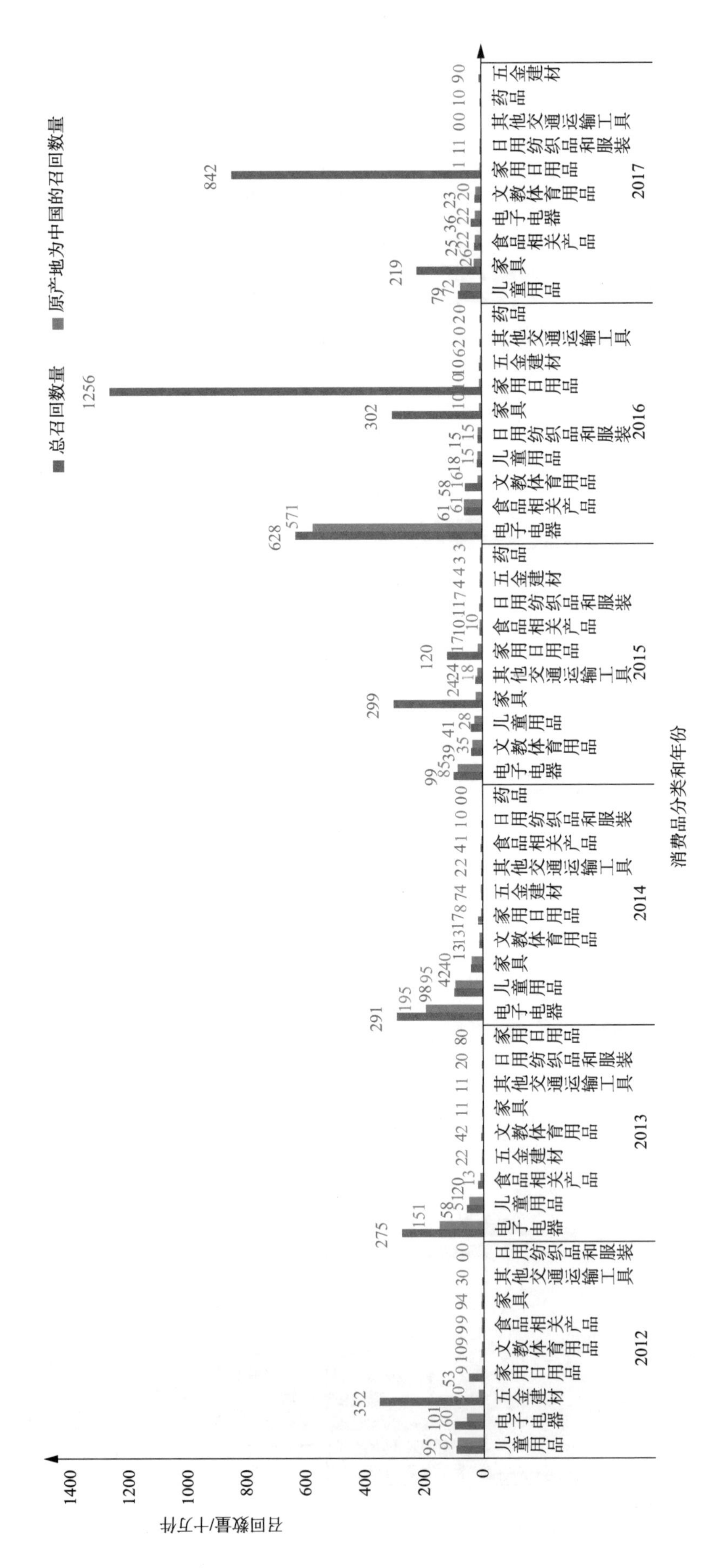

图2.2-16 2012—2017年美国和加拿大各个年度各类消费品总召回数量与原产地为中国的召回数量对比

2.2.2　欧盟

2012—2017 年，欧盟各个年度的总召回次数与原产地为中国的召回次数的对比情况如图 2.2-17 所示。统计数据表明，欧盟各个年度实施的召回中，原产地为中国的消费品召回次数均在 1000 次左右，占当年总召回次数的比例均为 70%左右。

2012—2017 年，欧盟实施的召回中，各类消费品的总召回次数与原产地为中国的召回次数分布情况如图 2.2-18 所示。统计数据表明，原产地为中国的儿童用品和电子电器的召回次数较多，分别为 3926 次和 1739 次；其次是家用日用品、日用纺织品和服装，分别为 436 次和 426 次。

2012—2017 年，欧盟实施召回的重点消费品的二级分类目录消费品的总召回次数与原产地为中国的消费品召回次数分布情况如图 2.2-19 所示（由于家具没有二级分类，不做展示）。统计数据表明，欧盟实施的儿童用品召回中，原产地为中国的召回次数最多的产品是儿童玩具为 2576 次。电子电器的召回中，原产地为中国的召回次数较多的产品依次是照明电器、信息技术设备和家用电器，分别是 677 次、317 次和 303 次。家用日用品的召回中，原产地为中国的召回次数较多的产品依次是烟花、打火机和家用饰品，分别是 103 次、90 次和 88 次。

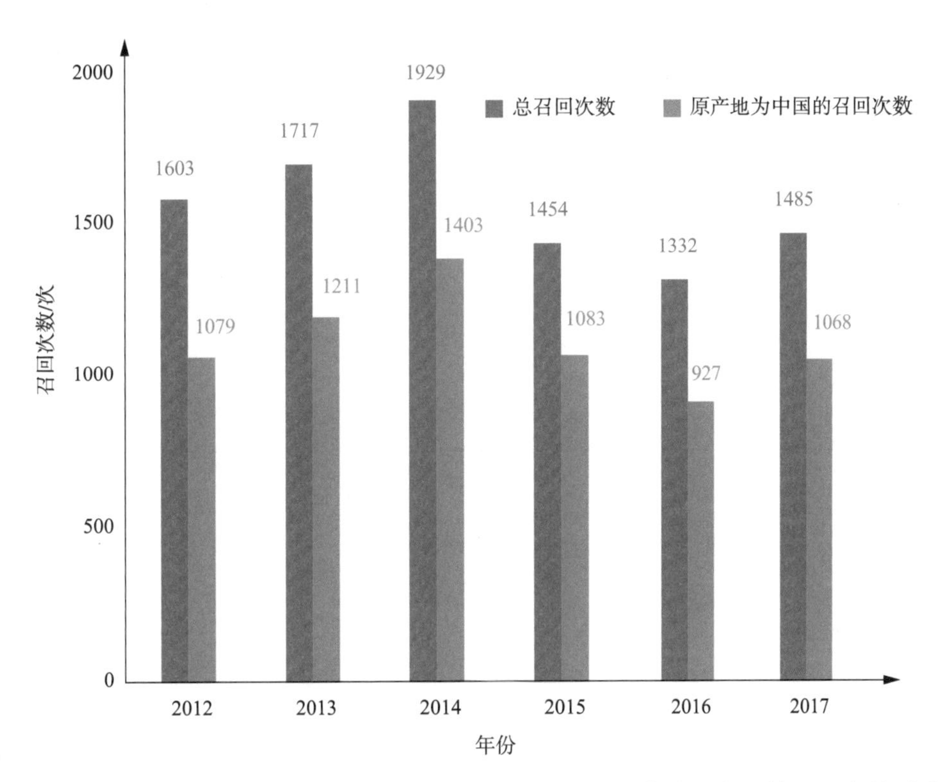

图 2.2-17　2012—2017 年欧盟各个年度总召回次数与原产地为中国的召回次数对比

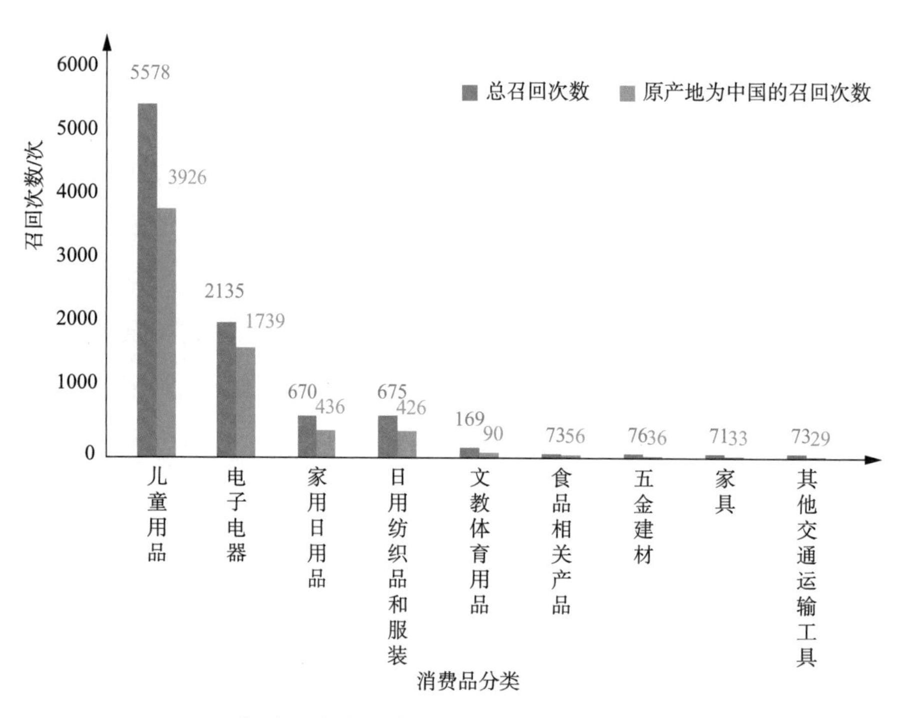

图 2.2-18　2012—2017年欧盟各类消费品总召回次数与原产地为中国的召回次数对比

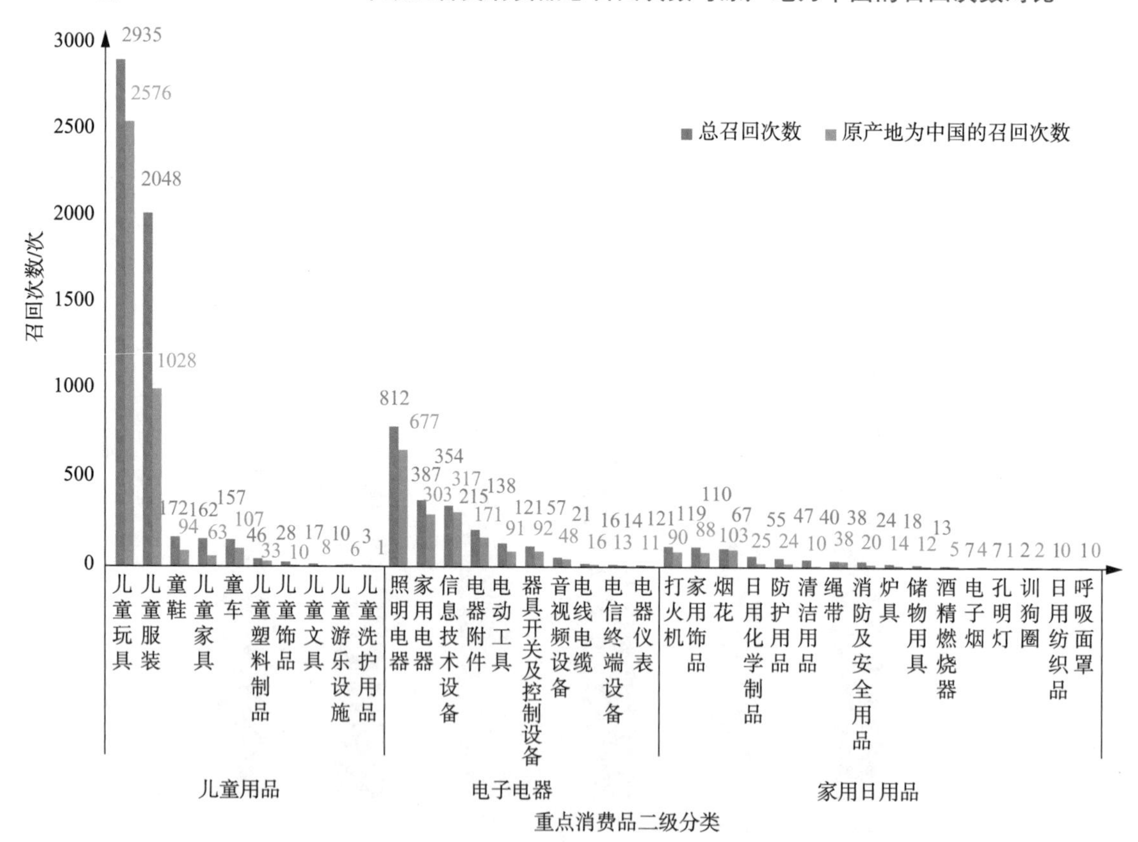

图 2.2-19　2012—2017年欧盟重点消费品的二级分类目录消费品总召回次数与原产地为中国的召回次数对比

2012—2017年，欧盟各个年度实施的召回中，各类消费品总召回次数与原产地为中国的召回次数分布情况如图2.2-20所示。统计数据表明，原产地为中国的儿童用品和电子电器的召回次数在各个年度均较高。原产地为中国的儿童用品的召回次数占儿童用品总召回次数的比例在2012年最低，占比为63%，在2014年最高，占比为75%。原产地为中国的电子电器的召回次数占电子电器总召回次数的比例在2016年最低，占比为76%，在2012年最高，占比为85%。

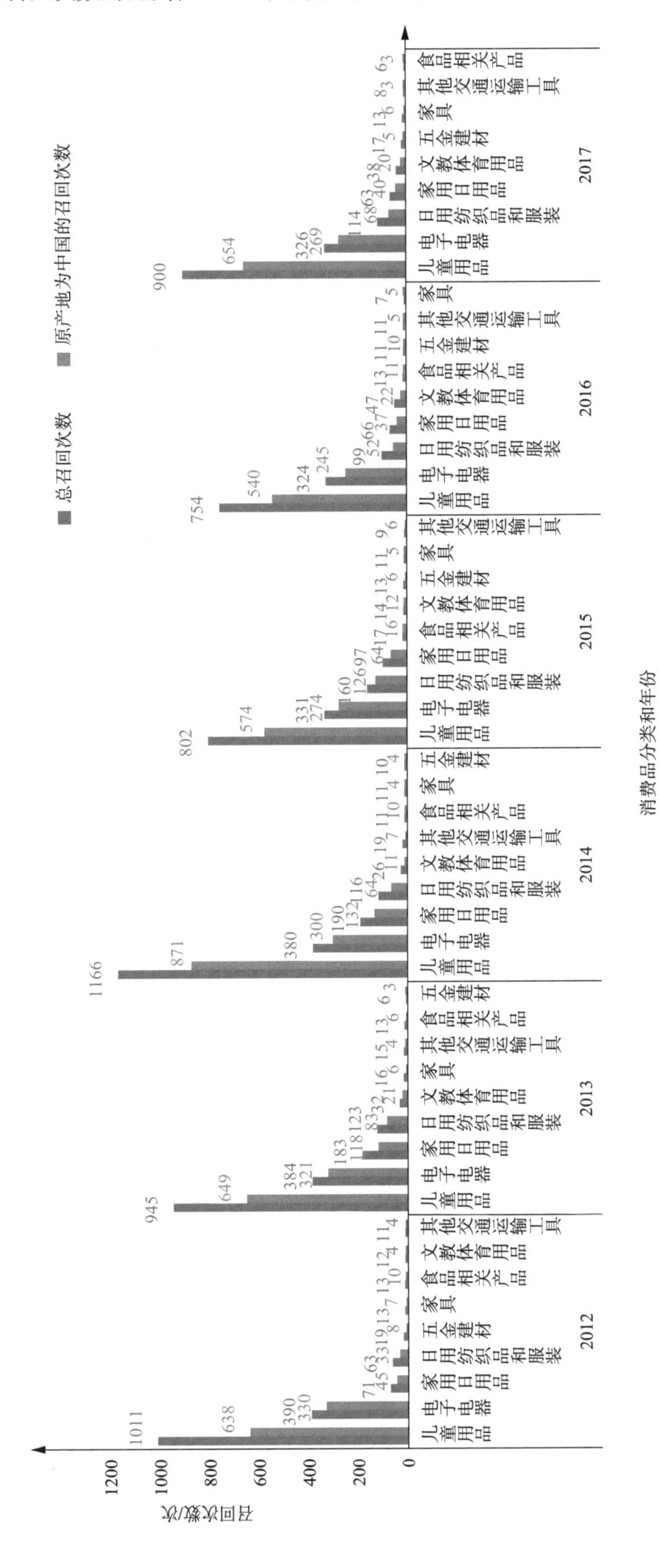

图2.2-20 2012—2017年欧盟各个年度各类消费品总召回次数与原产地为中国的召回次数对比

2.2.3 澳大利亚

2012—2017年，澳大利亚各个年度实施的总召回次数与原产地为中国的召回次数分布情况如图2.2-21所示。统计数据表明，原产地为中国的消费品召回次数很少，只有2012年和2014年有不到10次的召回，其余年份均无原产地为中国的消费品召回。

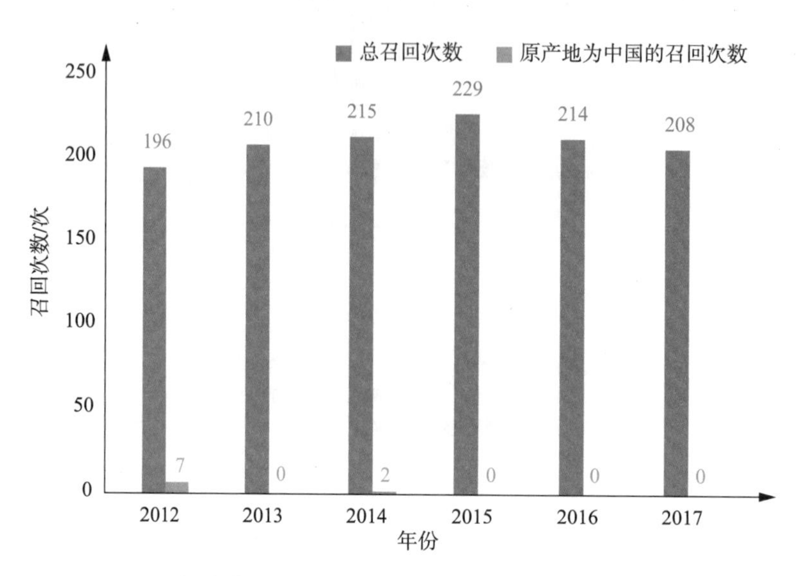

图2.2-21　2012—2017年澳大利亚各个年度总召回次数与原产地为中国的召回次数对比

2012—2017年，澳大利亚实施召回的各类消费品总召回次数与原产地为中国的召回次数分布情况如图2.2-22所示。统计数据表明，澳大利亚实施召回的消费品中，原产地为中国的消费品涉及电子电器、儿童用品、家用日用品和家具，召回次数分别是5次、2次、1次和1次。

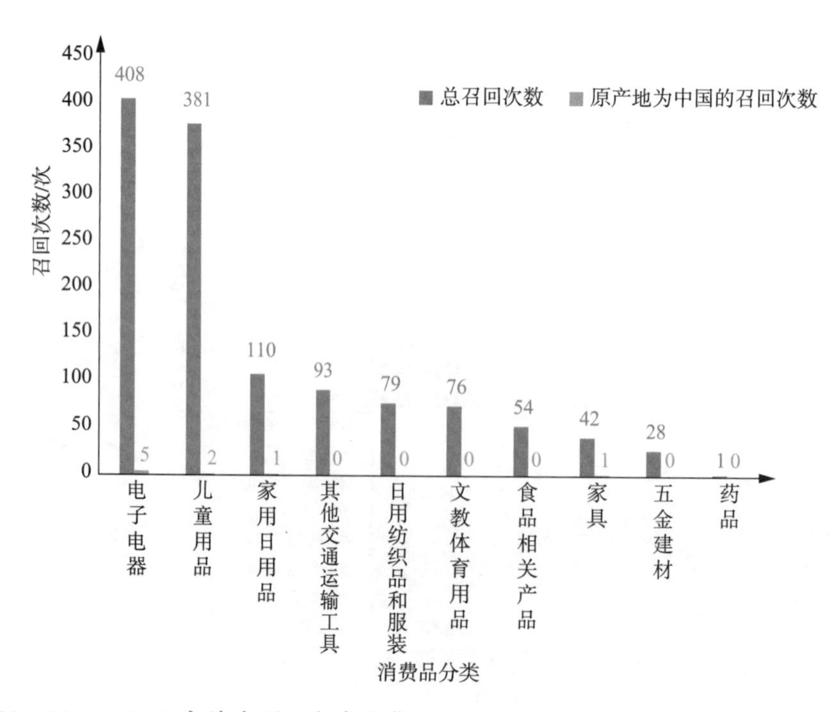

图2.2-22　2012—2017年澳大利亚各类消费品总召回次数与原产地为中国的召回次数对比

2012—2017 年，澳大利亚召回的重点消费品的二级分类目录消费品的总召回次数与原产地为中国的召回次数分布情况如图 2.2-23 所示。统计数据表明，原产地为中国的消费品召回涉及家用电器、信息技术设备、电动工具、儿童家具、家用饰品。

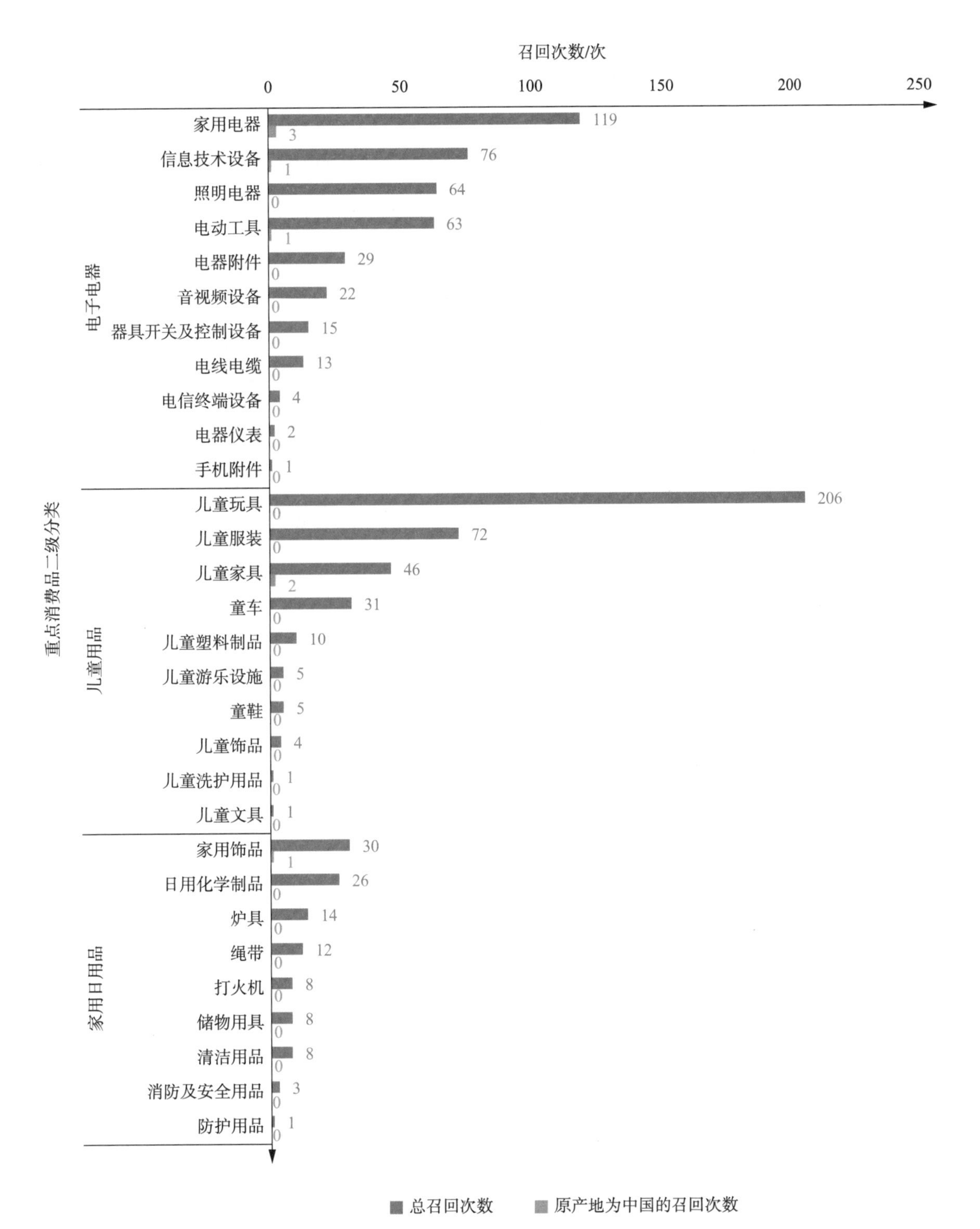

图 2.2-23 2012—2017 年澳大利亚重点消费品的二级分类目录消费品总召回次数与原产地为中国的召回次数对比

2.2.4 日本

日本原产地为中国的召回次数和召回数量均不详。

2.3 缺陷性质

依据5个国家/地区消费品召回通报，美国和加拿大实施的各类消费品召回中在2012—2017年一共有125次标准符合性缺陷问题召回和1538次非标准符合性缺陷问题召回，召回的数量分别为10百万件和562百万件。欧盟实施的各类消费品召回中在2012—2017年一共有8013次标准符合性缺陷问题召回和1507次非标准符合性缺陷问题召回，召回的数量不详。澳大利亚实施的各类消费品召回中在2012—2017年一共有361次标准符合性缺陷问题召回和911次非标准符合性缺陷问题召回，召回的数量不详。日本实施的各类消费品召回中缺陷性质数据项的内容为不详。

2012—2017年，5个国家/地区标准符合性缺陷问题与非标准符合性缺陷问题的总召回次数分布情况和总召回数量分布情况分别如图2.3-1和图2.3-2所示。

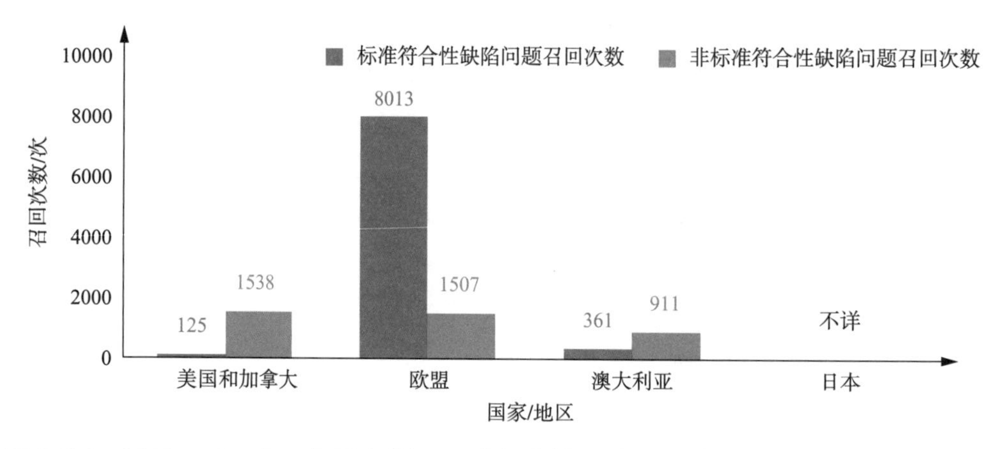

图2.3-1 2012—2017年5个国家/地区标准符合性/非标准符合性缺陷问题的总召回次数

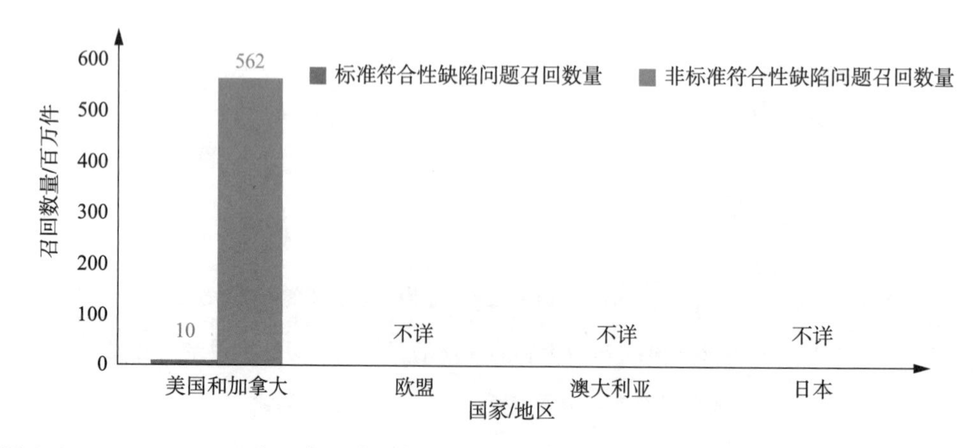

图2.3-2 2012—2017年5个国家/地区标准符合性/非标准符合性缺陷问题的总召回数量

2012—2017 年，5 个国家/地区各个年度的标准符合性缺陷问题和非标准符合性缺陷问题的召回次数如图 2.3-3 所示。统计数据表明，美国和加拿大、澳大利亚的标准符合性缺陷问题召回远低于非标准符合性缺陷问题召回，而欧盟的标准符合性缺陷问题召回远超过非标准符合性缺陷问题召回。

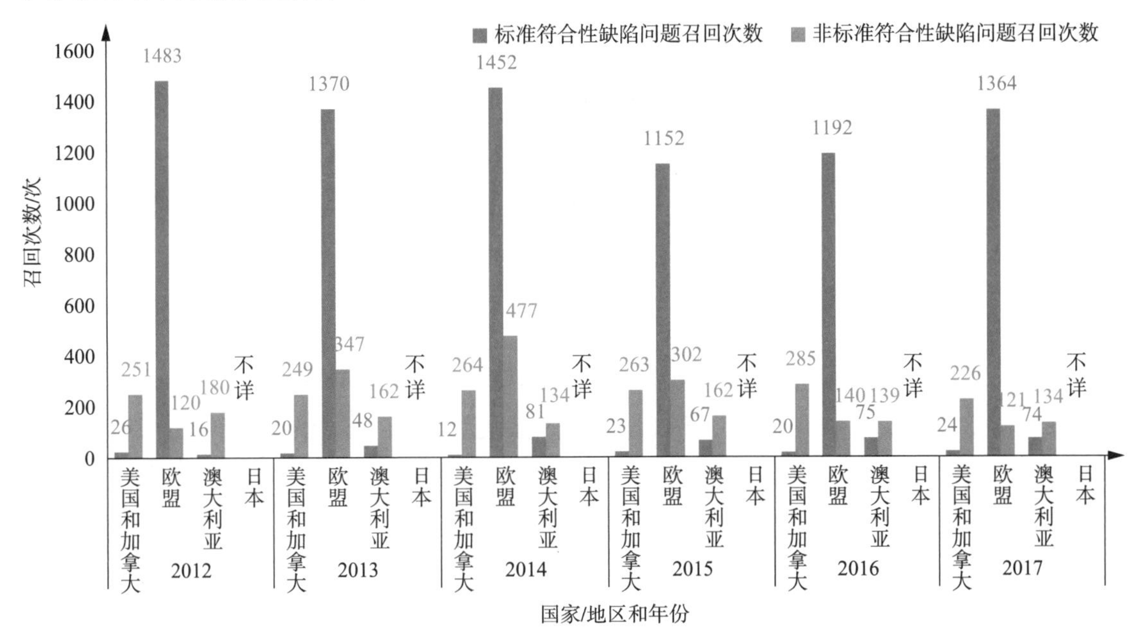

图 2.3-3　2012—2017 年 5 个国家/地区各个年度标准符合性/非标准符合性缺陷问题的召回次数

2012—2017 年，5 个国家/地区各个年度的标准符合性缺陷问题和非标准符合性缺陷问题的召回数量如图 2.3-4 所示。

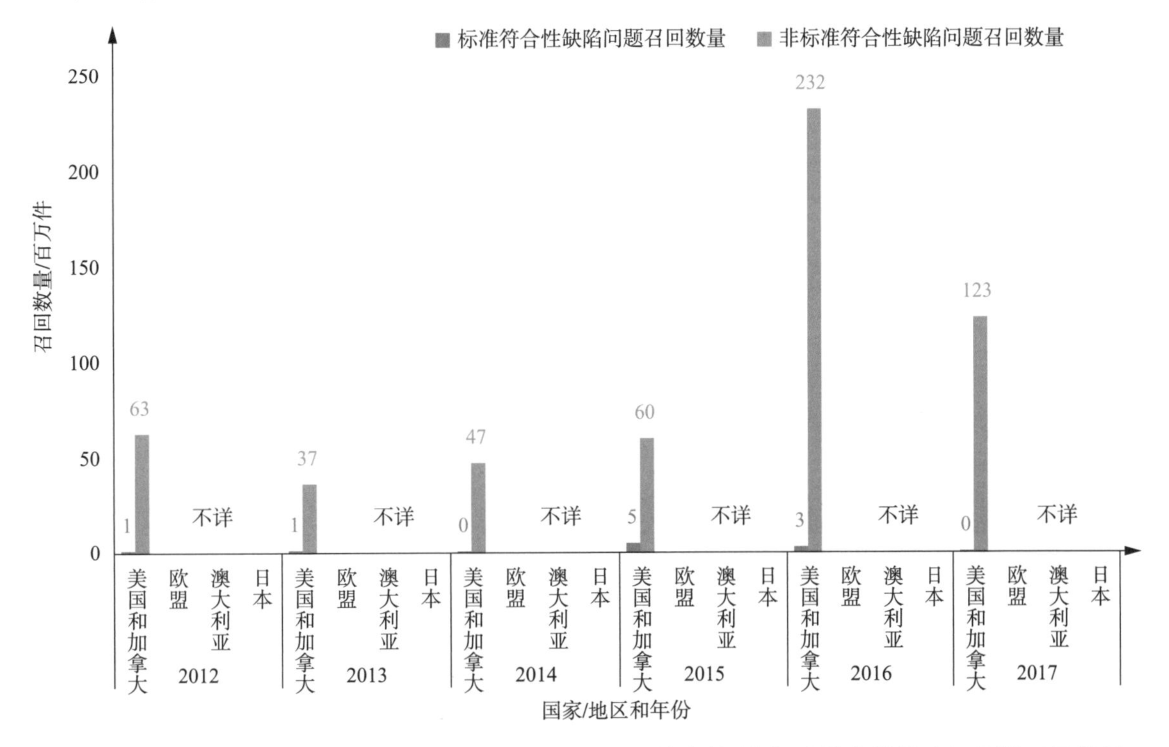

图 2.3-4　2012—2017 年 5 个国家/地区各个年度标准符合性/非标准符合性缺陷问题的召回数量

5个国家/地区2012—2017年实施的标准符合性缺陷问题和非标准符合性缺陷问题的召回次数变化不大，具体如图2.3-5所示。

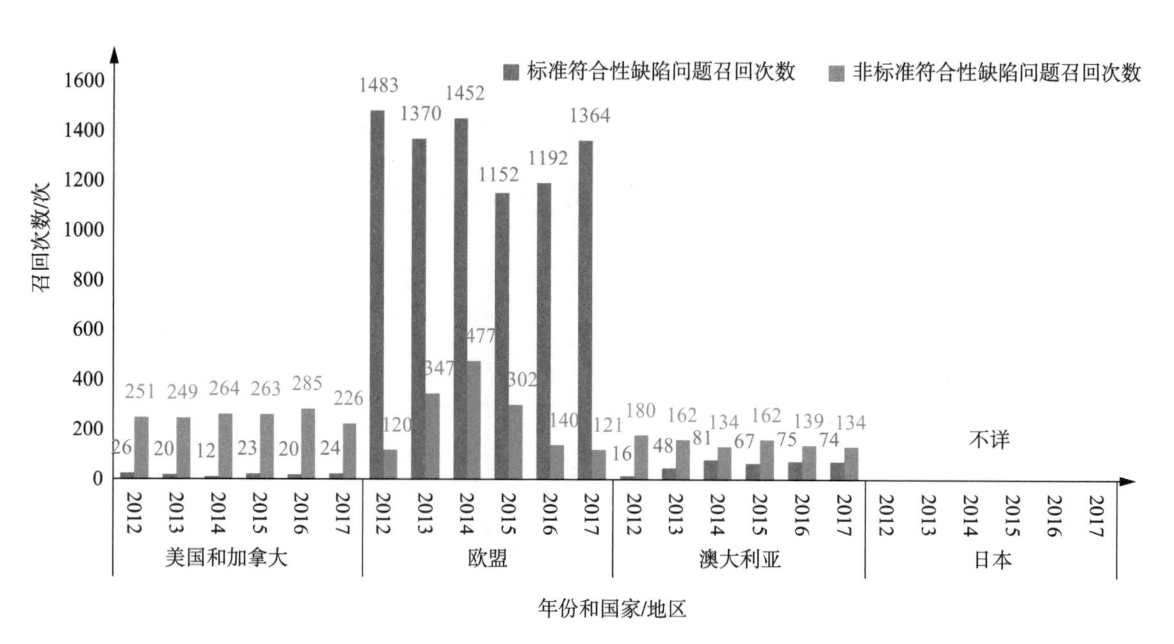

图2.3-5　5个国家/地区2012—2017年各个年度的标准符合性/非标准符合性缺陷问题的召回次数

5个国家/地区2012—2017年实施的标准符合性缺陷问题和非标准符合性缺陷问题的召回数量如图2.3-6所示。2016年美国和加拿大实施的非标准符合性问题召回数量最多。

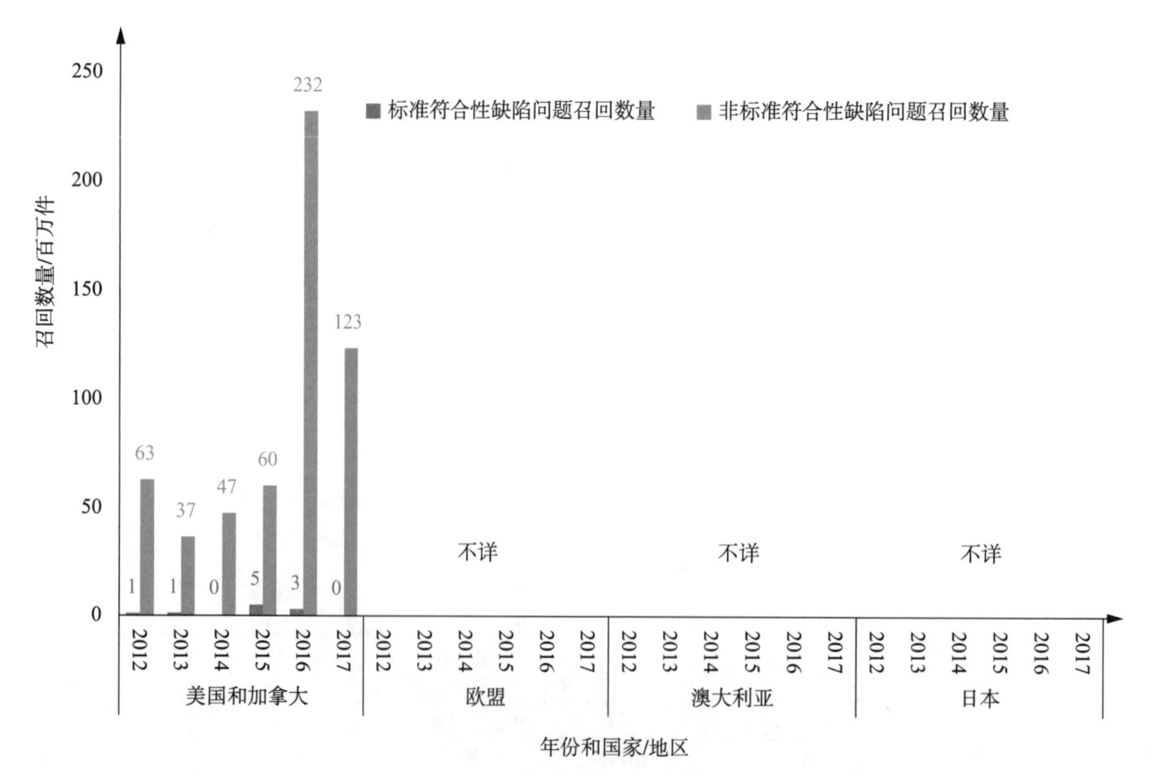

图2.3-6　5个国家/地区2012—2017年各个年度的标准符合性/非标准符合性缺陷问题的召回数量

2012—2017年，5个国家/地区实施的消费品召回中，除了日本的数据不详外，其他4个国家/地区的各类消费品的标准符合性缺陷问题及非标准符合性缺陷问题召回次数分布情况如图2.3-7所示。统计数据表明，儿童用品、电子电器、家用日用品、日用纺织品和服装的标准符合性缺陷问题召回次数要大于相应类别的非标准符合性缺陷问题召回次数，而文体教育用品、其他交通运输工具、家具、食品相关产品、五金建材的非标准符合性缺陷问题召回次数要大于相应类别的标准符合性缺陷问题召回次数。儿童用品的标准符合性缺陷问题召回的次数占儿童用品总召回次数的比例是76%，电子电器的标准符合性缺陷问题召回占比是68%，家用日用品的标准符合性缺陷问题召回占比是69%，日用纺织品和服装的标准符合性缺陷问题召回占比是66%，文教体育用品、家具、食品相关产品、五金建材的标准符合性缺陷问题召回占比分别是39%、31%、34%、45%。

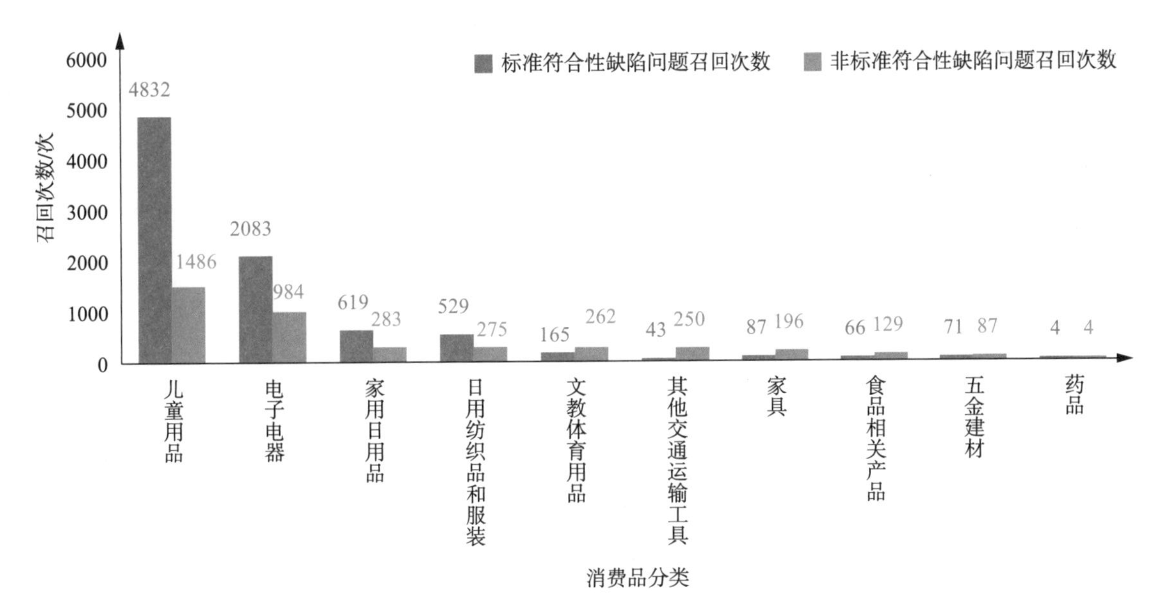

图2.3-7 2012—2017年美国和加拿大、欧盟、澳大利亚各类消费品标准符合性/非标准符合性缺陷问题的召回次数

2012—2017年，5个国家/地区实施的消费品召回中，美国和加拿大各类消费品的标准符合性缺陷问题及非标准符合性缺陷问题召回数量分布情况如图2.3-8所示，其他3个国家/地区数据不详。统计数据表明，各类消费品非标准符合性缺陷问题召回的消费品数量都要大于标准符合性缺陷问题召回的数量。

2012—2017年，5个国家/地区实施的消费品召回中，除了日本的数据不详外，其他4个国家/地区的重点消费品的二级分类目录消费品的标准符合性缺陷问题及非标准符合性缺陷问题召回次数分布情况如图2.3-9所示（由于家具没有二级分类，不做展示）。统计数据表明，电子电器召回中，标准符合性缺陷问题召回次数最多的是照明电器，达到783次，其次是家用电器和信息技术设备，均在300次以上；非标准符合性缺陷问题召回次数较多的是家用电器、照明电器和电动工具。儿童用品召回中，标准符合性缺陷问题召回次数较

多的是儿童玩具和儿童服装，均在2000次左右；非标准符合性缺陷问题召回次数最多的是儿童玩具，达到830次，其次是儿童服装和童鞋。家用日用品召回中，标准符合性缺陷问题召回次数较多的是烟花、打火机和家用饰品，均在100次以上；非标准符合性缺陷问题召回次数最多的是家用饰品，达到86次。

2012—2017年，5个国家/地区实施的消费品召回中，美国和加拿大重点消费品的二级分类目录消费品的标准符合性及非标准符合性缺陷问题召回数量分布如图2.3-10所示，其他3个国家/地区数据不详。统计数据表明，电子电器召回中，标准符合性缺陷问题召回数量最多的是照明电器，为0.28百万件（因数值较小，在图中标示为0）；非标准符合性缺陷问题召回数量最多的是家用电器，为46百万件，其次是信息技术设备、器具开关及控制设备，分别为35百万件和23百万件。儿童用品召回中，标准符合性缺陷问题召回数量最多的是儿童服装，为1百万件；非标准符合性缺陷问题召回数量最多的是儿童玩具，为14百万件。家用日用品召回中，标准符合性缺陷问题召回数量最多的是清洁用品，为4百万件；非标准符合性缺陷问题召回数量最多的是丙烷气罐，为164百万件，其次是消防及安全用品，为43百万件。

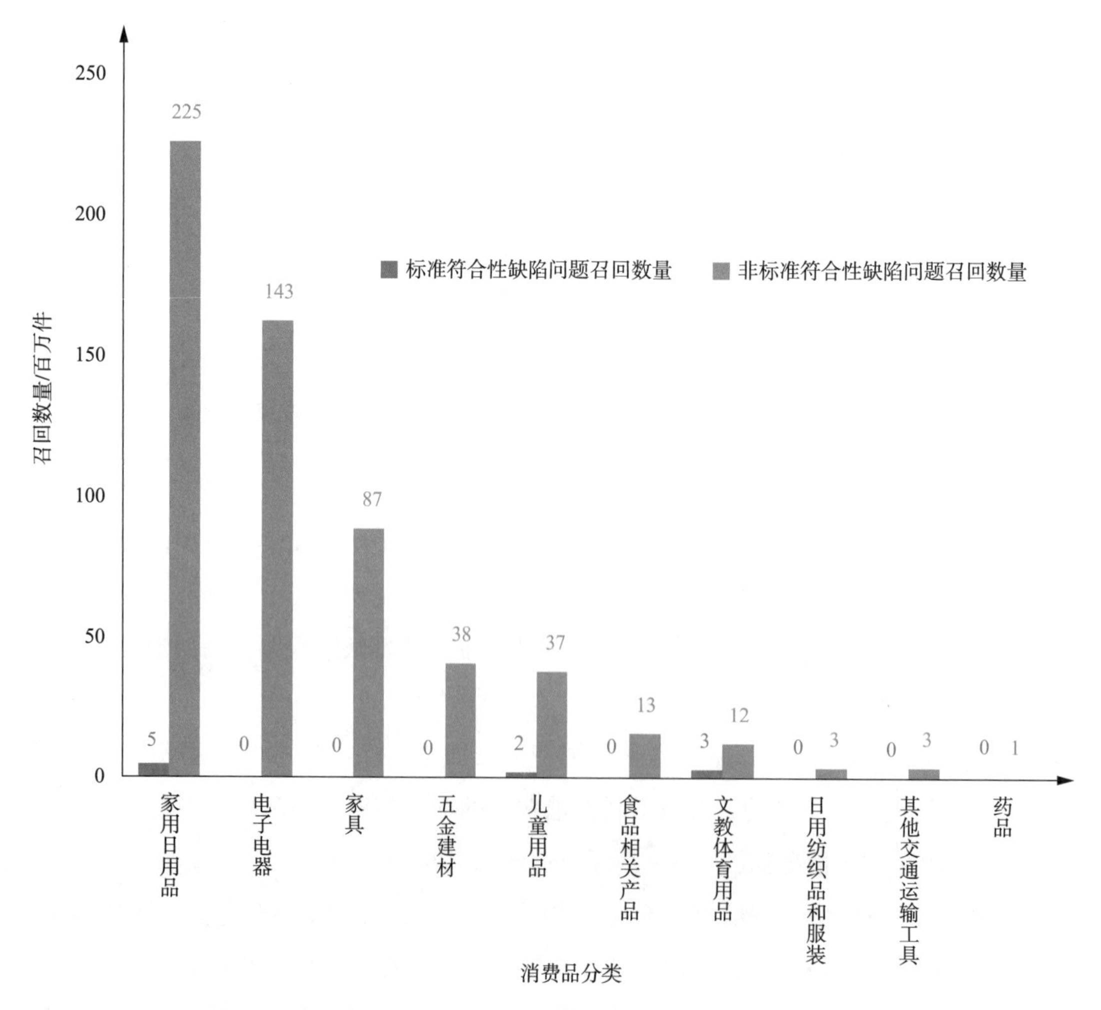

图2.3-8　2012—2017年美国和加拿大各类消费品标准符合性/非标准符合性缺陷问题的召回数量

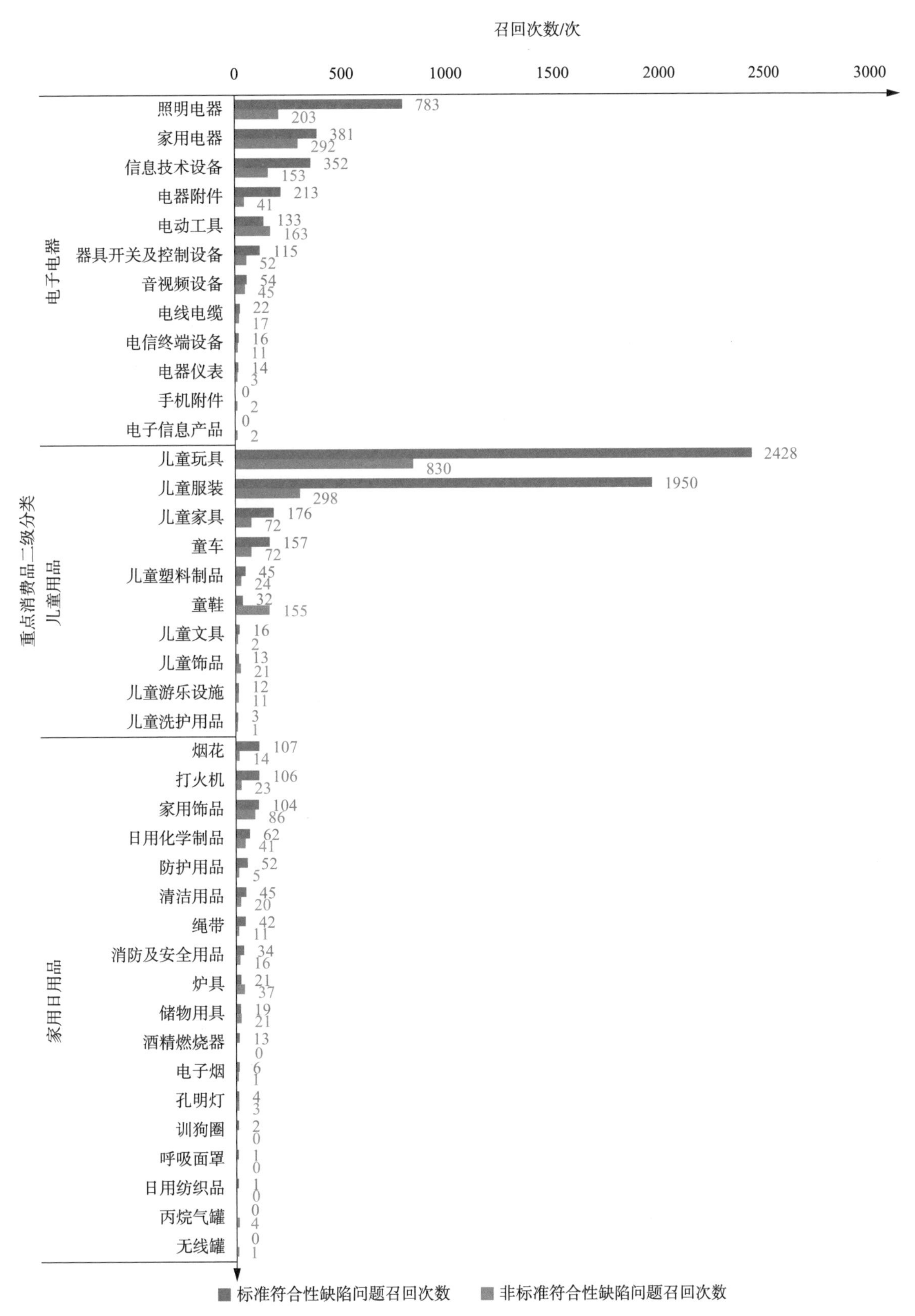

图 2.3-9　2012—2017 年美国和加拿大、欧盟、澳大利亚重点消费品的二级分类目录消费品标准符合性/非标准符合性缺陷问题的召回次数

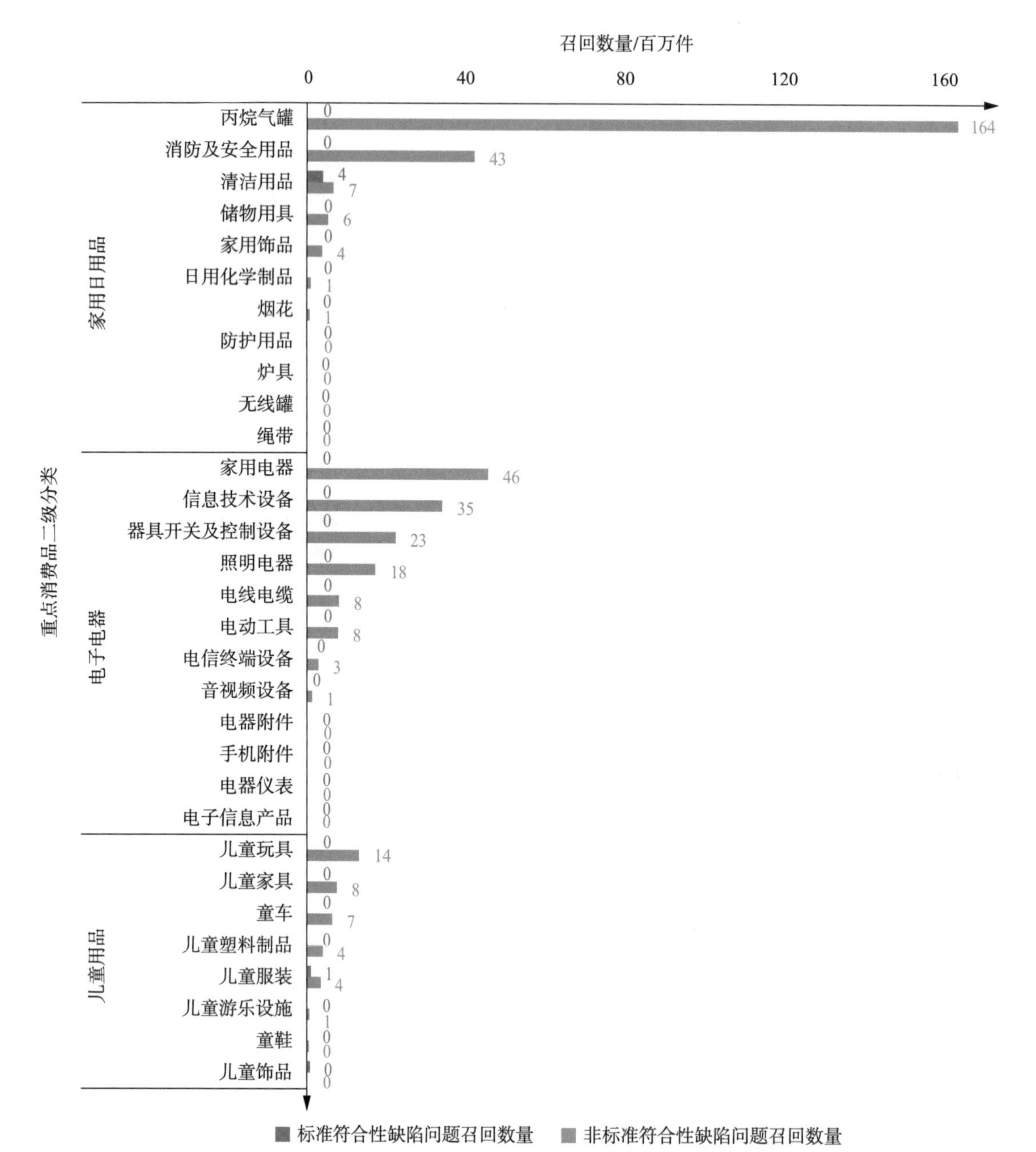

图 2. 3-10　2012—2017 年美国和加拿大重点消费品的二级分类目录消费品标准符合性/非标准符合性缺陷问题的召回数量

2.3.1　美国和加拿大

2012—2017年，美国和加拿大各个年度实施的标准符合性/非标准符合性缺陷问题的召回次数分布情况如图2.3-11所示。统计数据表明，美国和加拿大实施召回的次数各个年度之间差别不大，标准符合性缺陷问题召回次数均为20次左右，非标准符合性缺陷问题召回次数均超过200次。非标准符合性缺陷问题召回次数占当年总召回次数的比例均在90%以上。

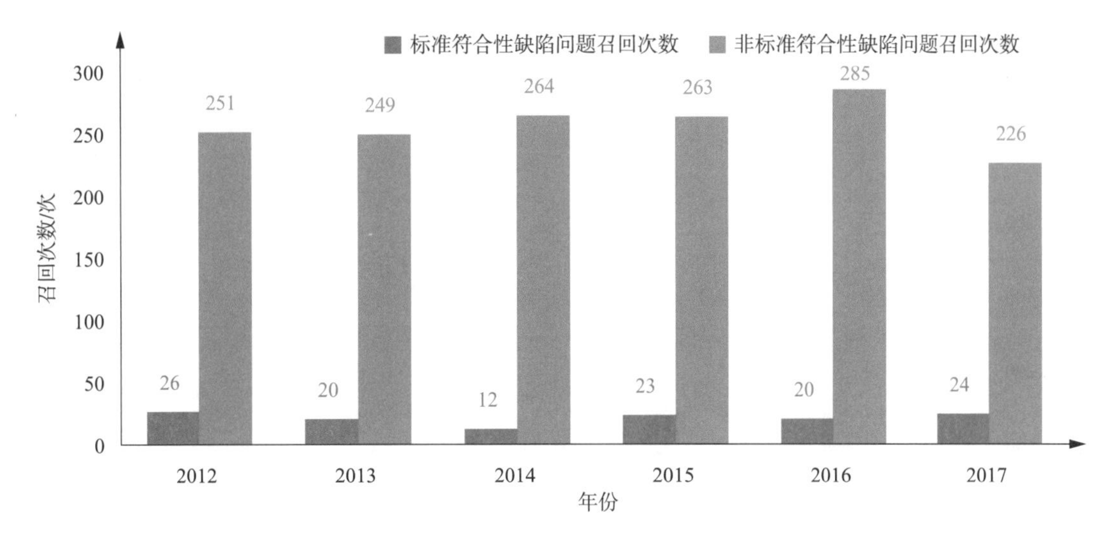

图2.3-11　2012—2017年美国和加拿大各个年度标准符合性/非标准符合性缺陷问题的召回次数

2012—2017年，美国和加拿大各个年度实施的标准符合性/非标准符合性缺陷问题的召回数量分布情况如图2.3-12所示。统计数据表明，美国和加拿大实施的标准符合性缺陷问题召回数量远低于非标准符合性缺陷问题召回数量，年均标准符合性缺陷问题召回数量不超过2百万件，而年均非标准符合性缺陷问题召回数量在90百万件以上，尤其是2016年非标准符合性缺陷问题召回数量高达232百万件。

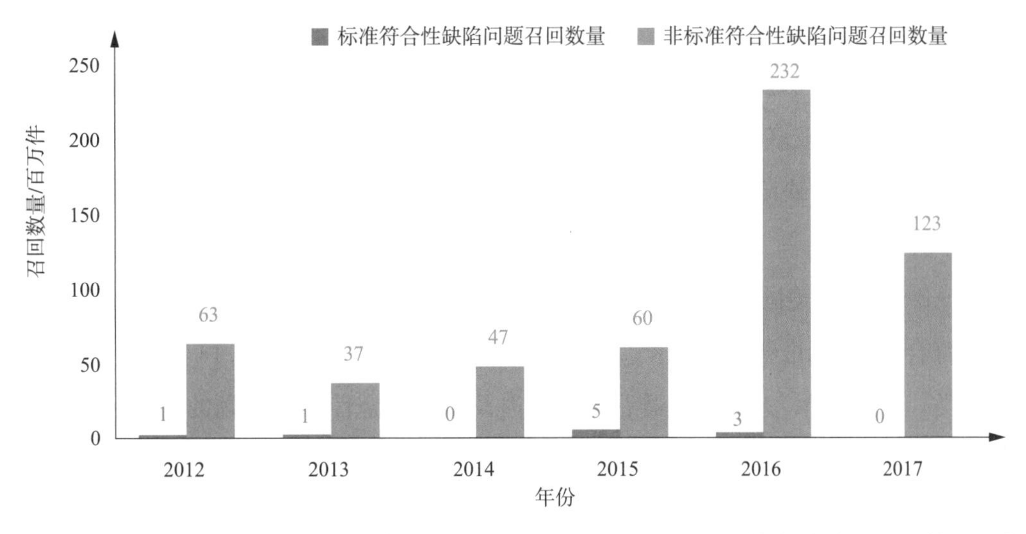

图2.3-12　2012—2017年美国和加拿大各个年度标准符合性/非标准符合性缺陷问题的召回数量

2012—2017年，美国和加拿大实施召回的各类消费品的标准符合性/非标准符合性缺陷问题的召回次数如图2.3-13所示。统计数据表明，美国和加拿大实施召回的各类消费品中，除药品外，其他消费品的非标准符合性缺陷问题召回的次数均比标准符合性缺陷问题召回的次数要多。标准符合性缺陷问题召回次数最多的消费品是儿童用品，达到71次，其次是日用纺织品和服装、家具，均在15次以上；非标准符合性缺陷问题召回次数最多的消费品是电子电器，达到520次，其次是儿童用品、文教体育用品、家具，均在150次以上。

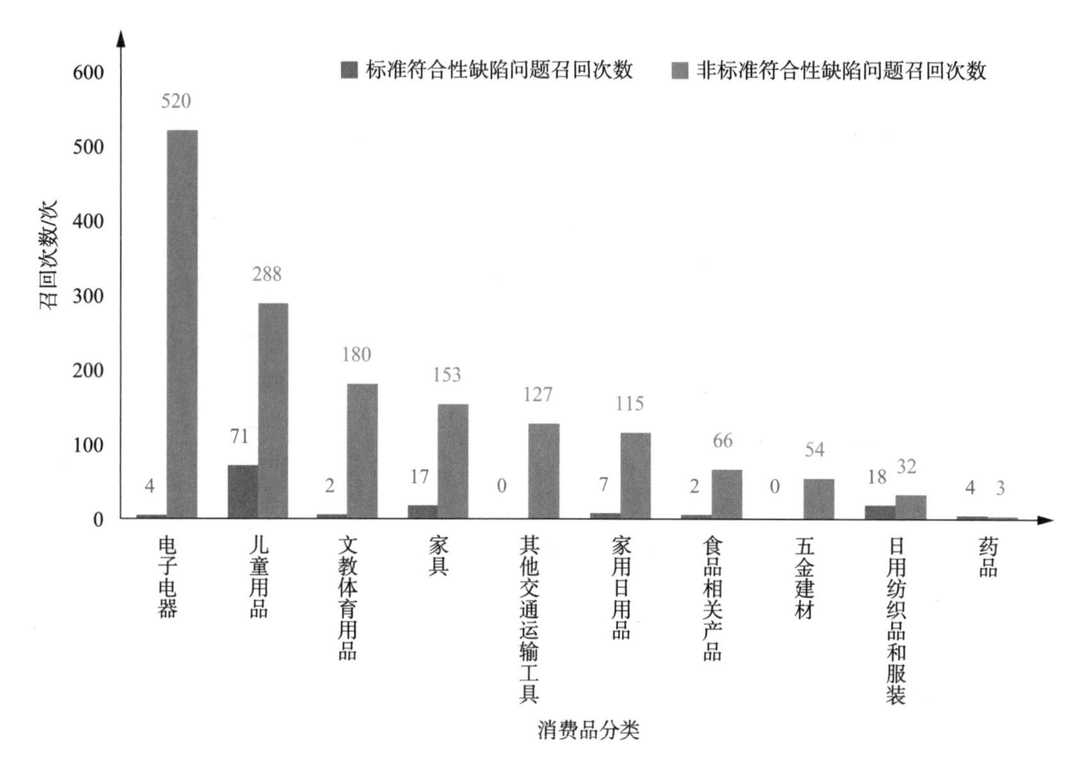

图2.3-13 2012—2017年美国和加拿大各类消费品标准符合性/非标准符合性缺陷问题的召回次数

2012—2017年，美国和加拿大实施召回的各类消费品的标准符合性/非标准符合性缺陷问题的召回数量如图2.3-8所示。统计数据表明，美国和加拿大实施召回的各类消费品的非标准符合性缺陷问题召回的数量均比标准符合性缺陷问题召回的数量要多。标准符合性缺陷问题召回数量较多的消费品是家用日用品、文教体育用品，分别为5百万件和3百万件；非标准符合性缺陷问题召回数量较多的消费品是家用日用品、电子电器，均在100百万件以上。

2012—2017年，美国和加拿大实施召回的消费品中，重点消费品的二级分类目录消费品的标准符合性/非标准符合性缺陷问题召回次数分布情况如图2.3-14所示（由于家具没有二级分类，不做展示）。电子电器召回中，涉及标准符合性缺陷问题的消费品召回仅有家用电器、照明电器、信息技术设备、电器附件，召回次数均为1次；非标准符合性缺陷问题召回次数较多的是家用电器和照明电器，均在100次以上。儿童用品召回中，标准符合性缺陷问题召回次数最多的是儿童服装，达到52次；非标准符合性缺陷问题召回次数最多的是儿童玩具，达到 109 次。家用日用品召回中，涉及标准符合性缺陷问题的消费品召回仅有储物用具、烟花、消防及安全用品、清洁用品；非标准符合性缺陷问题召回次数最多的是家用饰品，为 41 次。

2012—2017 年，美国和加拿大实施的召回中，重点消费品的二级分类目录消费品的标准符合性/非标准符合性缺陷问题召回数量分布情况如图 2.3-10 所示。电子电器召回中，标准符合性缺陷问题召回数量最多的是照明电器（因数值较小，在图中标示为 0）；非标准符合性缺陷问题召回数量最多的是家用电器。儿童用品召回中，标准符合性缺陷问题召回数量最多的是儿童服装；非标准符合性缺陷问题召回数量最多的是儿童玩具。家用日用品召回中，标准符合性缺陷问题召回数量最多的是清洁用品；非标准符合性缺陷问题召回数量最多的是丙烷气罐。

2012—2017 年，美国和加拿大各个年度实施召回的各类消费品的标准符合性/非标准符合性缺陷问题的召回次数分布情况如图 2.3-15 所示。统计数据表明，各类消费品在各个年度之间的数据分布差别不大，其中非标准符合性缺陷问题召回次数最多的是电子电器，标准符合性缺陷问题召回次数最多的是儿童用品。

2012—2017 年，从各个年度来看，美国和加拿大实施的各类消费品的标准符合性/非标准符合性缺陷问题的召回数量分布情况如图 2.3-16 所示，统计数据表明，美国和加拿大对各类消费品实施的召回在各年份之间数量差别较大。2015 年，家用日用品的标准符合性缺陷问题召回数量远超其他类别消费品的召回数量，2016 年和 2017 年，家用日用品的非标准符合性缺陷问题召回数量远超其他类别消费品的召回数量。

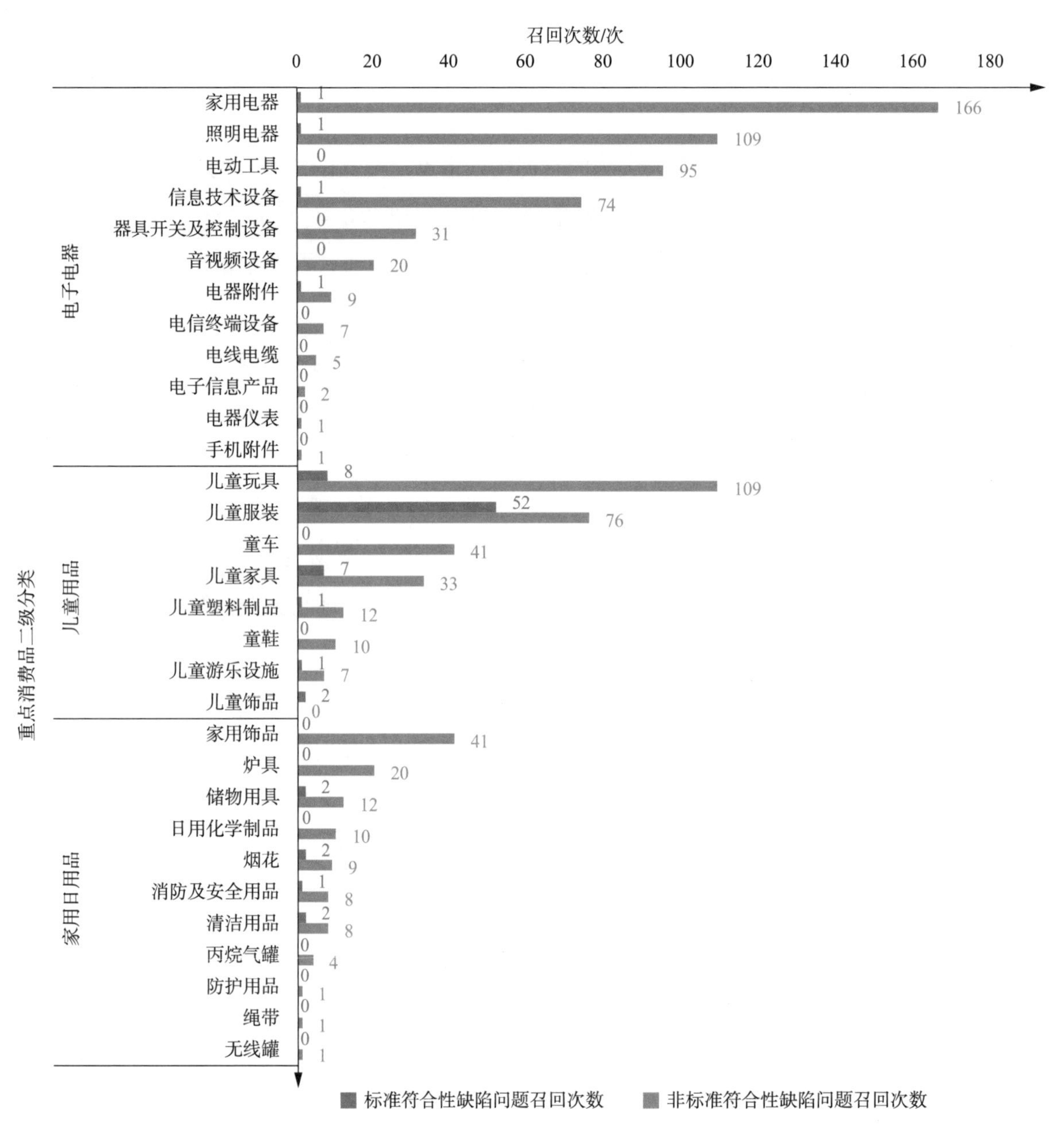

图 2.3-14　2012—2017年美国和加拿大重点消费品的二级分类目录消费品标准符合性/非标准符合性缺陷问题的召回次数

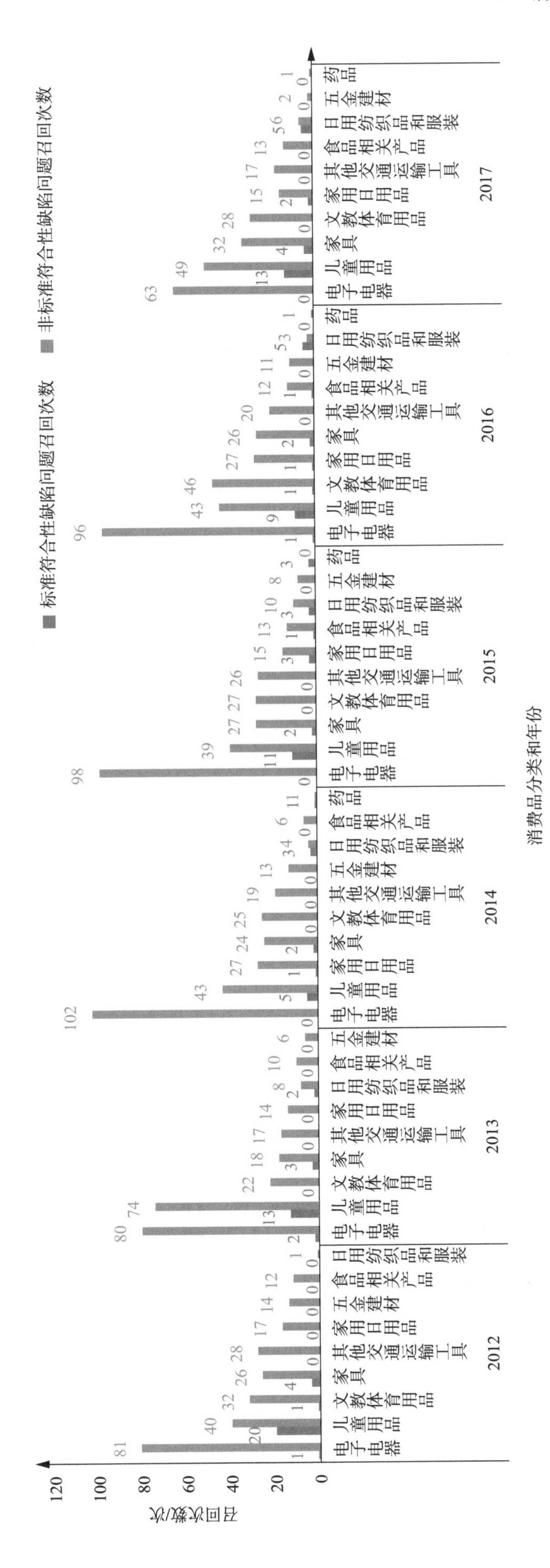

图2.3-15　2012—2017年美国和加拿大各个年度各类消费品标准符合性/非标准符合性缺陷问题的召回次数

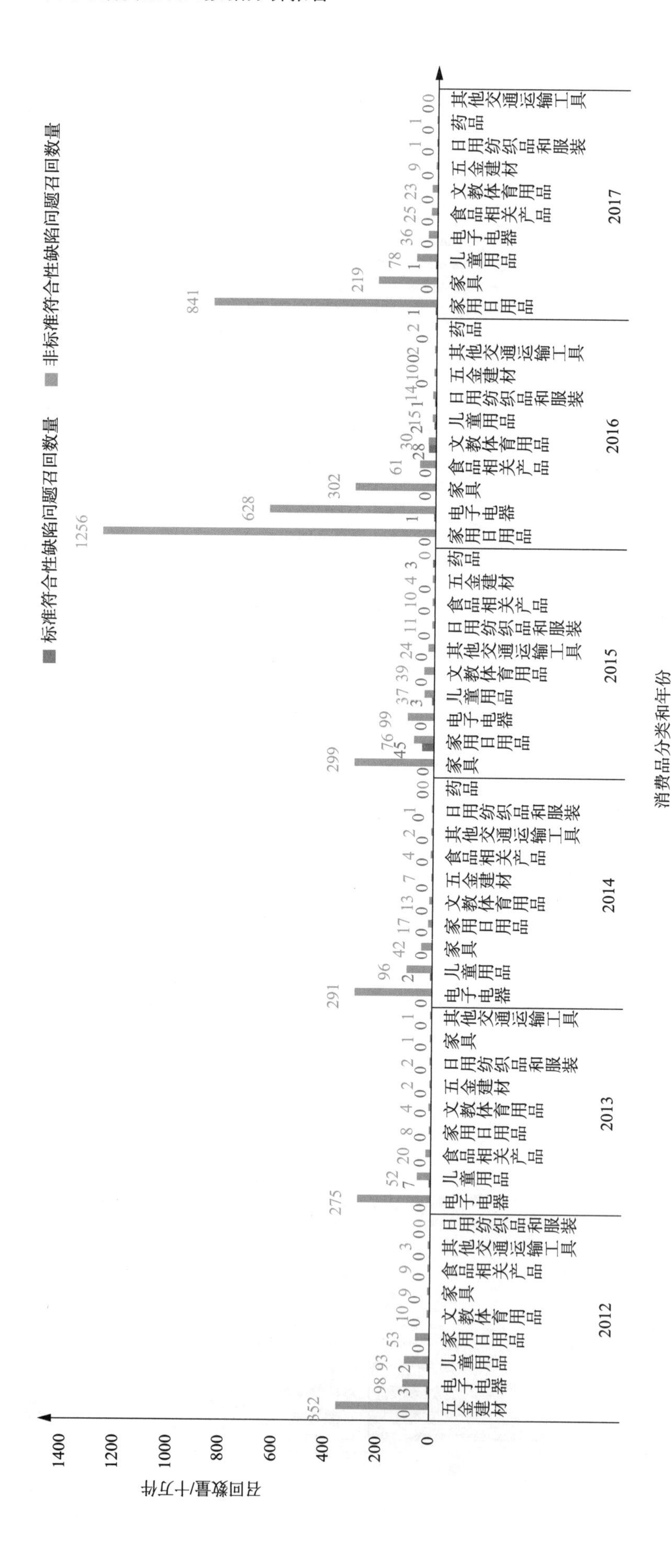

图2.3-16　2012—2017年美国和加拿大各个年度各类消费品标准符合性/非标准符合性缺陷问题的召回数量

2.3.2 欧盟

2012—2017 年，欧盟各个年度实施的标准符合性/非标准符合性缺陷问题的召回次数分布情况如图 2.3-17 所示。统计数据表明，欧盟的非标准符合性缺陷问题的召回次数呈现先上升后下降的趋势，而标准符合性缺陷问题的召回次数相对比较平稳。各个年度的标准符合性缺陷问题召回次数均在 1000 次以上，非标准符合性缺陷问题召回次数均在 100 次以上。

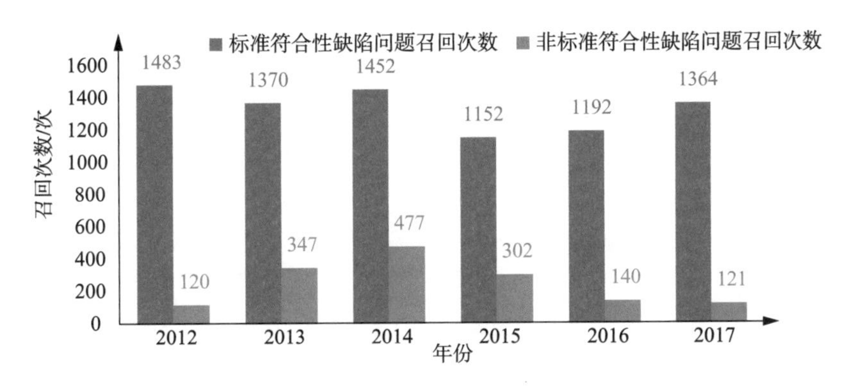

图 2.3-17　2012—2017 年欧盟各个年度标准符合性/非标准符合性缺陷问题的召回次数

2012—2017 年，欧盟对各类消费品实施的标准符合性/非标准符合性缺陷问题的召回次数分布情况如图 2.3-18 所示。统计数据表明，欧盟实施的消费品召回中，标准符合性缺陷问题的召回次数均大于非标准符合性缺陷问题的召回次数（其他交通运输工具除外）。标准符合性缺陷问题召回次数较多的是儿童用品和电子电器。非标准符合性缺陷问题的召回次数最多的是儿童用品，召回次数在 1000 以上，其次是日用纺织品和服装、电子电器，召回次数均在 100 次以上。

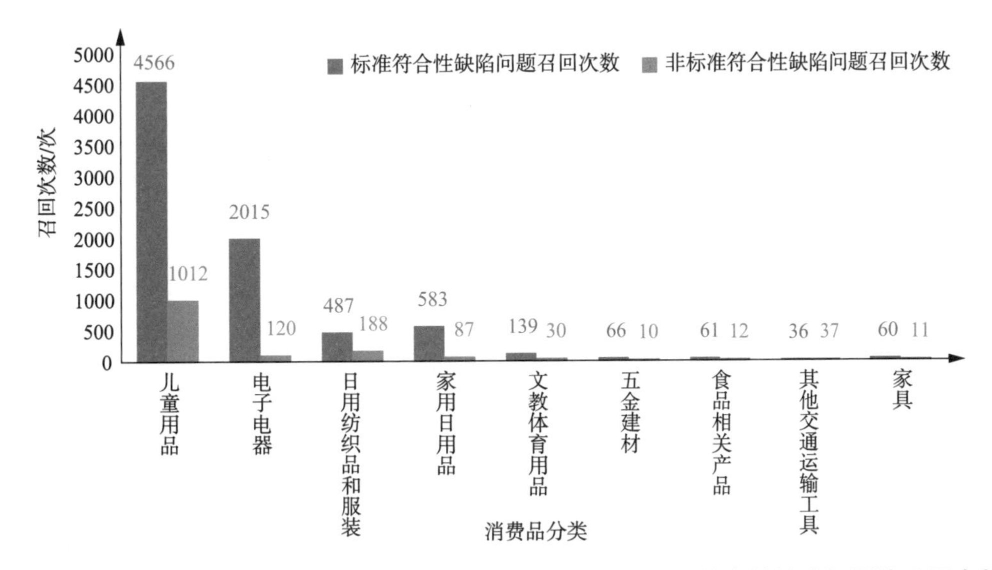

图 2.3-18　2012—2017 年欧盟各类消费品标准符合性/非标准符合性缺陷问题的召回次数

2012—2017 年，欧盟实施的消费品召回中，重点消费品的二级分类目录消费品的标准

符合性/非标准符合性缺陷问题召回次数分布情况如图 2.3-19 所示（因为家具没有二级分类，不做展示）。电子电器召回中，标准符合性缺陷问题的召回次数最多的是照明电器，达到 767 次，其次是家用电器和信息技术设备，均在 300 次以上；非标准符合性缺陷问题的召回次数最多的也是照明电器，为 45 次，其次是家用电器和信息技术设备，分别为 20 次和 17 次。儿童用品召回中，标准符合性缺陷问题召回次数最多的是儿童玩具，超过 2000 次，其次是儿童服装、童车和儿童家具；非标准符合性缺陷问题召回次数最多的是儿童玩具，达到 620 次，其次是儿童服装和童鞋，分别为 190 次和 140 次。家用日用品召回中，标准符合性缺陷问题召回次数较多的是烟花和打火机，均在 100 次以上；非标准符合性缺陷问题召回次数最多的是家用饰品，为 26 次。

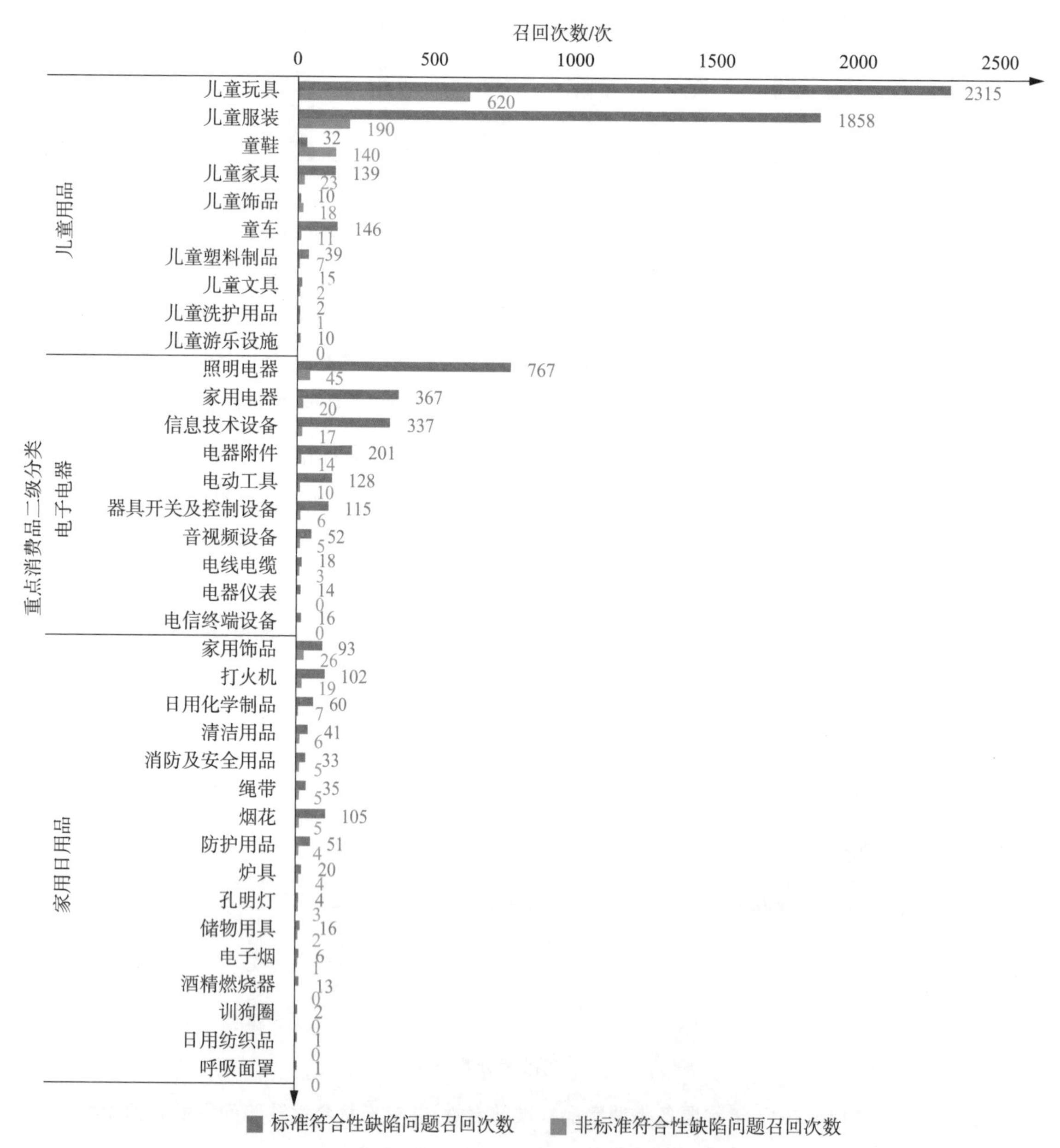

图 2.3-19　2012—2017 年欧盟重点消费品的二级分类目录消费品标准符合性/非标准符合性缺陷问题的召回次数

2012—2017 年，欧盟每年对各类消费品实施的标准符合性/非标准符合性缺陷问题的召回次数分布情况如图 2.3-20 所示。统计数据表明，欧盟对各类消费品实施的召回次数在各年份之间数据分布差别不大，无论是标准符合性缺陷问题还是非标准符合性缺陷问题的召回次数最多的都是儿童用品。

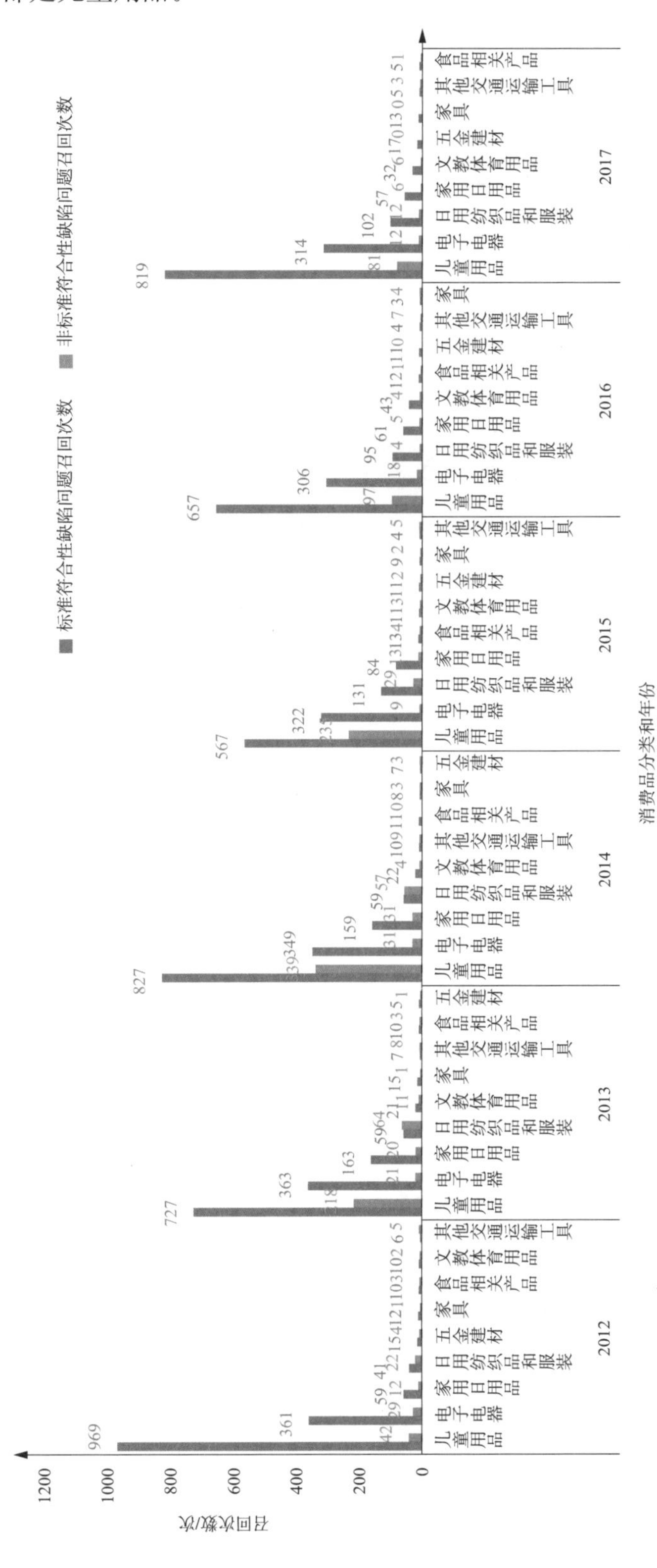

图2.3-20　2012—2017年欧盟各个年度各类消费品标准符合性/非标准符合性缺陷问题的召回次数

2.3.3 澳大利亚

2012—2017年，澳大利亚实施的消费品召回中标准符合性/非标准符合性缺陷问题的召回次数分布情况如图2.3-21所示。统计数据表明，澳大利亚实施的非标准符合性缺陷问题召回次数均超过标准符合性缺陷问题召回次数。标准符合性缺陷问题的召回次数最少的年度是2012年，召回次数为16次，最多的年度是2014年，召回次数为81次；各个年度非标准符合性缺陷问题的召回次数均在130次以上。

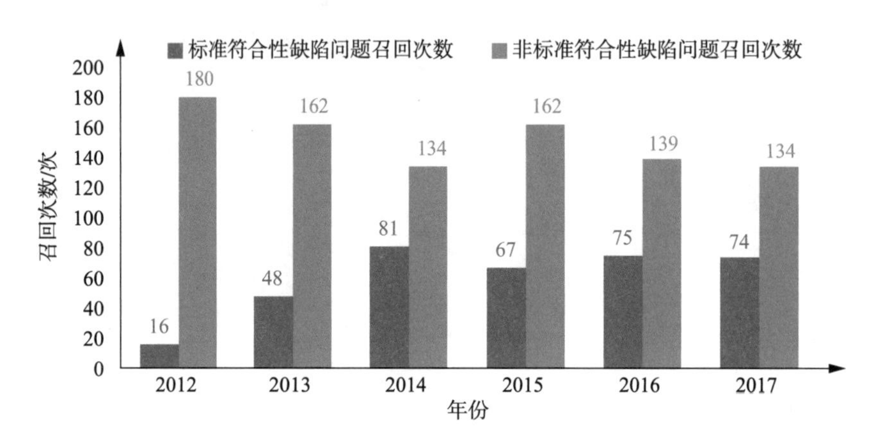

图2.3-21　2012—2017年澳大利亚标准符合性/非标准符合性缺陷问题的召回次数

2012—2017年，澳大利亚对各类消费品实施的标准符合性/非标准符合性缺陷问题的召回次数分布情况如图2.3-22所示。统计数据表明，澳大利亚实施召回的各类消费品中，只有儿童用品的标准符合性缺陷问题的召回次数比相应的非标准符合性缺陷问题的召回次数多，其他各类消费品的标准符合性缺陷问题的召回次数要比相应的非标准符合性缺陷问题召回的次数少。标准符合性缺陷问题召回次数最多的是儿童用品，为195次，其次是电子电器，为64次。非标准符合性缺陷问题召回次数最多的是电子电器，达到344次，其次是儿童用品，为186次。电子电器的非标准符合性缺陷问题的召回次数远超过标准符合性缺陷问题的召回次数，儿童用品的标准符合性与非标准符合性缺陷问题召回的次数则很接近。

2012—2017年，澳大利亚实施的消费品召回中，重点消费品的二级分类目录消费品的标准符合性/非标准符合性缺陷问题召回次数分布情况如图2.3-23所示（由于家具没有二级分类，不做展示）。电子电器召回中，标准符合性缺陷问题召回次数较多的是照明电器、信息技术设备和家用电器，均在10次以上；非标准符合性缺陷问题召回次数最多的是家用电器，达到106次。儿童用品召回中，标准符合性缺陷问题召回次数和非标准符合性缺陷问题召回次数最多的都是儿童玩具，召回次数分别是105次和101次，其次是儿童服装，分别是40次和32次。家用日用品召回中，标准符合性缺陷问题召回次数最多的是家用饰品，为11次；非标准符合性缺陷问题召回次数最多的是日用化学制品，为 24 次。

2012—2017 年，澳大利亚各个年度对各类消费品实施的标准符合性/非标准符合性缺陷问题的召回次数分布情况如图 2.3-24 所示。统计数据表明，澳大利亚对各类消费品实施的召回次数在各个年度之间数据的分布差别不大，电子电器和儿童用品都是召回次数较多的产品。其中，标准符合性缺陷问题召回次数最多的是儿童用品，非标准符合性缺陷问题召回次数最多的是电子电器。

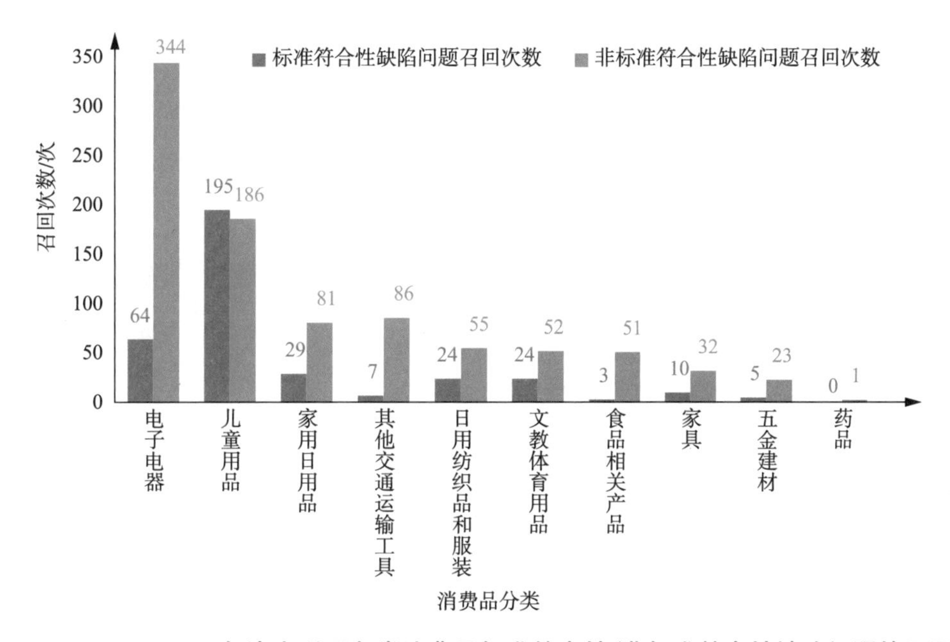

图 2.3-22 2012—2017 年澳大利亚各类消费品标准符合性/非标准符合性缺陷问题的召回次数

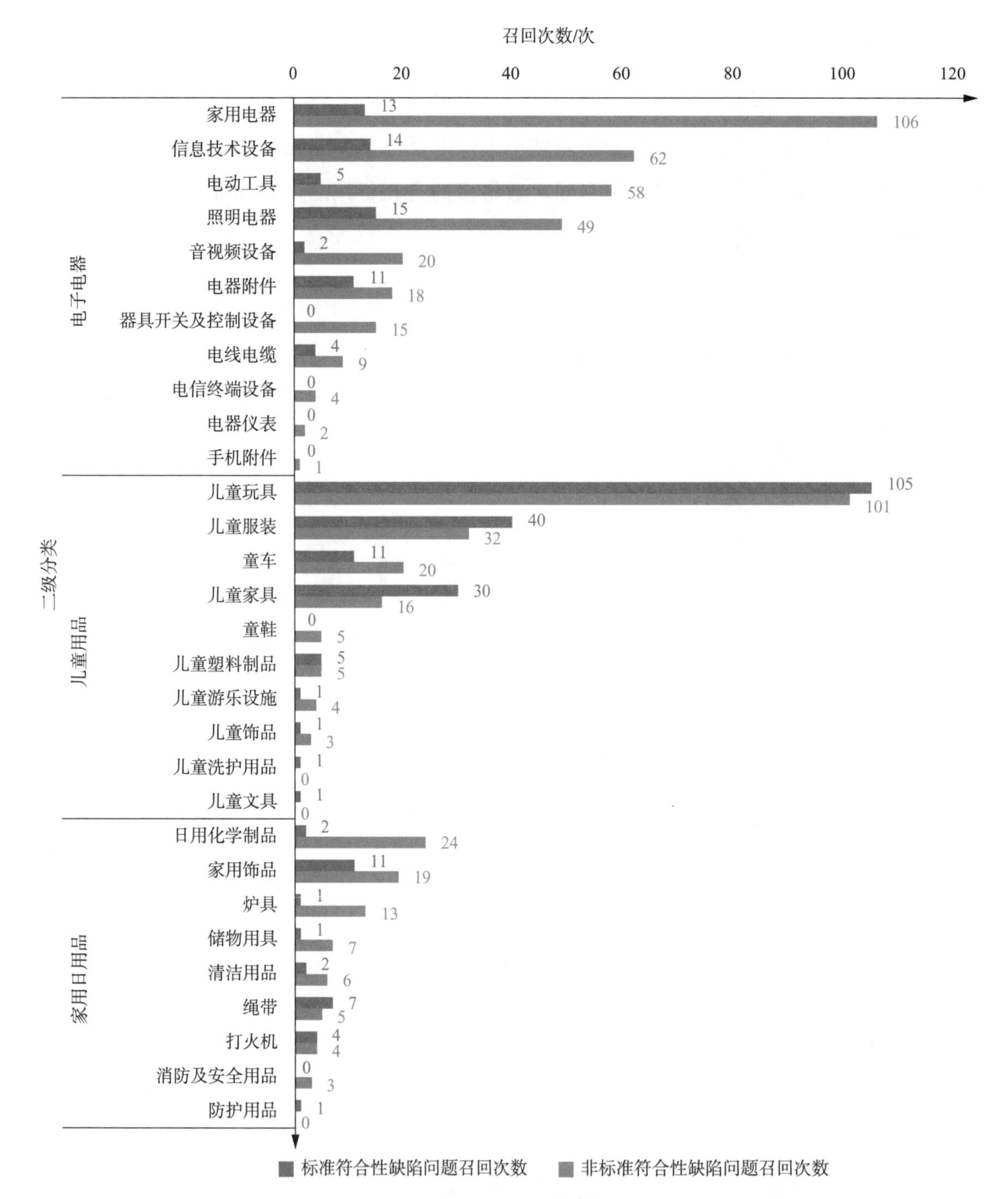

图 2. 3-23　2012—2017 年澳大利亚重点消费品的二级分类目录消费品标准符合性/非标准符合性缺陷问题的召回次数

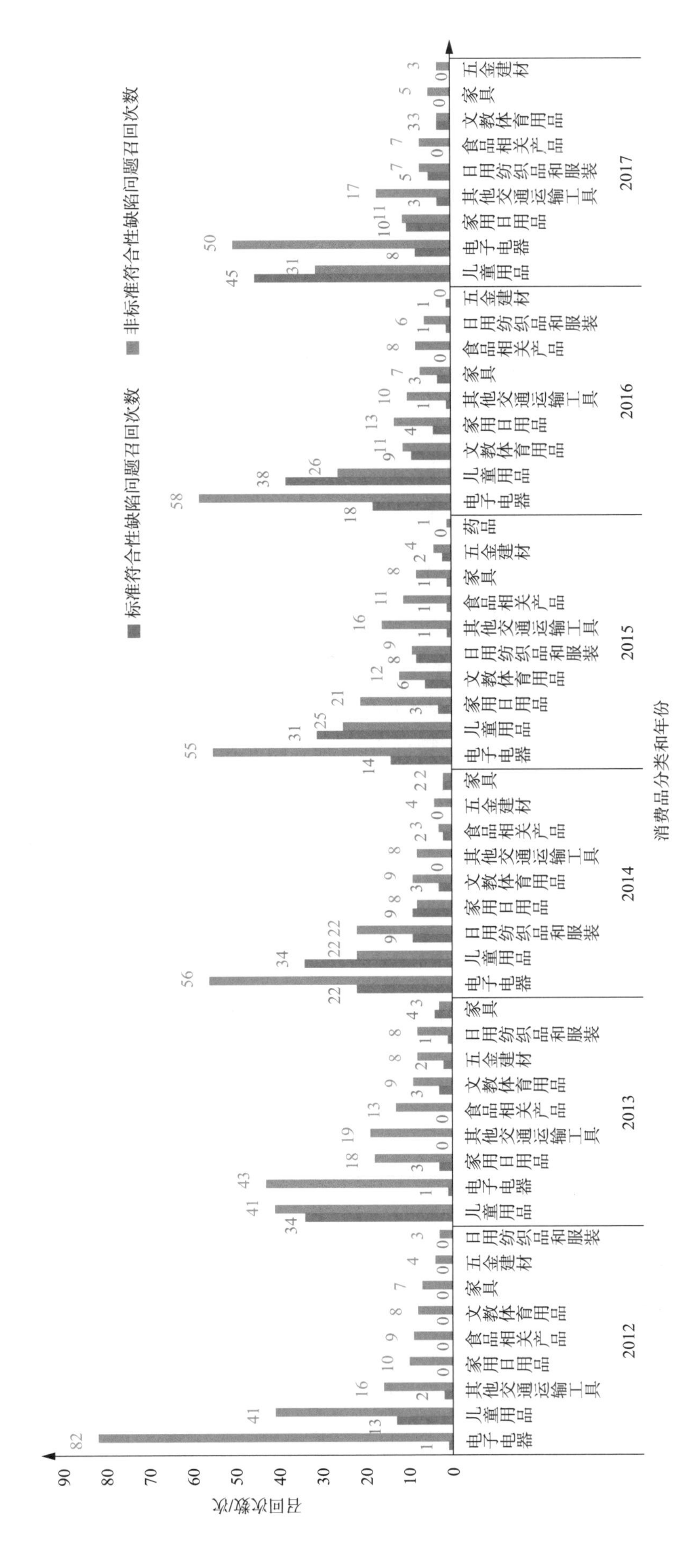

图2.3-24　2012—2017年澳大利亚各个年度各类消费品标准符合性/非标准符合性缺陷问题的召回次数

2.3.4 日本

日本实施的消费品召回中缺陷性质数据项的内容为不详。

2.4 危害类别

2012—2017年，在5个国家/地区对各类消费品实施的召回中，召回次数和召回数量分布情况如图2.4-1和图2.4-2所示，欧盟、澳大利亚的召回数量不详。统计数据表明，2012—2017年，儿童用品共召回6362次，美国和加拿大、日本相应的召回数量为39百万件；电子电器共召回3265次，美国和加拿大、日本相应的召回数量为162百万件；家用日用品共召回925次，美国和加拿大、日本相应的召回数量为230百万件；日用纺织品和服装共召回856次，美国和加拿大、日本相应的召回数量为4百万件；家具共召回313次，美国和加拿大、日本相应的召回数量为88百万件。

2012—2017年，5个国家/地区对各类消费品实施的召回在各个年度的召回次数分布情况如图2.4-3所示。统计数据表明，各个年度儿童用品的召回次数均是最多的，并且在2012年、2013年、2014年和2017年都超过1000次；电子电器的召回次数位列第二。家用日用品的召回次数在2012—2014年排在第三位，日用纺织品和服装在2015—2017年的召回次数超过家用日用品，位列第三。

2012—2017年，在5个国家/地区中，美国和加拿大、日本对各类消费品实施的召回在各个年度的召回数量分布情况如图2.4-4所示，欧盟、澳大利亚的召回数量不详。统计数据表明，五金建材的召回数量在2012年最多，为35.6百万件。儿童用品的召回数量在2014年最多，为10百万件。家用日用品的召回数量最多的年份是2016年，为125.6百万件。电子电器、家具的召回数量在2016年最多，分别为64.5百万件、30.5百万件。

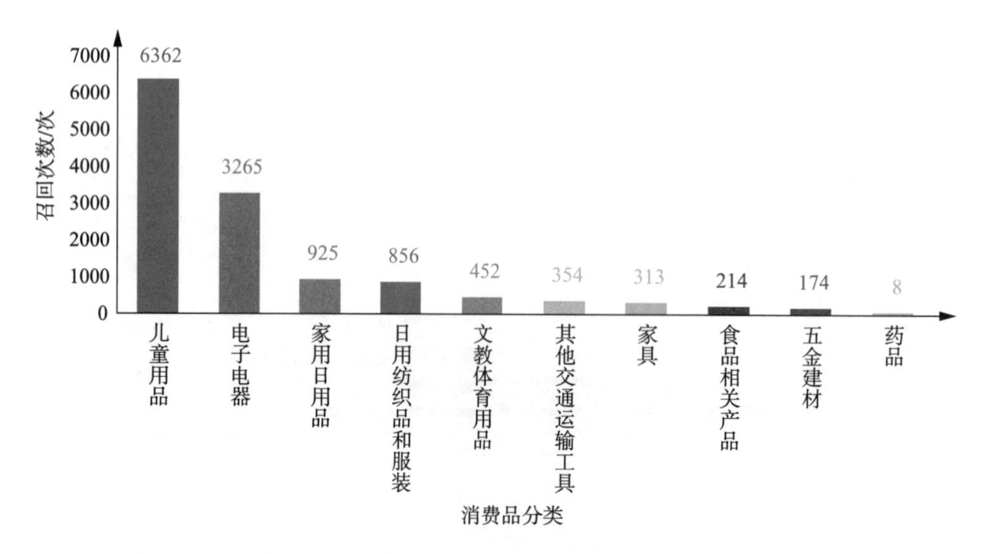

图2.4-1 2012—2017年5个国家/地区各类消费品的总召回次数

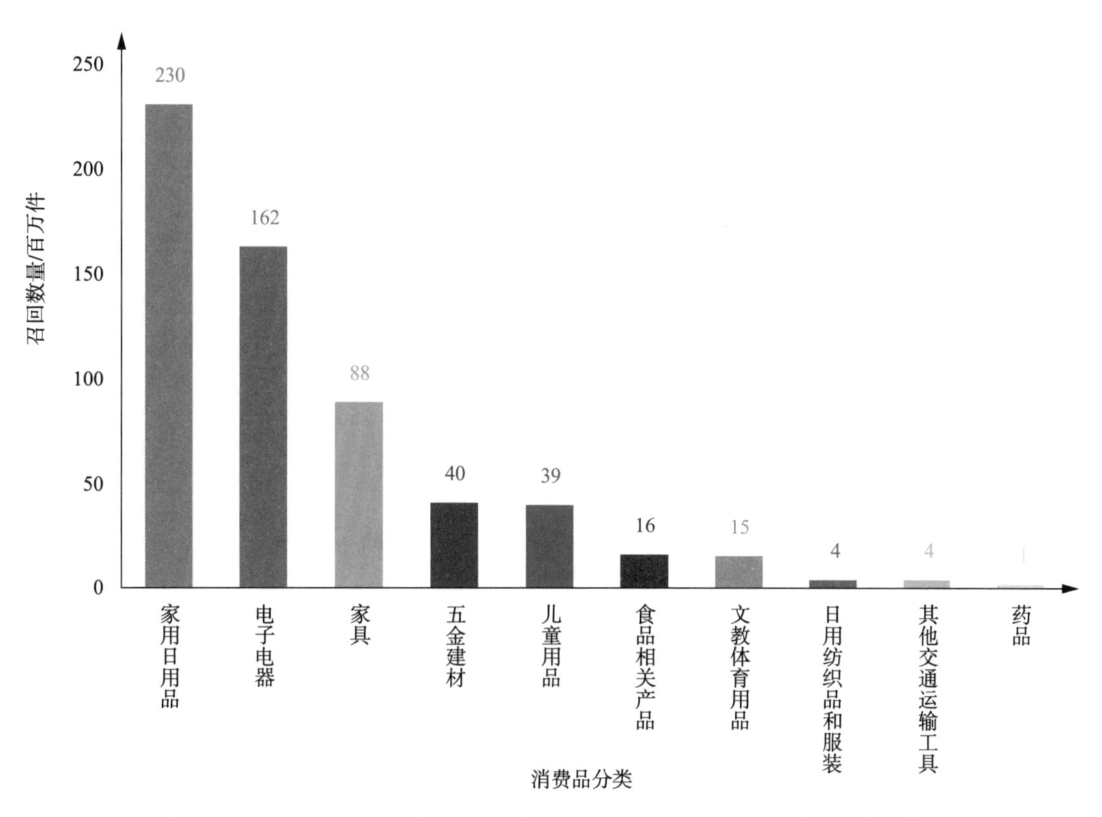

图 2.4-2 2012—2017 年美国和加拿大、日本各类消费品的总召回数量

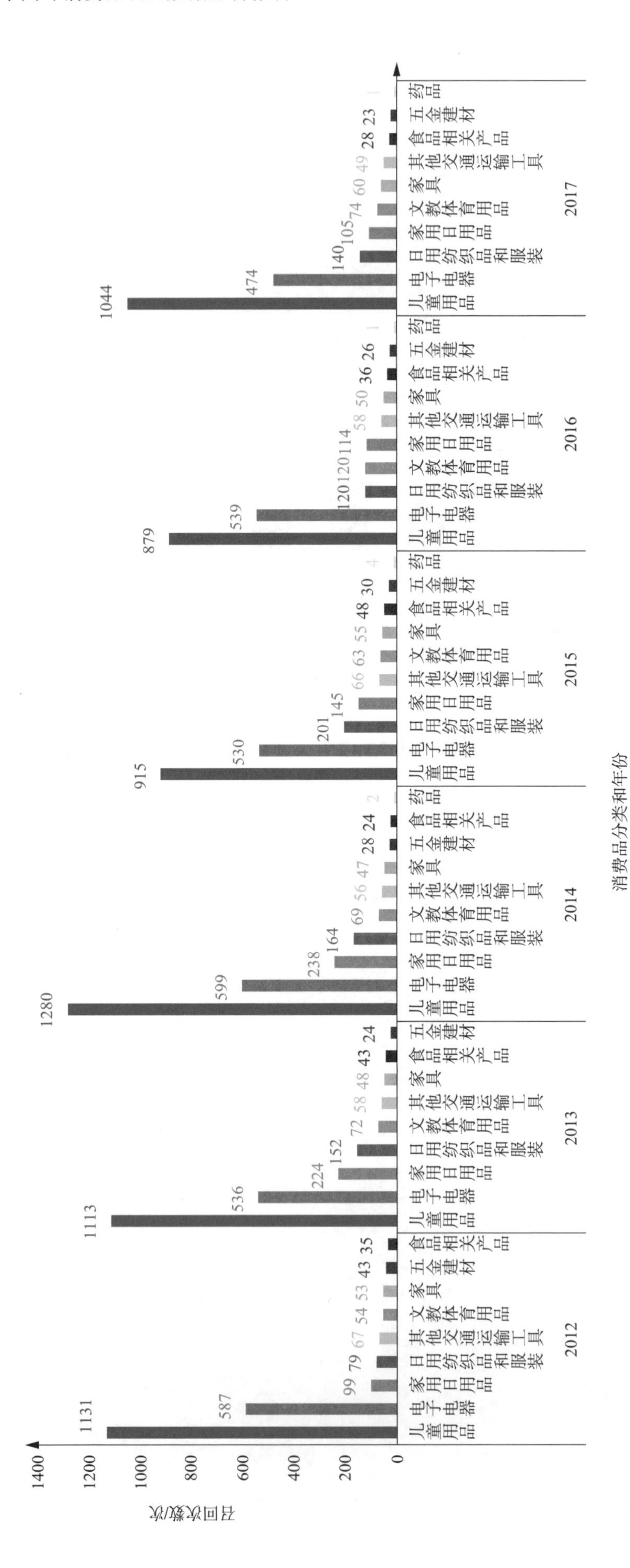

图2.4-3 2012—2017年5个国家/地区各个年度各类消费品的召回次数

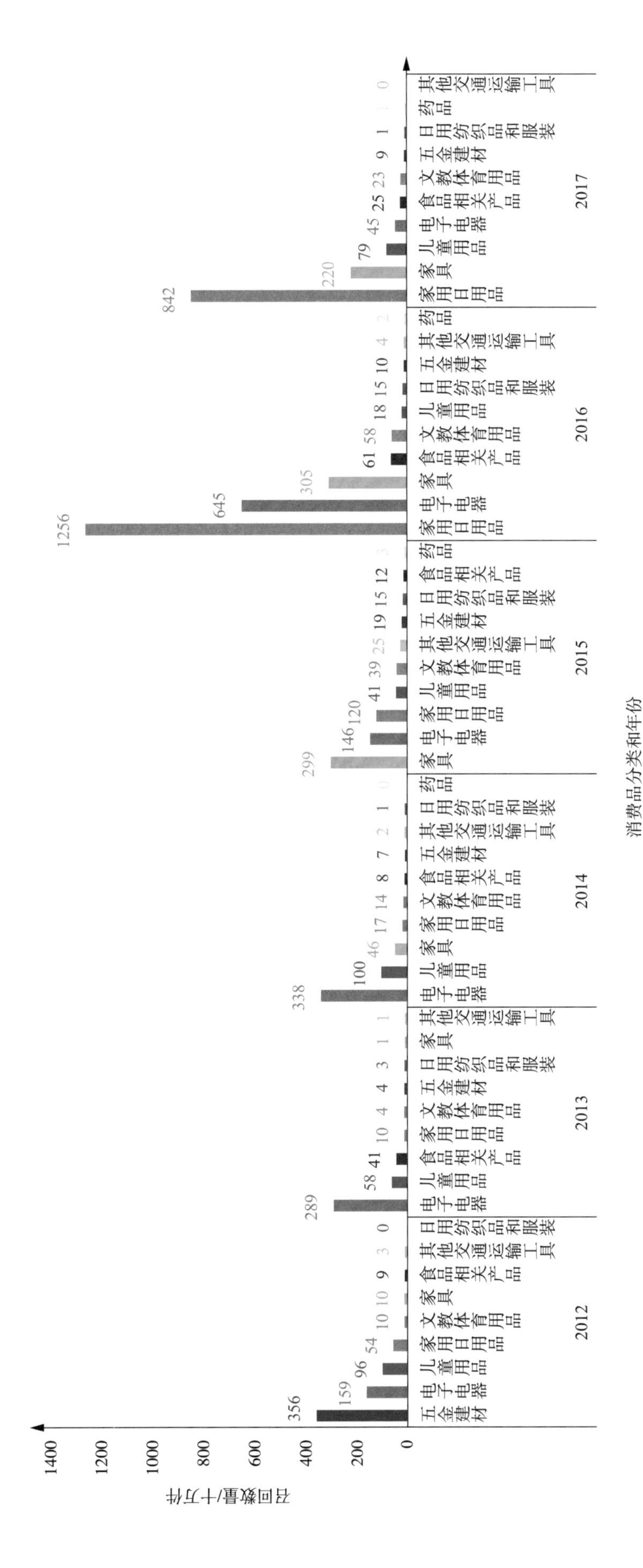

图2.4-4 2012—2017年美国和加拿大、日本各个年度各类消费品的召回数量

2012—2017年，5个国家/地区各类消费品的召回次数分布情况如图2.4-5所示。统计数据表明，欧盟实施的消费品召回中，儿童用品的召回次数远高于其他产品，达到5578次，电子电器的召回次数也非常高，达到2135次。美国和加拿大、澳大利亚对儿童用品和电子电器的召回次数也达到300次以上。日本实施的消费品召回中，电子电器的召回次数最多，为198次。

2012—2017年，5个国家/地区各类消费品的召回数量分布情况如图2.4-6所示。统计数据表明，美国和加拿大实施的消费品召回中，家用日用品的召回次数虽然只有122次，但是其召回数量却有229.6百万件；排在第二位的是电子电器，为143.1百万件。日本实施的消费品召回中电子电器的召回数量最多，达到19.1百万件。

2012—2017年，5个国家/地区的重点消费品的二级分类目录消费品的召回次数分布情况如图2.4-7所示（由于家具没有二级分类，不做展示）。统计数据表明，儿童用品召回中，召回次数较多的是儿童玩具、儿童服装，分别为3273次和2259次。电子电器召回中，召回次数较多的是照明电器、家用电器和信息技术设备，分别为1003次、755次、560次。家用日用品召回中，召回次数较多的是家用饰品、打火机、烟花和日用化学制品，分别为192次、129次、121次、107次。

2012—2017年，在5个国家/地区中，美国和加拿大、日本的重点消费品的二级分类目录消费品的召回数量分布情况如图2.4-8所示，欧盟、澳大利亚的召回数量不详（由于家具没有二级分类，不做展示）。统计数据表明，儿童用品召回中，召回数量较多的是儿童玩具、儿童家具，分别为13.9百万件、8.2百万件。电子电器召回中，召回数量较多的是家用电器、信息技术设备，分别为54百万件、37.1百万件。家用日用品召回中，召回数量较多的是丙烷气罐、消防及安全用品，分别为163.7百万件、42.5百万件。

2012—2017年，5个国家/地区的非重点消费品的二级分类目录消费品召回次数分布情况如图2.4-9所示（由于药品没有二级分类，不做展示）。统计数据表明，其他交通运输工具召回中，召回次数最多的是自行车，为315次。日用纺织品和服装召回中，召回次数较多的是服装配饰和鞋靴，分别是398次和275次。文教体育用品召回中，召回次数最多的是体育用品，次数为387次。食品相关产品召回中，召回次数最多的是食品用包装、容器、工具，次数为152次。五金建材召回中，召回次数最多的是五金及工具，次数为133次。

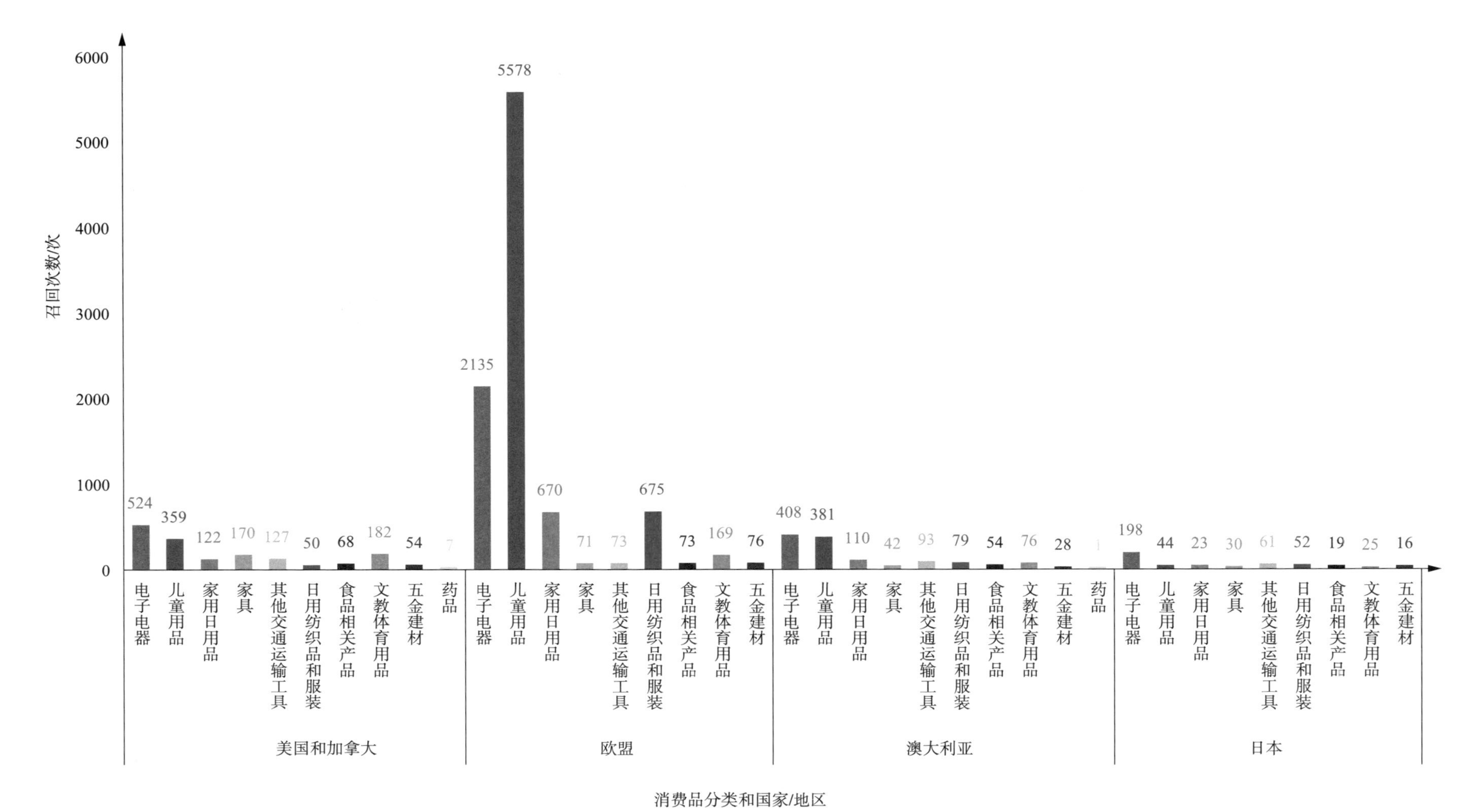

图2.4-5　2012—2017年5个国家/地区各类消费品的召回次数

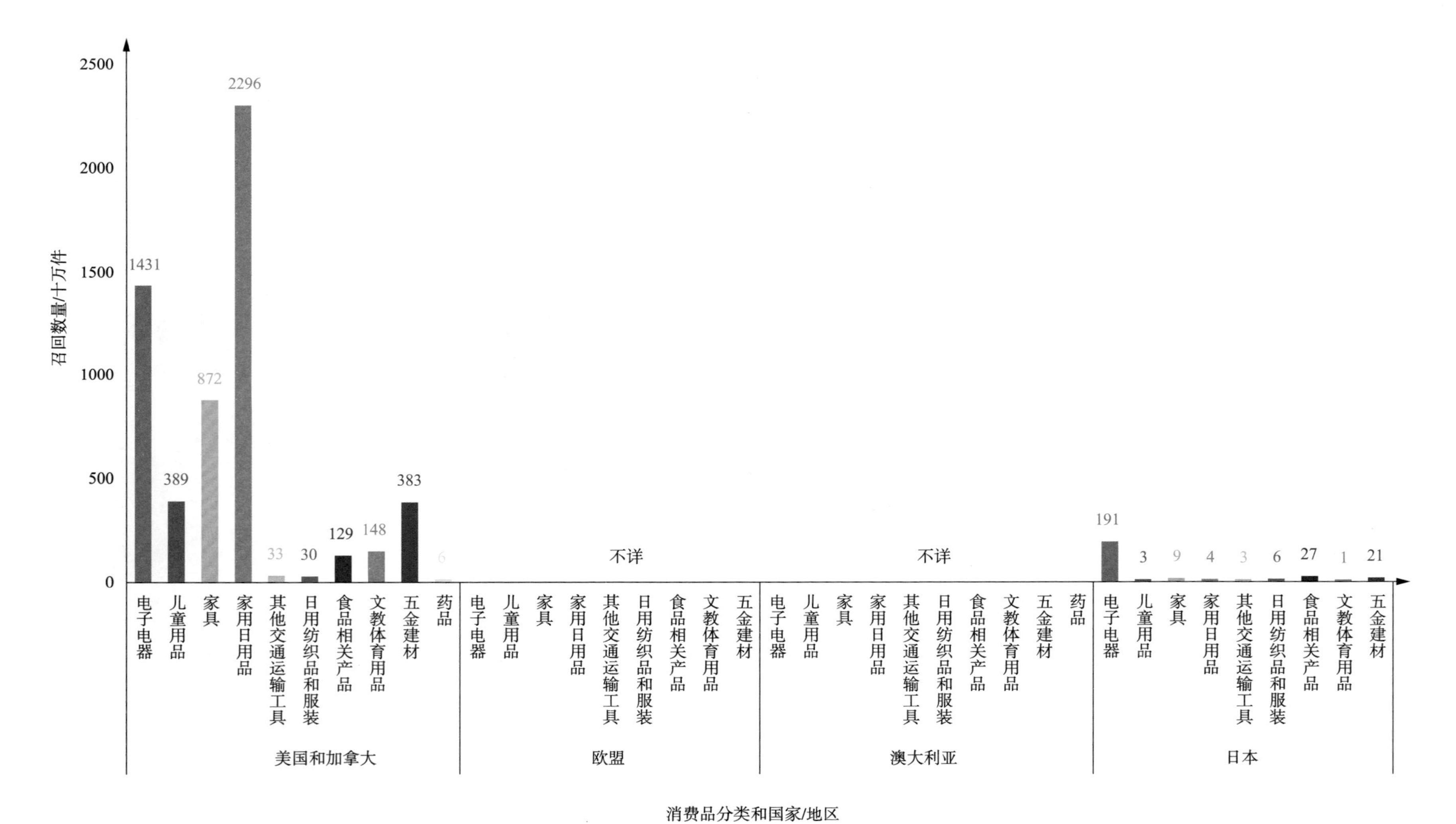

图2.4-6　2012—2017年5个国家/地区各类消费品的召回数量

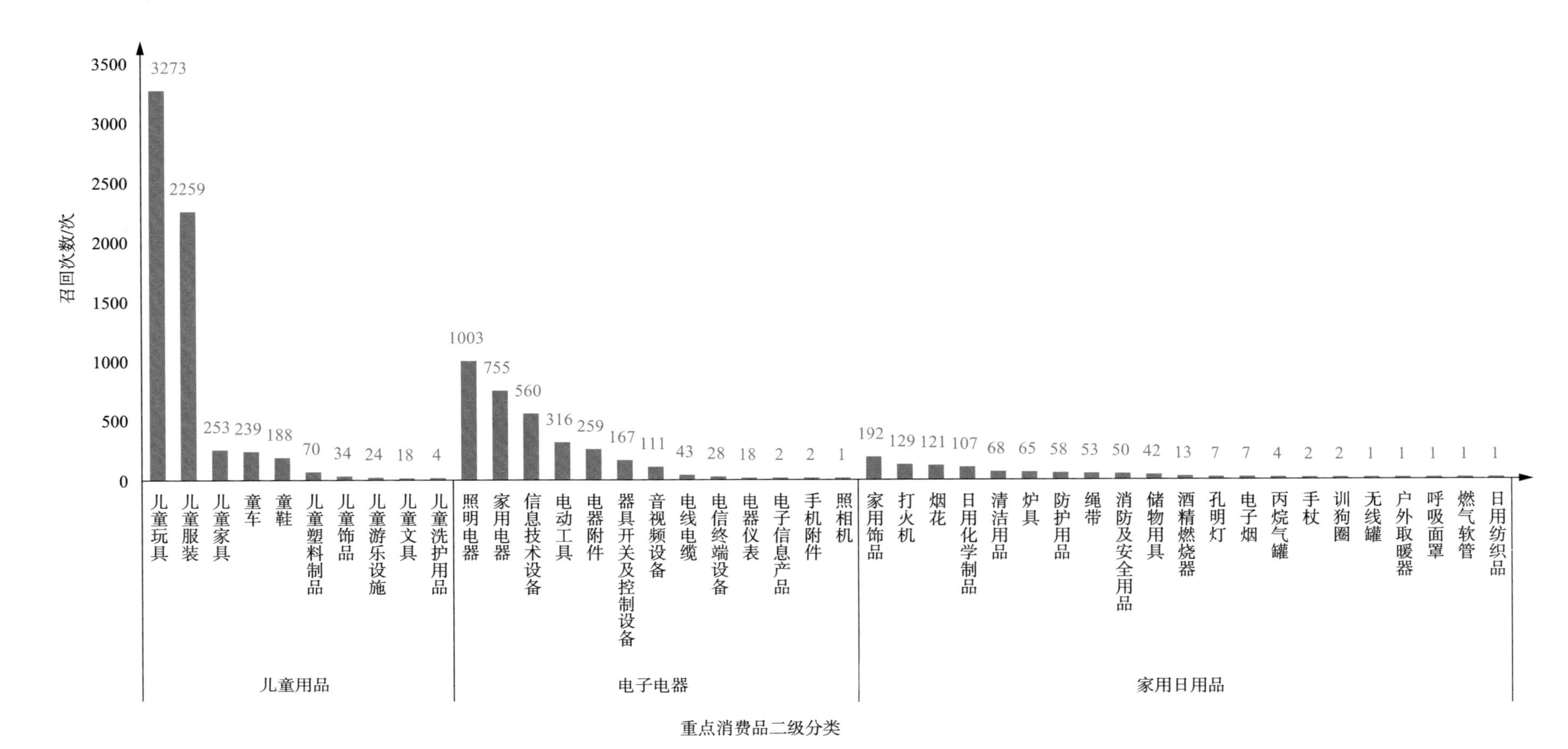

图2.4-7 2012—2017年5个国家/地区重点消费品的二级分类目录消费品的召回次数

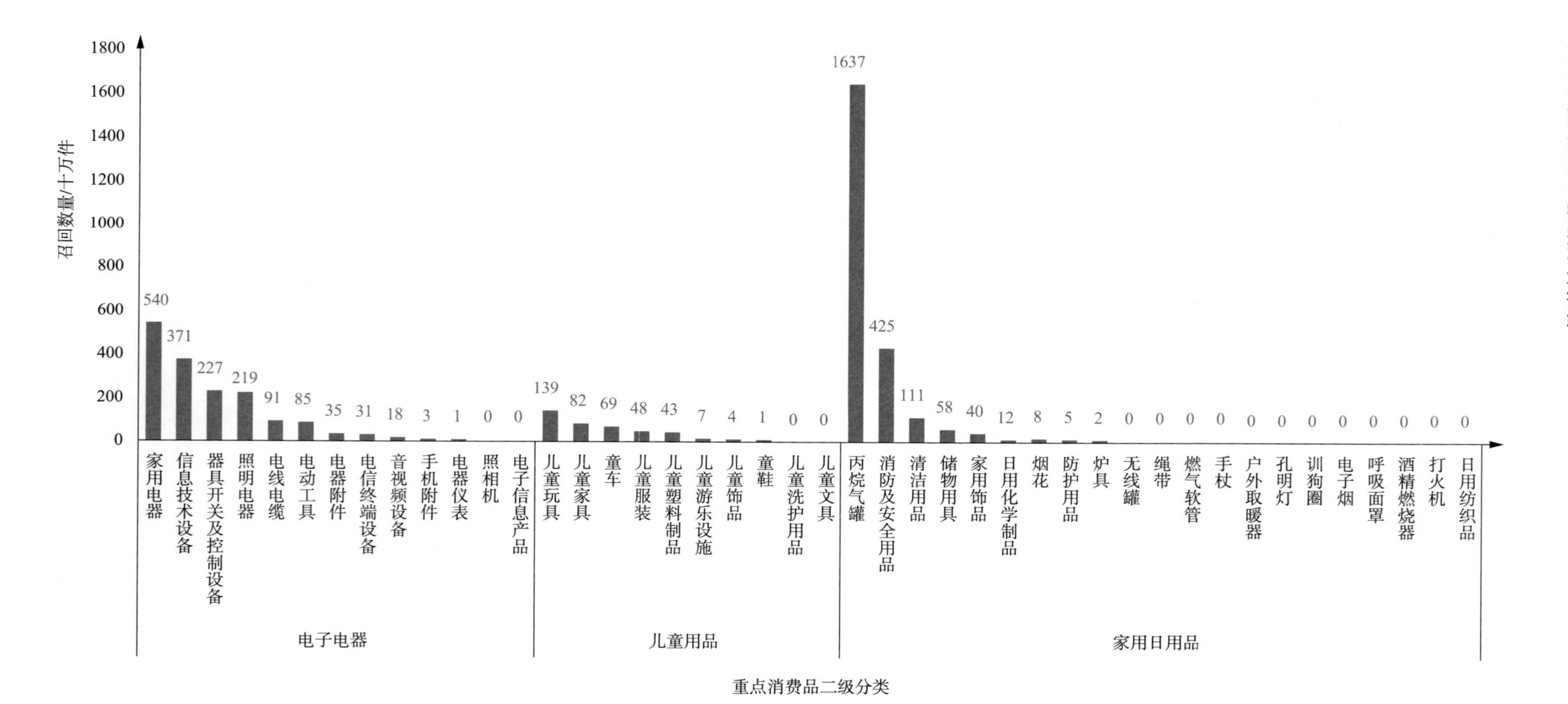

图2.4-8 2012—2017年美国和加拿大、日本重点消费品的二级分类目录消费品的召回数量

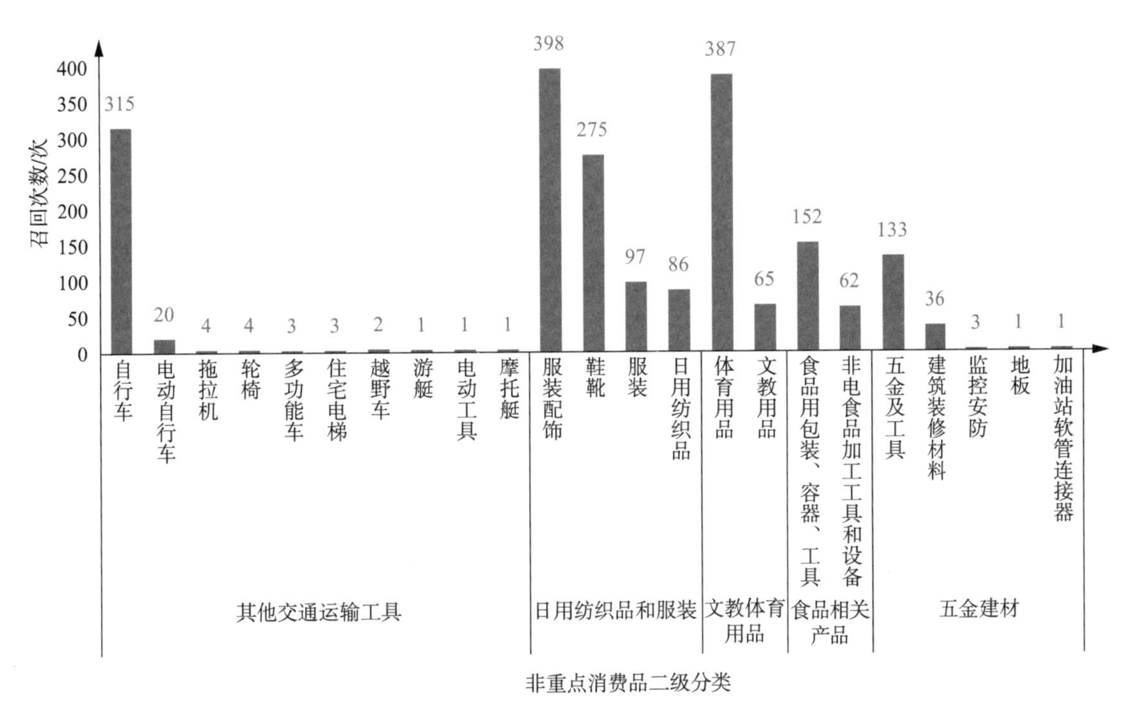

图 2.4-9　2012—2017 年 5 个国家/地区非重点消费品的二级分类目录消费品的召回次数

2012—2017 年，在 5 个国家/地区中，美国和加拿大、日本的非重点消费品的二级分类目录消费品召回数量的分布情况如图 2.4-10 所示，欧盟、澳大利亚的召回数量不详（由于药品没有二级分类，不做展示）。统计数据表明，其他交通运输工具召回中，召回数量最多的是自行车，数量为 3.5 百万件。日用纺织品和服装召回中，召回数量最多的是日用纺织品，数量是 2.5 百万件。文教体育用品召回中，召回数量最多的是文教用品，数量为 8.5 百万件。食品相关产品召回中，召回数量最多的是食品用包装、容器、工具，数量为 11.9 百万件。五金建材召回中，召回数量最多的是五金及工具，数量为 38.5 百万件。

2012—2017 年，5 个国家/地区实施召回的各类消费品对消费者造成各项危害类别对应的召回次数分布情况如图 2.4-11 所示（一种消费品可能造成多种危害）。统计数据表明，召回次数最多对应的危害类别是机械伤害，其次分别是化学伤害、窒息伤害、火灾和烧烫伤、电击伤害和其他伤害。

2012—2017 年，在 5 个国家/地区中，美国和加拿大、日本实施召回的各类消费品对消费者造成各项危害类别对应的召回数量分布情况如图 2.4-12 所示，欧盟、澳大利亚的召回数量不详。统计数据表明，召回数量最多对应的危害类别是其他伤害，其次是窒息伤害。

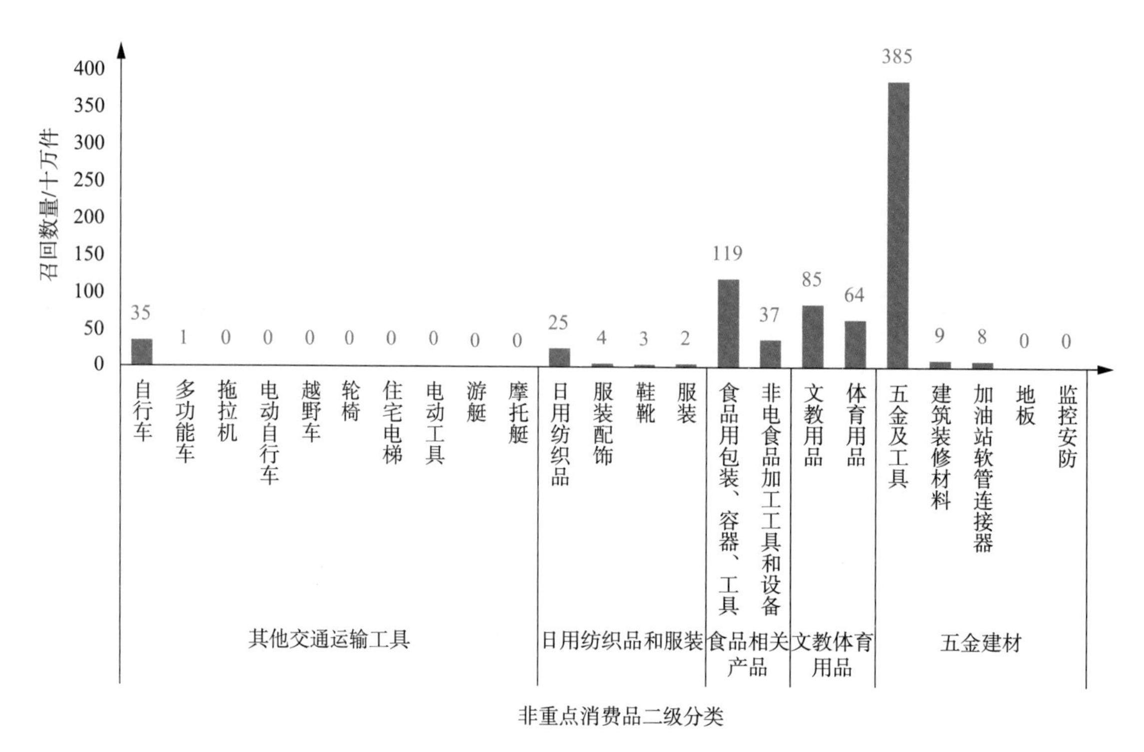

图 2.4-10 2012—2017 年美国和加拿大、日本非重点消费品的二级分类目录消费品的召回数量

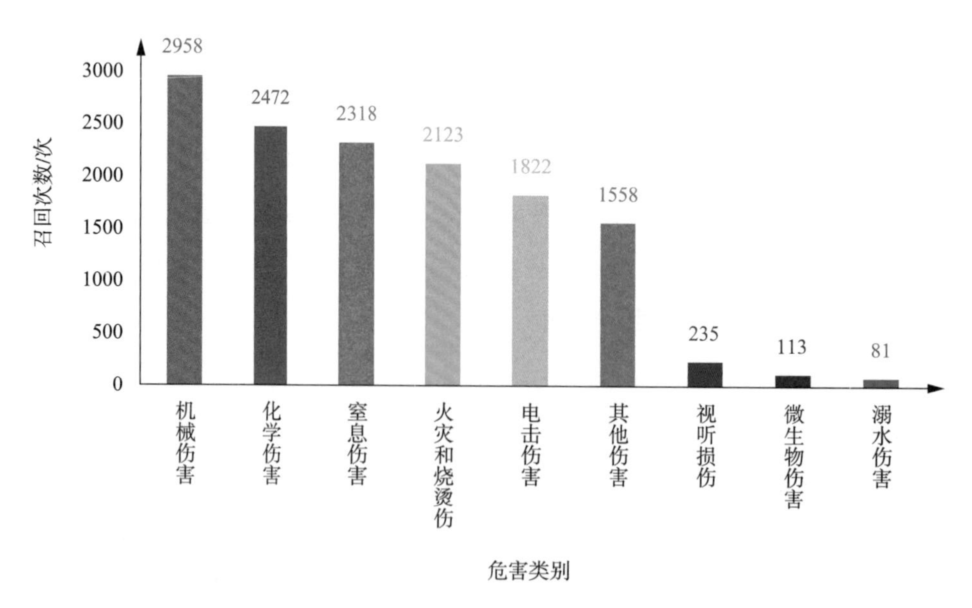

图 2.4-11 2012—2017 年 5 个国家/地区各项危害类别消费品召回次数

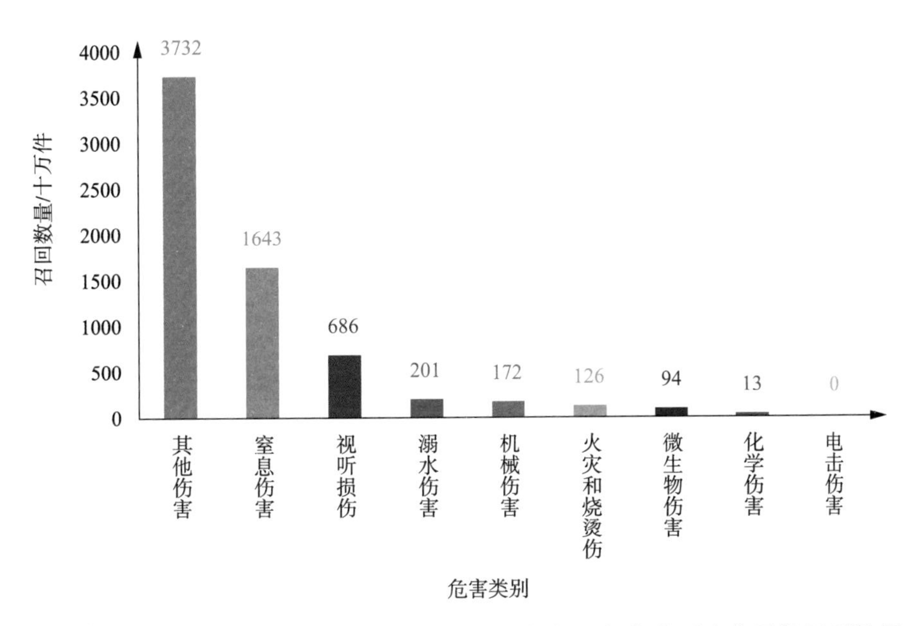

图 2.4-12　2012—2017 年美国和加拿大、日本各项危害类别消费品的召回数量

2.4.1　美国和加拿大

2012—2017 年，美国和加拿大对各类消费品实施的召回次数分布情况如图 2.4-13 所示。统计数据表明，召回次数最多的是电子电器，为 524 次，占总召回次数的比例是 32%。其次是儿童用品、文教体育用品和家具，分别是 359 次、182 次和 170 次，占比分别是 22%、11%、10%。

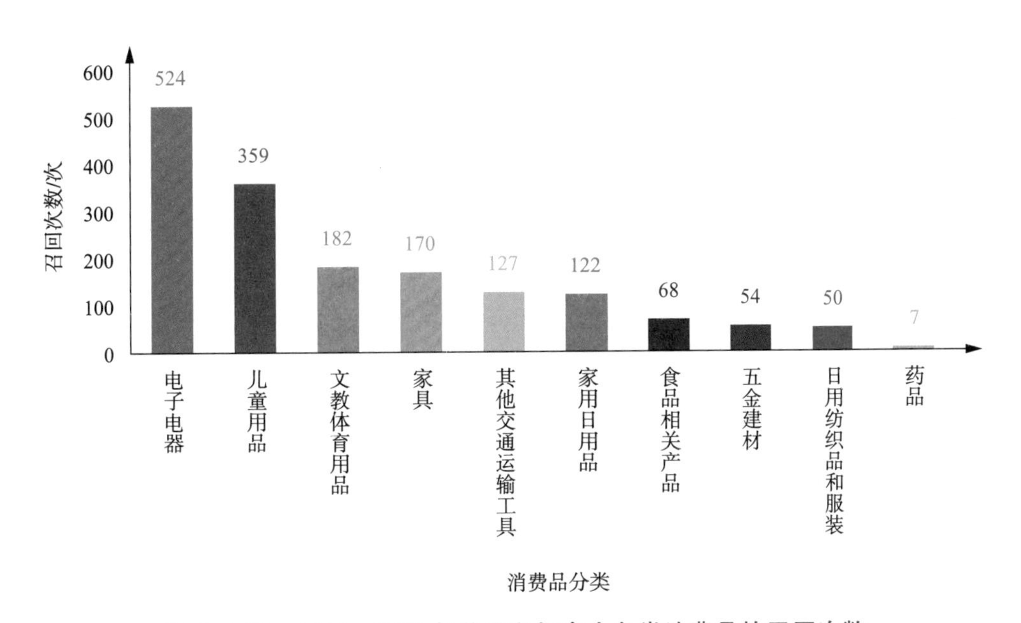

图 2.4-13　2012—2017 年美国和加拿大各类消费品的召回次数

2012—2017年，美国和加拿大对各类消费品实施的召回数量分布情况如图2.4-14所示。统计数据表明，召回数量最多的是家用日用品，数量是230百万件，占总召回数量的比例是40%，其次是电子电器和家具，数量分别是143百万件和87百万件，占比分别是25%、15%。

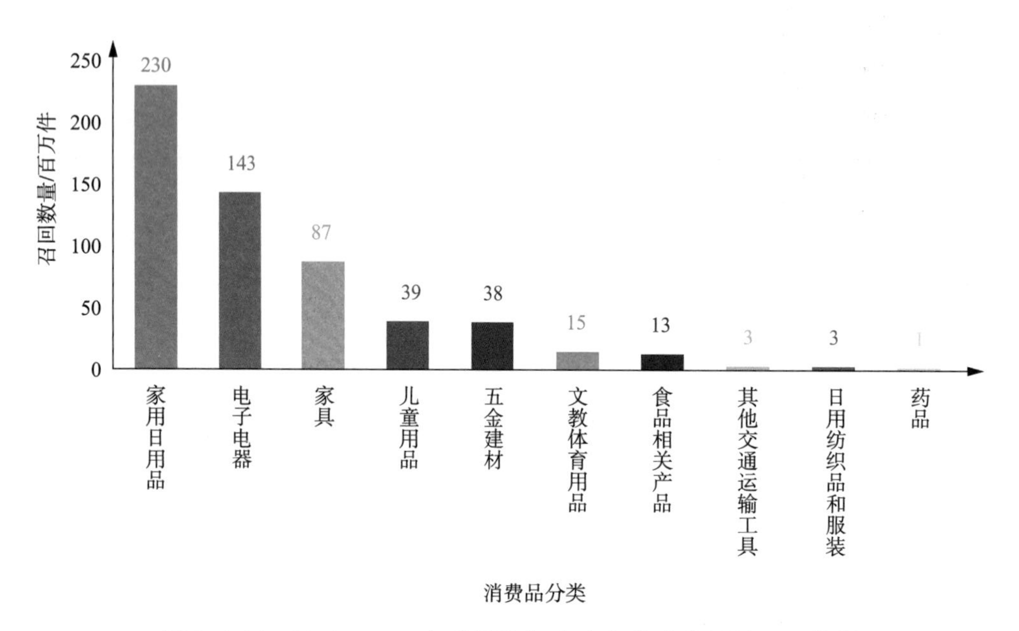

图2.4-14　2012—2017年美国和加拿大各类消费品的召回数量

2012—2017年，美国和加拿大各个年度实施的召回中各类消费品的召回次数分布情况如图2.1-1所示。统计数据表明，美国和加拿大实施的召回中，电子电器和儿童用品是各个年度召回消费品中召回次数较多的。

2012—2017年，美国和加拿大各个年度实施的召回中各类消费品的召回数量分布情况如图2.1-2所示。统计数据表明，美国和加拿大实施的召回中，家用日用品、电子电器、家具、儿童用品和五金建材是召回消费品中召回数量较多的。尤其是在2016年和2017年，家用日用品的召回数量远超过其他年份，数量高达125.6百万件和84.2百万件。

2012—2017年，美国和加拿大重点消费品二级分类目录消费品的召回次数分布情况如图2.4-15所示（由于家具没有二级类别，不做展示）。电子电器召回中，召回次数较多的是家用电器和照明电器，次数为167次、110次，分别占电子电器总召回次数的32%、21%。儿童用品召回中，召回次数较多的是儿童服装和儿童玩具，次数为128次和117次，分别占儿童用品总召回次数的36%和33%。家用日用品召回中，召回次数较多的是家用饰品和炉具，次数为41次、20次，分别占家用日用品总召回次数的34%、16%。

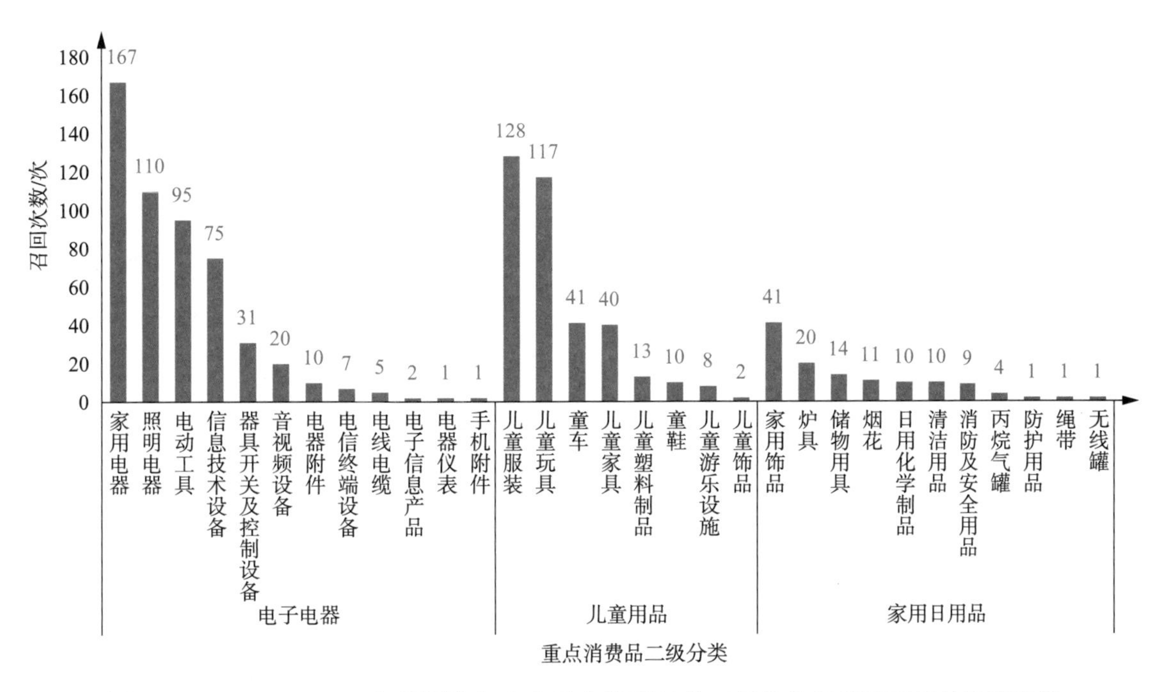

图 2.4-15 2012—2017 年美国和加拿大重点消费品的二级分类目录消费品的召回次数

2012—2017 年，美国和加拿大重点消费品二级分类目录消费品的召回数量分布情况如图 2.4-16 所示（由于家具没有二级类别，不做展示）。电子电器召回中，召回数量较多的是家用电器和信息技术设备，数量分别为 46.2 百万件、34.7 百万件。儿童用品召回中，召回数量较多的是儿童玩具和儿童家具，数量分别为 13.8 百万件、8.1 百万件。家用日用品召回中，召回数量最多的是丙烷气罐，数量为 163.7 百万件。

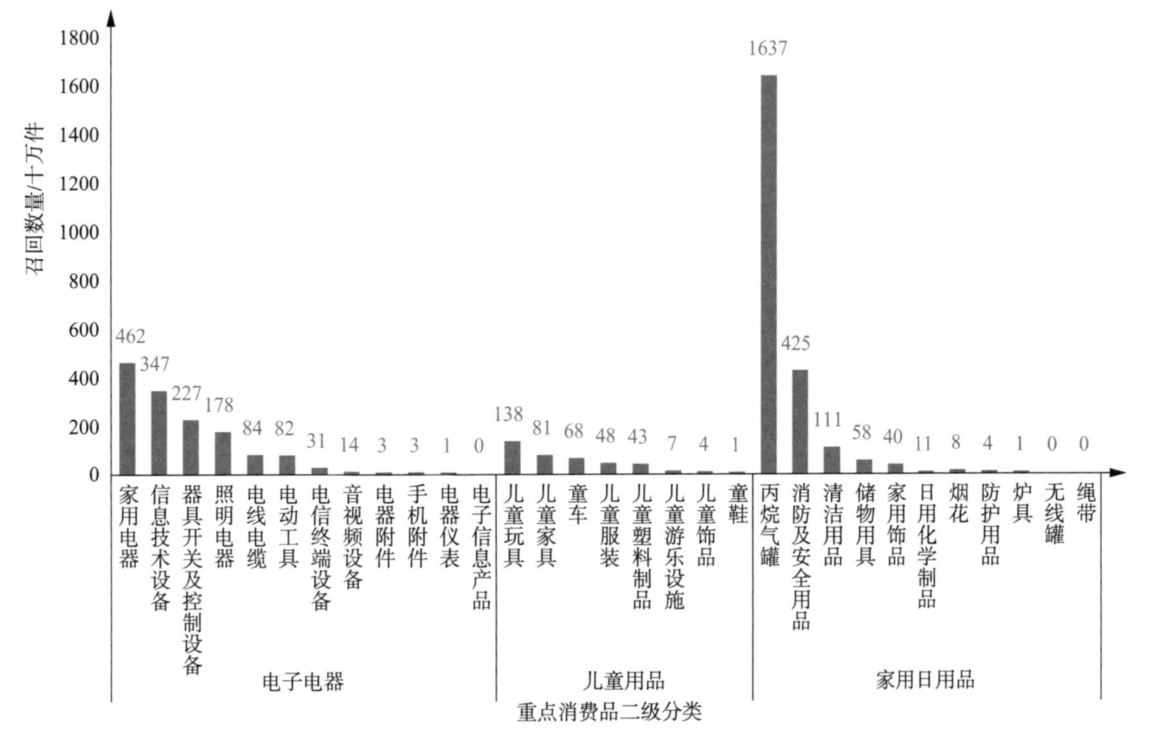

图 2.4-16 2012—2017 年美国和加拿大重点消费品的二级分类目录消费品的召回数量

2012—2017年，美国和加拿大非重点消费品的二级消费品类别召回次数分布情况如图2.4-17所示（由于药品没有二级分类，不做展示）。统计数据表明，其他交通运输工具召回中，召回次数最多的是自行车，次数为115次，占其他交通运输工具总召回次数的91%。日用纺织品和服装召回中，召回次数较多的是鞋靴、日用纺织品，次数是15次、14次，分别占日用纺织品和服装总召回次数的30%、28%。文教体育用品召回中，召回次数最多的是体育用品，次数为163次，占文教体育用品总召回次数的90%。食品相关产品召回中，召回次数最多的是食品用包装、容器、工具，次数为51次，占食品相关产品总召回次数的75%。五金建材召回中，召回次数最多的是五金及工具，次数为39次，占五金建材总召回次数的72%。

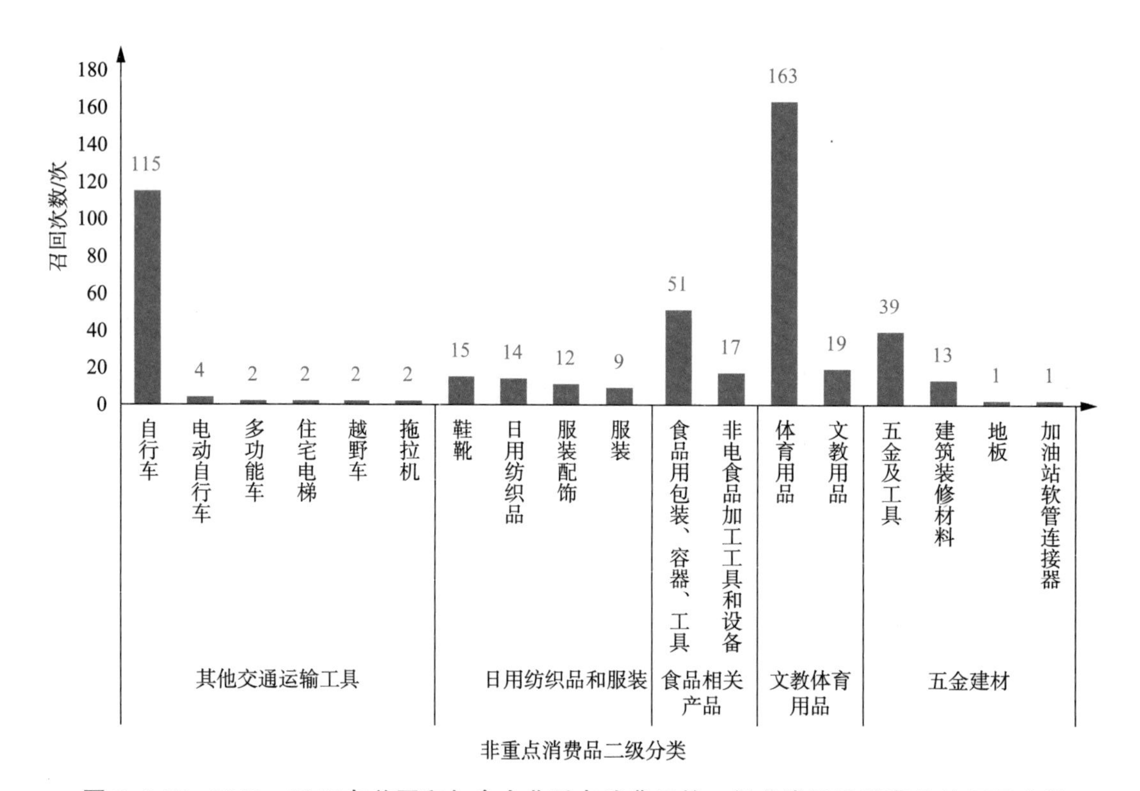

图2.4-17　2012—2017年美国和加拿大非重点消费品的二级分类目录消费品的召回次数

2012—2017年，美国和加拿大非重点消费品的二级分类目录消费品的召回数量分布情况如图2.4-18所示（由于药品没有二级分类，不做展示）。统计数据表明，其他交通运输工具召回中，召回数量最多的是自行车，数量为3.3百万件。日用纺织品和服装召回中，召回数量最多的是日用纺织品，数量为2.5百万件。文教体育用品召回中，召回数量最多的是文教用品，数量为8.4百万件。食品相关产品召回中，召回数量最多的是食品用包装、容器、工具，数量为9.4百万件。五金建材召回中，召回数量最多的是五金及工具，数量为36.7百万件。

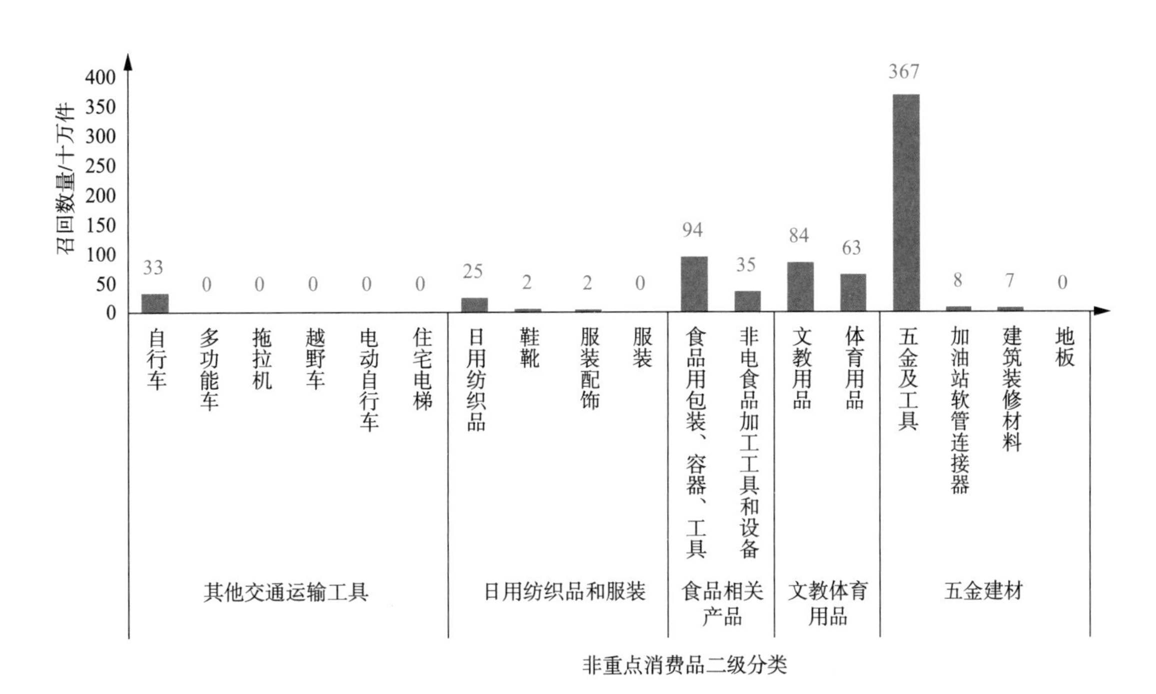

图 2.4-18 2012—2017 年美国和加拿大非重点消费品的二级分类目录消费品的召回数量

2012—2017 年，美国和加拿大实施召回的各类消费品对消费者造成各项危害类别对应的召回次数分布情况如图 2.4-19 所示。统计数据表明，召回次数最多对应的危害类别是机械伤害，次数是 725 次，其次是火灾和烧烫伤，次数是 627 次。

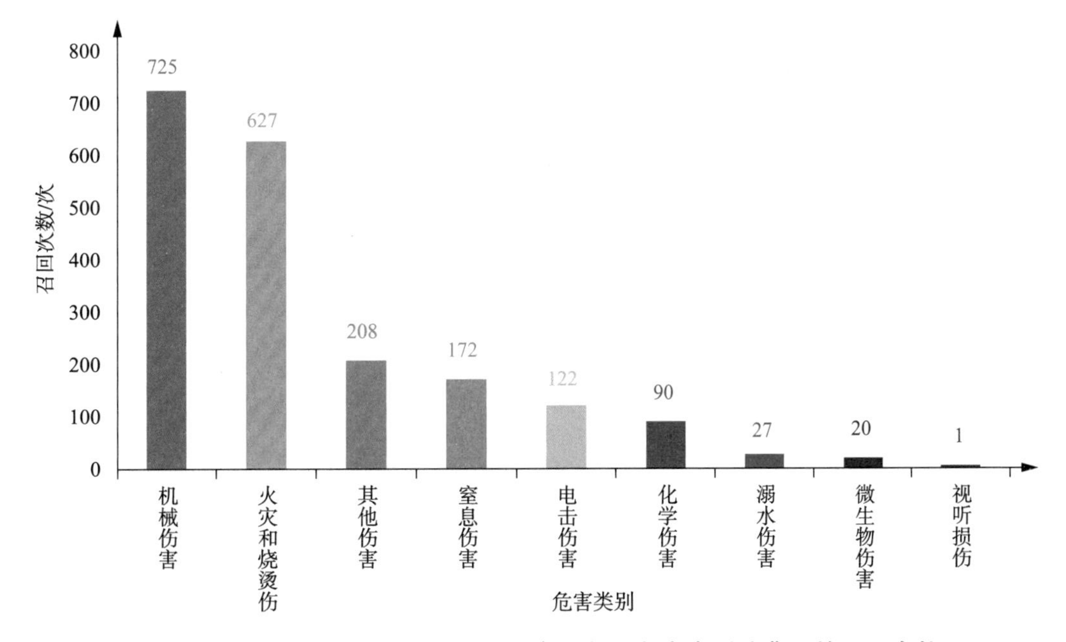

图 2.4-19 2012—2017 年美国和加拿大各项危害类别消费品的召回次数

2012—2017 年，美国和加拿大实施召回的各类消费品对消费者造成各项危害类别对应的召回数量如图 2.4-20 所示。统计数据表明，召回数量最多对应的危害类别是火灾和烧烫伤，数量为 357.7 百万件，其次是机械伤害，数量为 158.7 百万件。

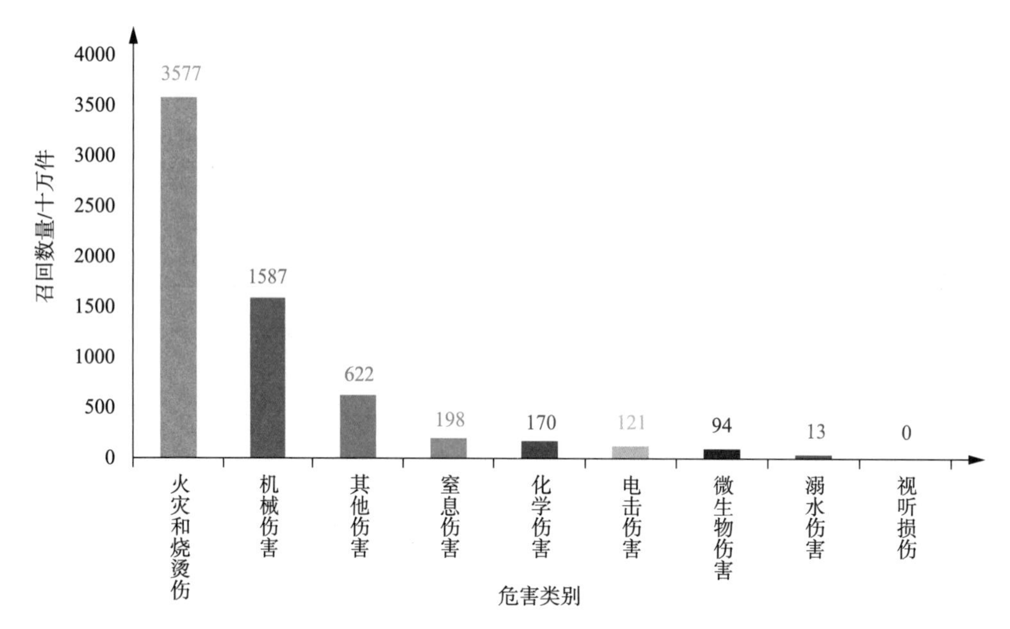

图 2.4-20　2012—2017年美国和加拿大各项危害类别消费品的召回数量

2012—2017年，美国和加拿大实施召回的各类消费品对消费者造成各项危害类别对应的召回次数在各个年度的分布情况如图2.4-21所示。统计数据表明，各个年度召回次数最多对应的危害类别均是机械伤害，其次是火灾和烧烫伤。

2012—2017年，美国和加拿大实施召回的各类消费品对消费者造成各项危害类别对应的召回数量在各个年度的分布情况如图2.4-22所示。统计数据表明，除2015年外其他各个年度召回数量最多对应的危害类别均是火灾和烧烫伤，2015年，机械伤害类别位列第一位，火灾和烧烫伤类别排在第二位。

2012—2017年，美国和加拿大实施召回的重点消费品对消费者造成各项危害类别对应的召回次数分布情况如图2.4-23和图2.4-24所示。统计数据表明，电子电器召回中，召回次数最多对应的危害类别是火灾和烧烫伤，次数为353次，其次是电击伤害，次数为112次。儿童用品召回中，召回次数最多对应的危害类别是机械伤害，次数为161次，其次是窒息伤害，次数是127次。家具召回中，召回次数最多对应的危害类别是机械伤害，次数为148次。家用日用品召回中，召回次数最多对应的危害类别是火灾和烧烫伤，次数为72次。

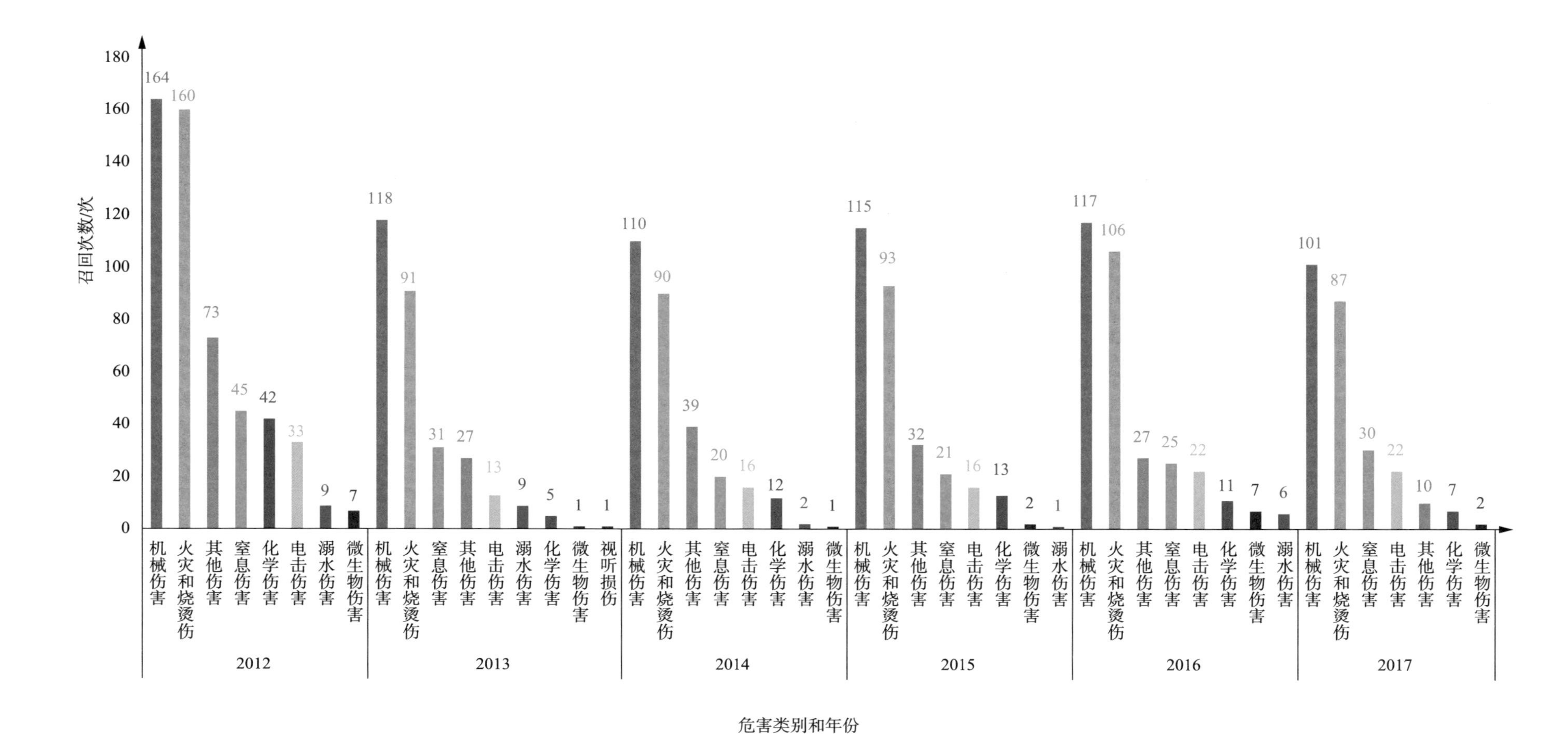

图2.4-21 2012—2017年美国和加拿大各个年度各项危害类别消费品的召回次数

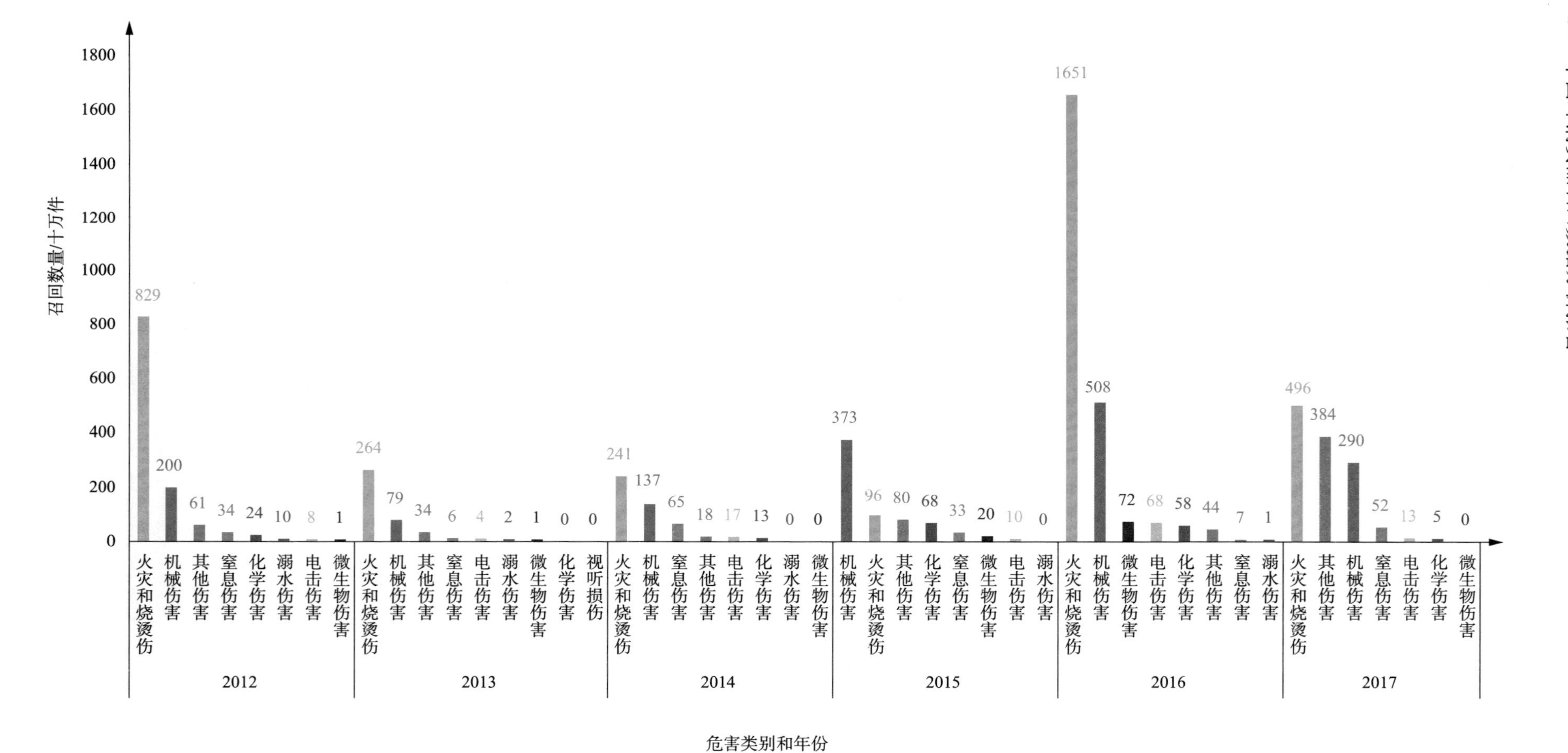

图2.4-22 2012—2017年美国和加拿大各个年度各项危害类别消费品的召回数量

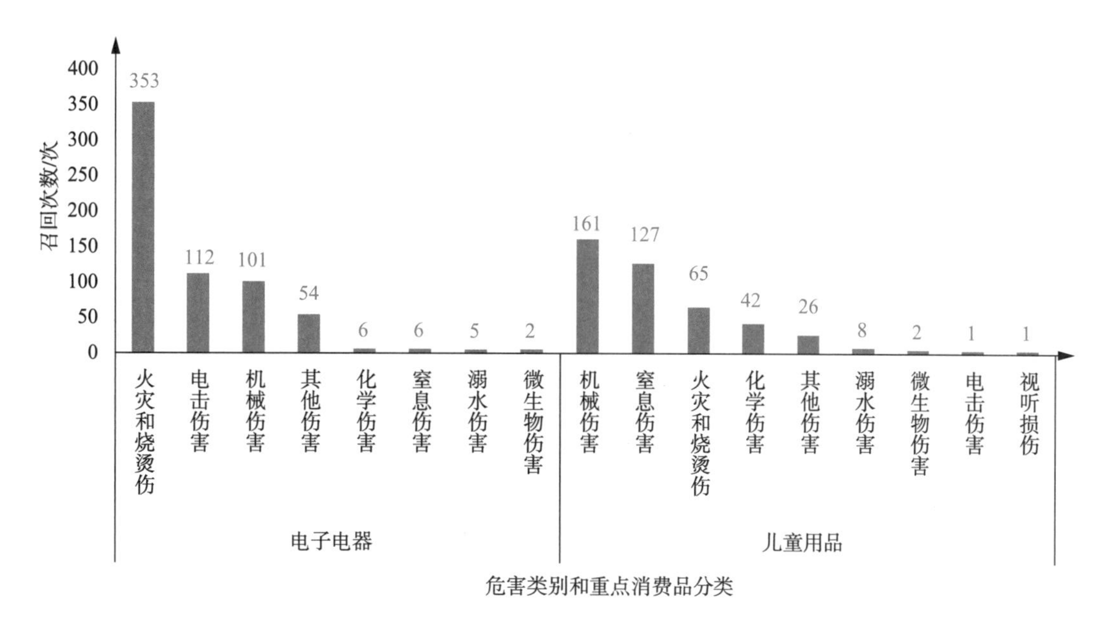

图 2.4-23　2012—2017 年美国和加拿大电子电器、儿童用品各项危害类别的召回次数

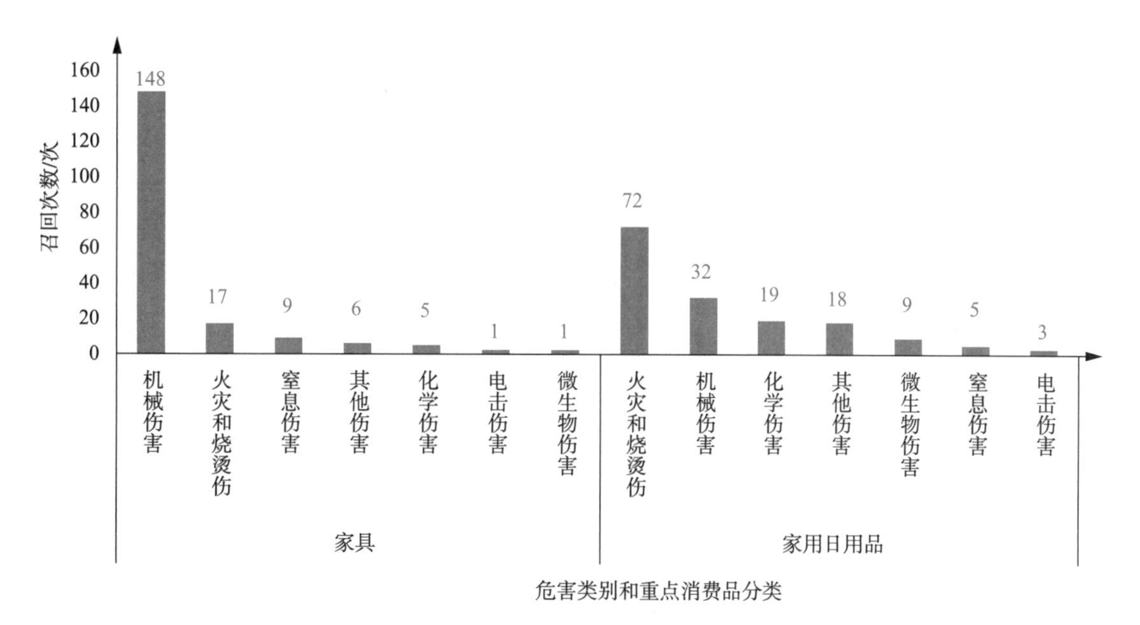

图 2.4-24　2012—2017 年美国和加拿大家具、家用日用品各项危害类别的召回次数

2012—2017 年，美国和加拿大实施召回的重点消费品对消费者造成各项危害类别对应的召回数量分布情况如图 2.4-25 和图 2.4-26 所示。统计数据表明，电子电器召回中，召回数量最多对应的危害类别是火灾和烧烫伤，数量为 113 百万件。儿童用品召回中，召回数量最多对应的危害类别是机械伤害，数量为 22.6 百万件。家具召回中，召回数量最多对应的危害类别是机械伤害，数量为 84.3 百万件。家用日用品召回中，召回数量最多对应的危害类别是火灾和烧烫伤，数量为 171.8 百万件。

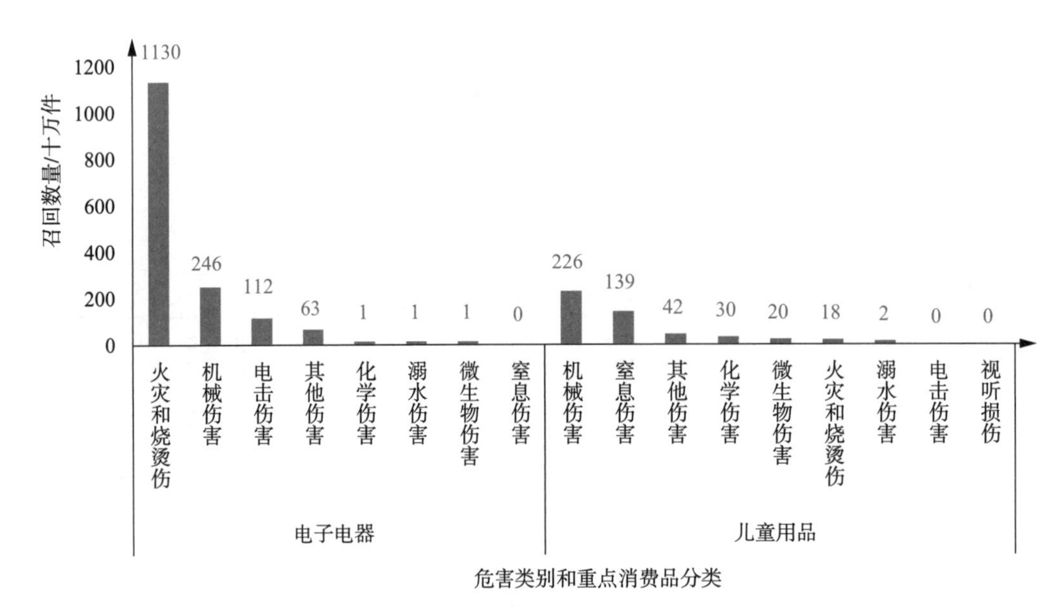

图2.4-25　2012—2017年美国和加拿大电子电器、儿童用品各项危害类别的召回数量

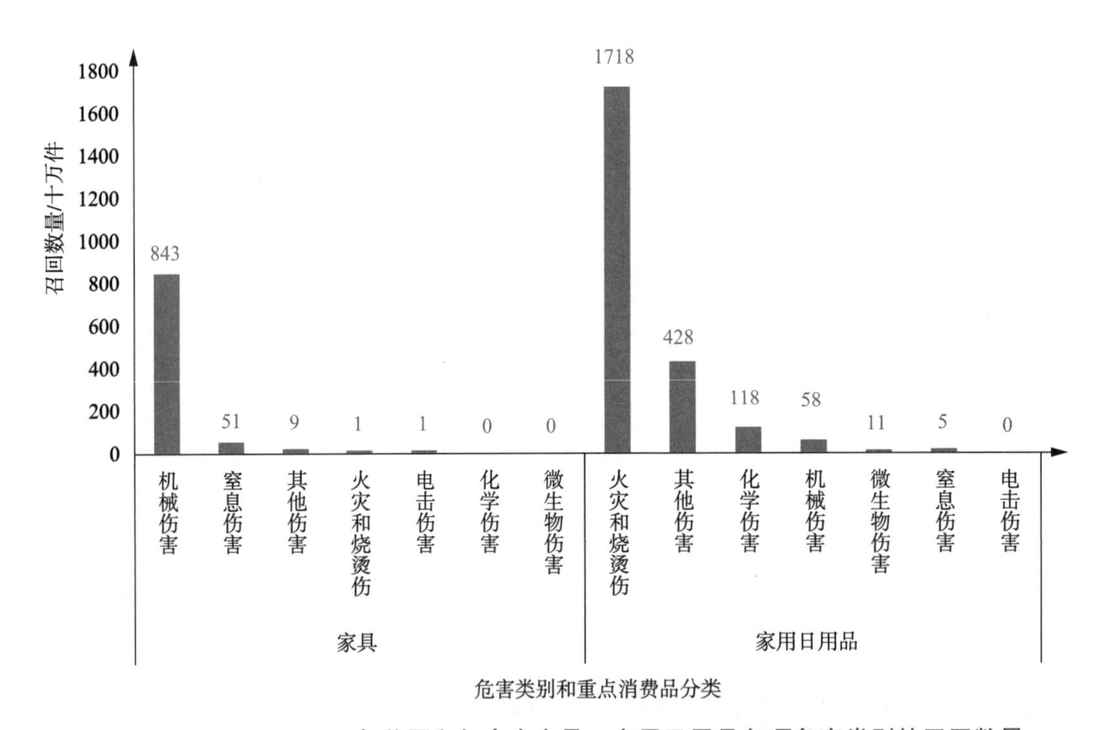

图2.4-26　2012—2017年美国和加拿大家具、家用日用品各项危害类别的召回数量

2.4.2　欧盟

2012—2017年，欧盟对各类消费品实施召回的次数分布情况如图2.4-27所示。统计数据表明，欧盟实施召回次数最多的消费品是儿童用品和电子电器，次数分别是5578次和2135次，占总召回次数的比例分别是59%、22%。

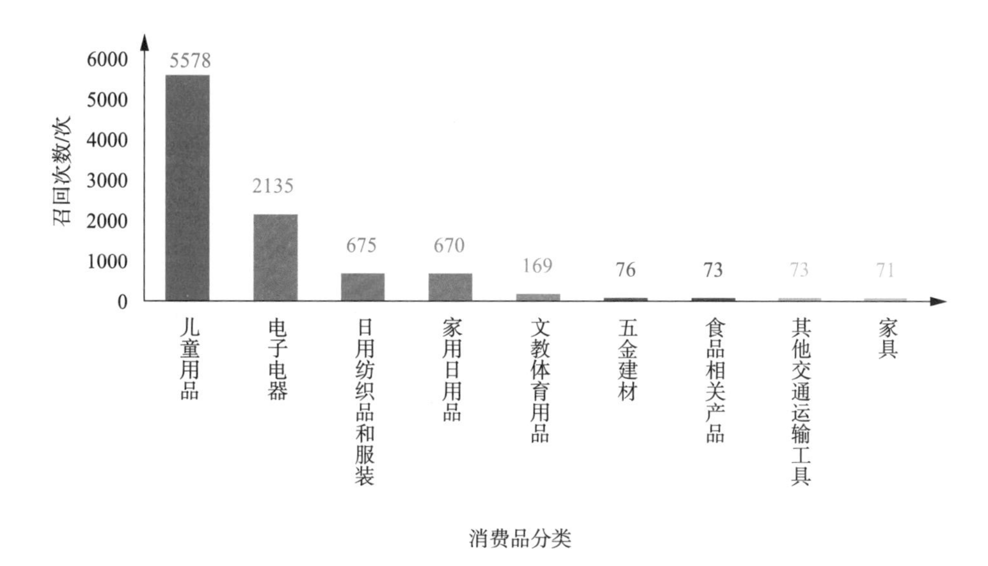

图 2.4-27 2012—2017 年欧盟各类消费品的召回次数

2012 年—2017 年，欧盟在各个年度对各类消费品实施召回的次数分布情况如图 2.1-3 所示。统计数据表明，欧盟实施召回的消费品在各个年度都是儿童用品和电子电器的召回次数较多。

2012—2017 年，欧盟重点消费品的二级分类目录消费品的召回次数分布情况如图 2.4-28所示（由于家具没有二级分类，不做展示）。统计数据表明，电子电器召回中，召回次数最多的是照明电器，占电子电器总召回次数的 38%。儿童用品召回中，召回次数最多的是儿童玩具，占儿童用品总召回次数的比例是 53%。家用日用品召回中，召回次数较多的是打火机、家用饰品和烟花，占家用日用品总召回次数的比例分别是 18%、18%、16%。

2012—2017 年，欧盟非重点消费品的二级分类目录消费品的召回次数分布情况如图 2.4-29 所示（由于药品没有二级分类，不做展示）。统计数据表明，其他交通运输工具召回中，召回次数最多的是自行车，次数为 59 次，占其他交通运输工具总召回次数的 81%。日用纺织品和服装召回中，召回次数最多的是服装配饰，次数是 360 次，占日用纺织品和服装总召回次数的比例是 53%。文教体育用品召回中，召回次数最多的是体育用品，次数为 132 次，占文教体育用品总召回次数的 78%。食品相关产品召回中，召回次数最多的是食品用包装、容器、工具，次数为 53 次，占食品相关产品总召回次数的 73%。五金建材召回中，召回次数最多的是五金及工具，次数为 61 次，占五金建材总召回次数的 80%。

2012—2017 年，欧盟实施召回的各类消费品对消费者造成各项危害类别对应的召回次数分布情况如图 2.4-30 所示。统计数据表明，召回次数最多对应的危害类别是化学伤害，次数是 2300 次，其次分别是机械伤害、窒息伤害和电击伤害，次数分别是 2007 次、1872 次和 1504 次。

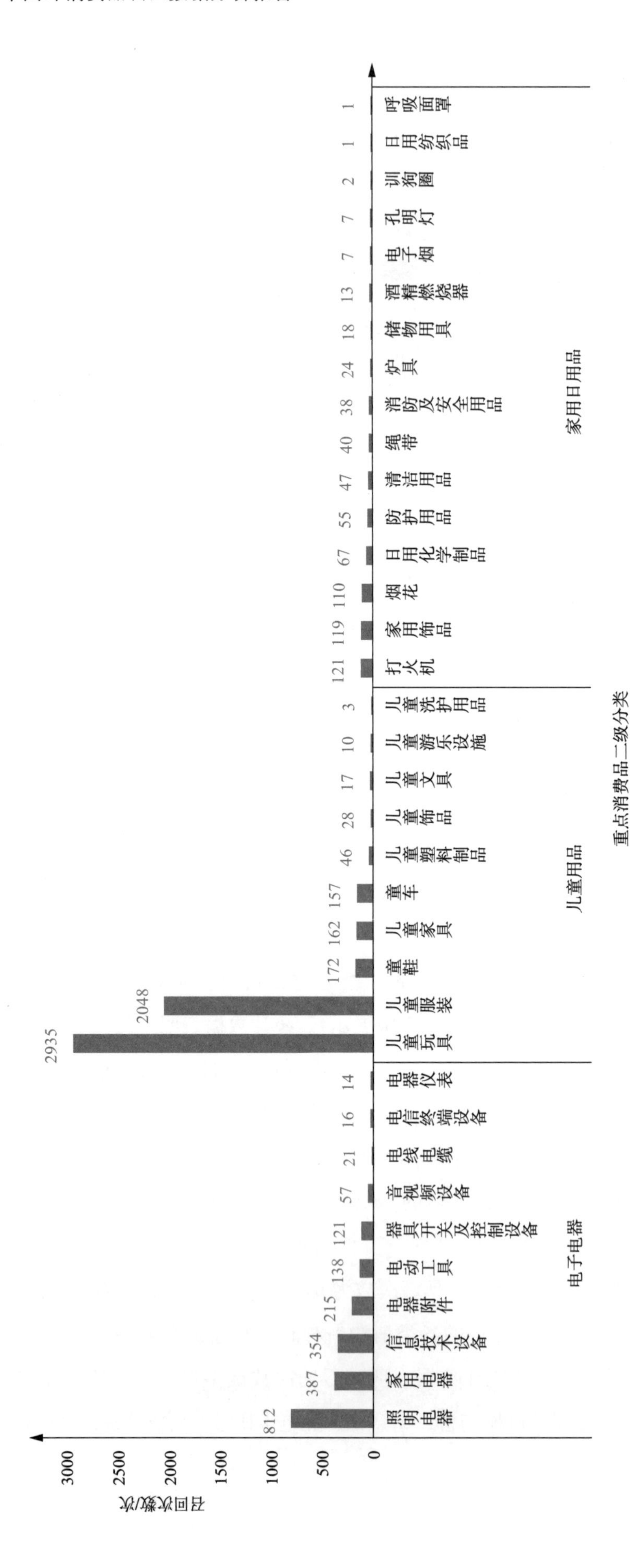

图2.4-28 2012—2017年欧盟重点消费品的二级分类目录消费品的召回次数

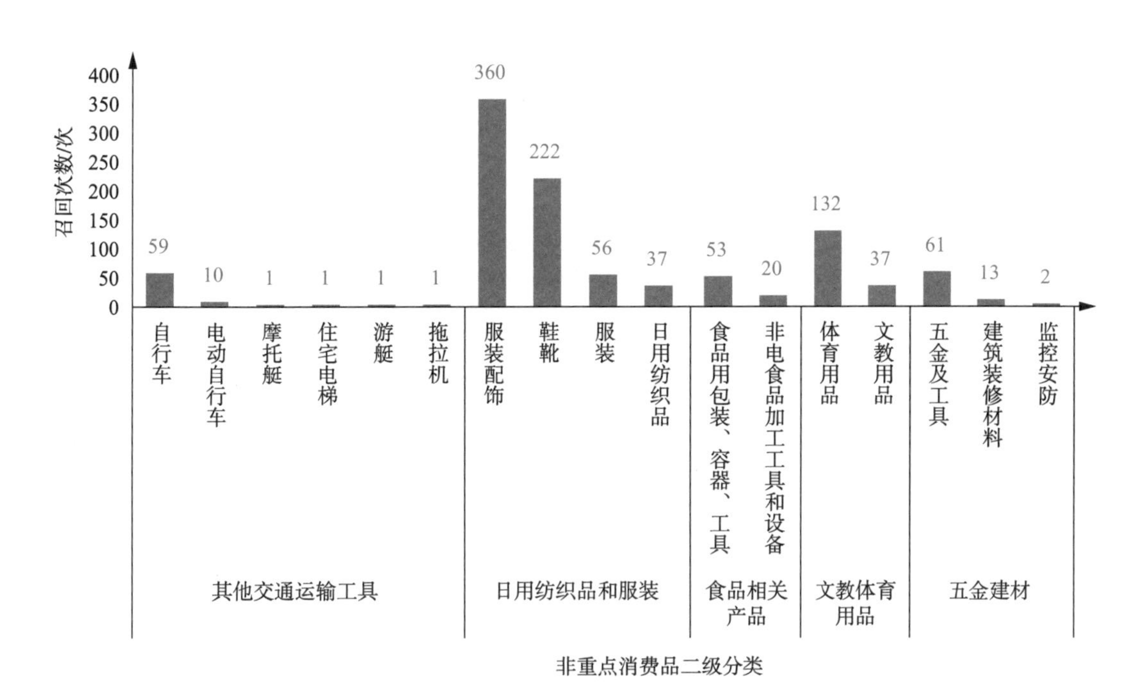

图 2.4-29 2012—2017 年欧盟非重点消费品的二级分类目录消费品的召回次数

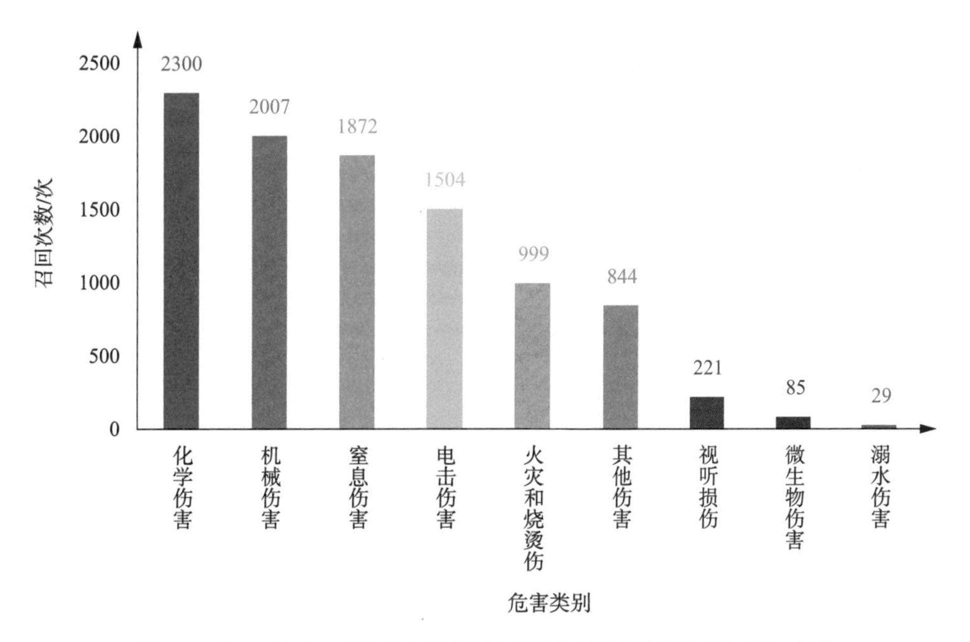

图 2.4-30 2012—2017 年欧盟各项危害类别消费品的召回次数

2012—2017 年，欧盟实施召回的各类消费品对消费者造成各项危害类别对应的召回次数在各个年度的分布情况如图 2.4-31 所示。统计数据表明，2012 年，召回次数最多对应的危害类别是机械伤害，2013—2016 年，召回次数最多对应的危害类别均是化学伤害，2017 年，召回次数最多对应的危害类别是窒息伤害，化学伤害排在第二位。

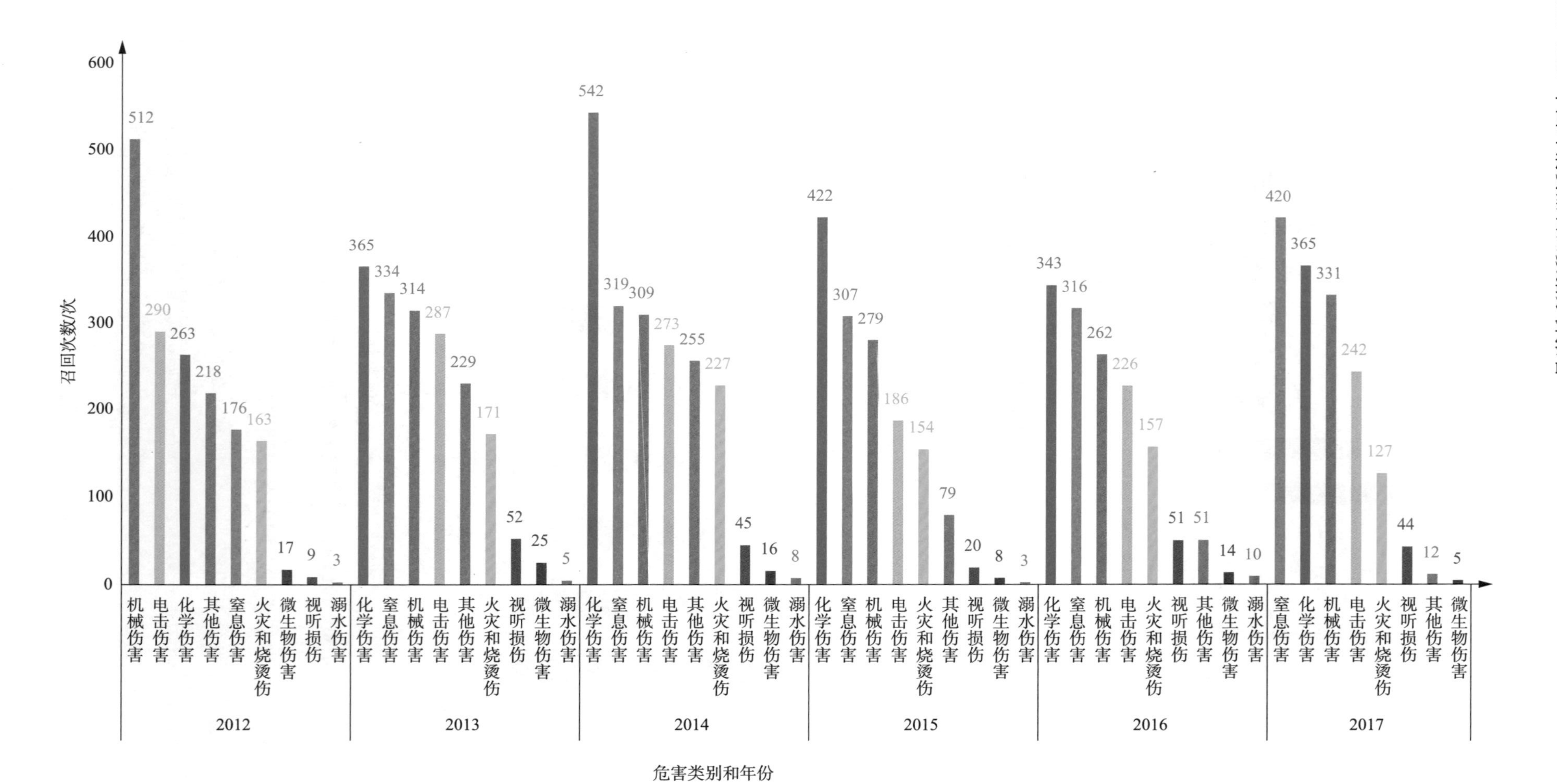

图2.4-31　2012—2017年欧盟各个年度各项危害类别消费品的召回次数

2012—2017年，欧盟实施召回的重点消费品对消费者造成各项危害类别对应的召回次数分布情况如图2.4-32和图2.4-33所示。统计数据表明，电子电器召回中，召回次数最多对应的危害类别是电击伤害，次数为1470次。儿童用品召回中，召回次数最多对应的危害类别是窒息伤害，次数为1719次。家用日用品召回中，召回次数最多对应的危害类别是火灾和烧烫伤，次数为304次。家具召回中，召回次数最多对应的危害类别是化学伤害，次数为568次。

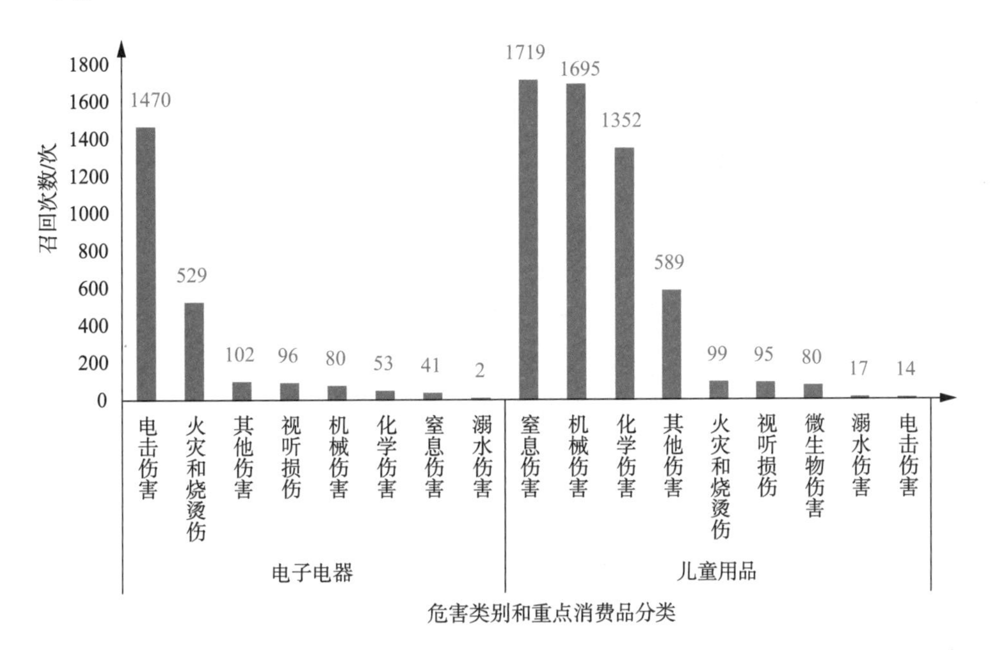

图2.4-32　2012—2017年欧盟电子电器、儿童用品各项危害类别的召回次数

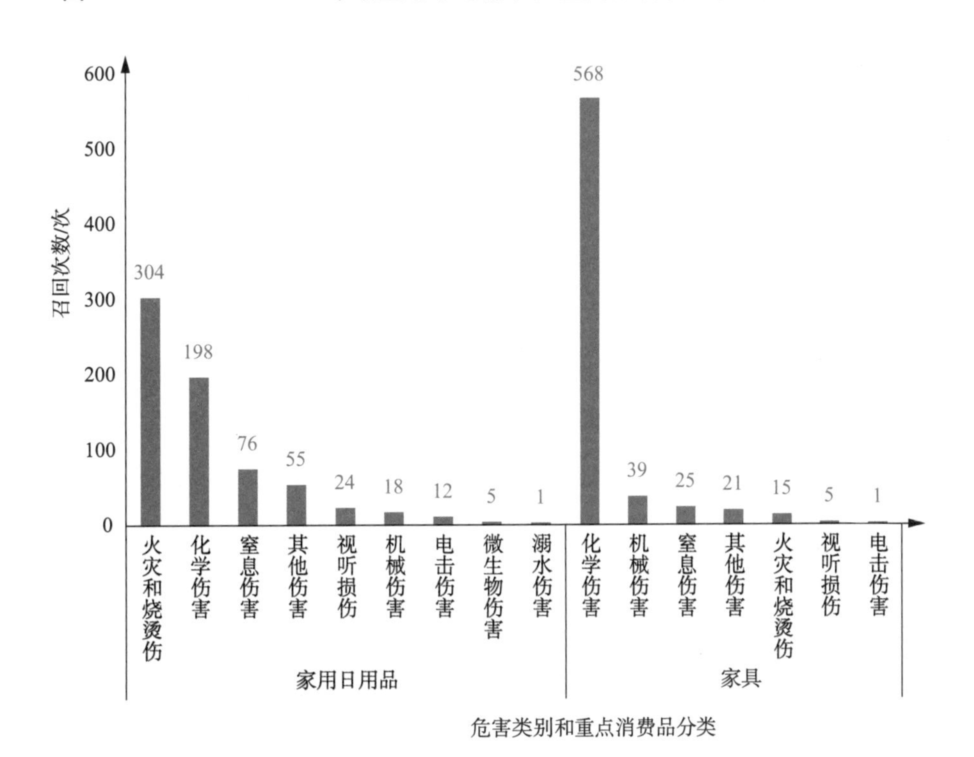

图2.4-33　2012—2017年欧盟家用日用品、家具各项危害类别的召回次数

2.4.3 澳大利亚

2012—2017年，澳大利亚对各类消费品实施召回的次数分布情况如图2.4-34所示。统计数据表明，召回次数较多的是电子电器和儿童用品，次数是408次和381次，占总召回次数的比例分别是32%、30%。

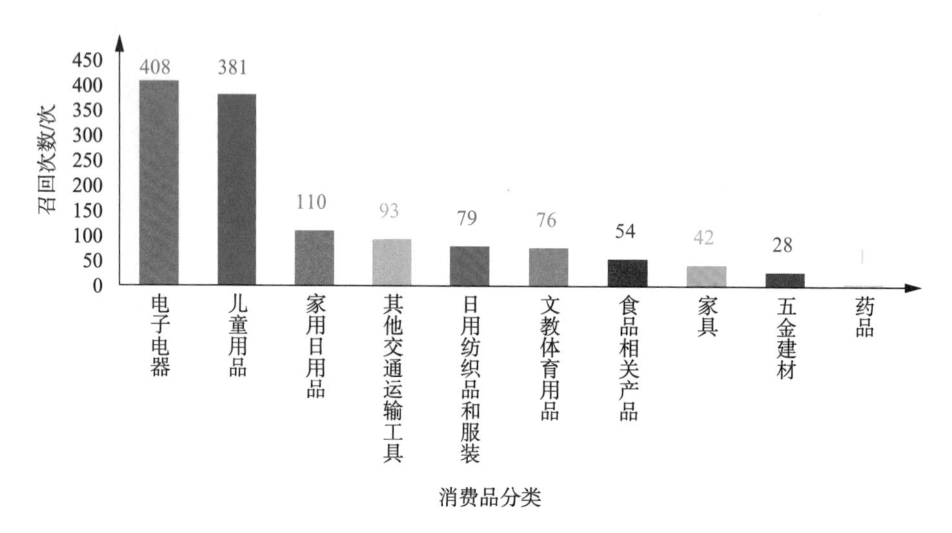

图2.4-34 2012—2017年澳大利亚各类消费品的召回次数

2012—2017年，澳大利亚在各个年度对各类消费品实施召回的次数分布情况如图2.1-4所示。统计数据表明，澳大利亚实施召回的消费品在各个年度召回次数较多的都是儿童用品、电子电器。

2012—2017年，澳大利亚重点消费品的二级分类目录消费品的召回次数分布情况如图2.4-35所示。统计数据表明，电子电器召回中，召回次数最多的是家用电器，次数是119次，占家用电器总召回次数的29%。儿童用品召回中，召回次数最多的是儿童玩具，次数是206次，占儿童用品总召回次数的54%。家用日用品召回中，召回次数最多的是家用饰品，次数是30次，占家用日用品总召回次数的比例是27%。

2012—2017年，澳大利亚非重点消费品的二级分类目录消费品的召回次数分布情况如图2.4-36所示。统计数据表明，其他交通运输工具召回中，召回次数最多的是自行车，次数为88次，占其他交通运输工具总召回次数的95%。日用纺织品和服装召回中，召回次数最多的是日用纺织品，次数是35次，占日用纺织品和服装总召回次数的44%。文教体育用品召回中，召回次数最多的是体育用品，次数为72次，占文教体育用品总召回次数的95%。食品相关产品召回中，召回次数最多的是食品用包装、容器、工具，次数为37次，占食品相关产品总召回次数的69%。五金建材召回中，召回次数最多的是五金及工具，次数为23次，占五金建材总召回次数的82%。

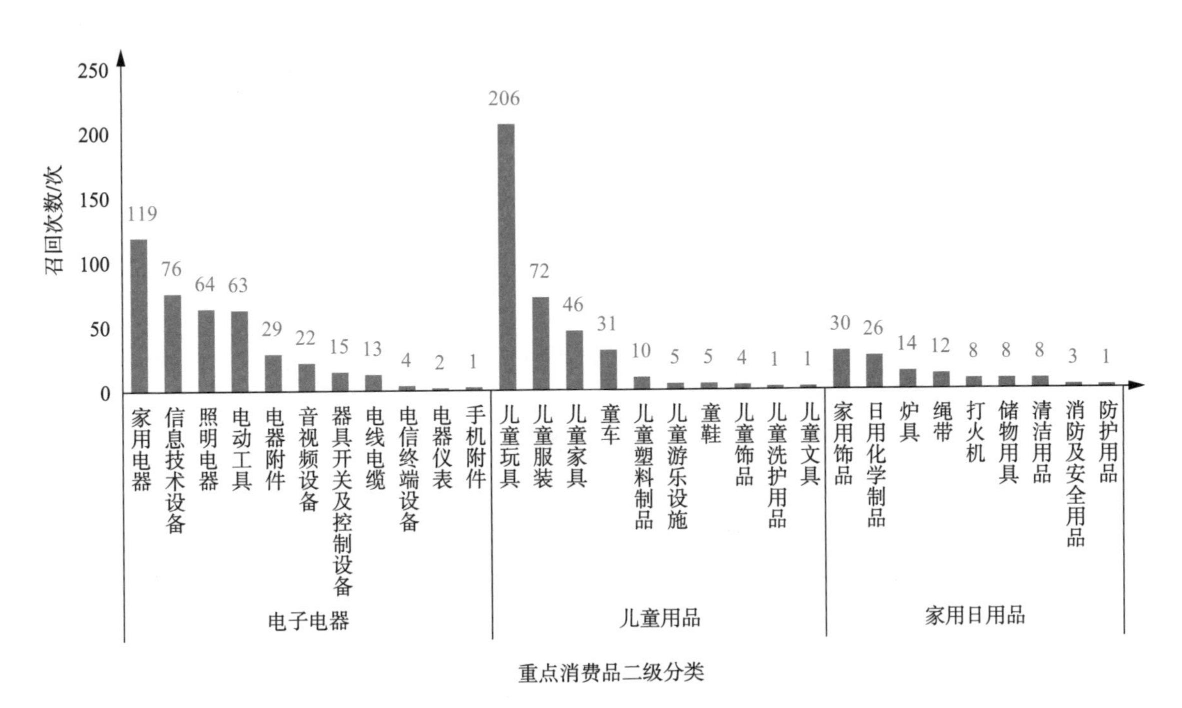

图 2.4-35 2012—2017 年澳大利亚重点消费品的二级分类目录消费品的召回次数

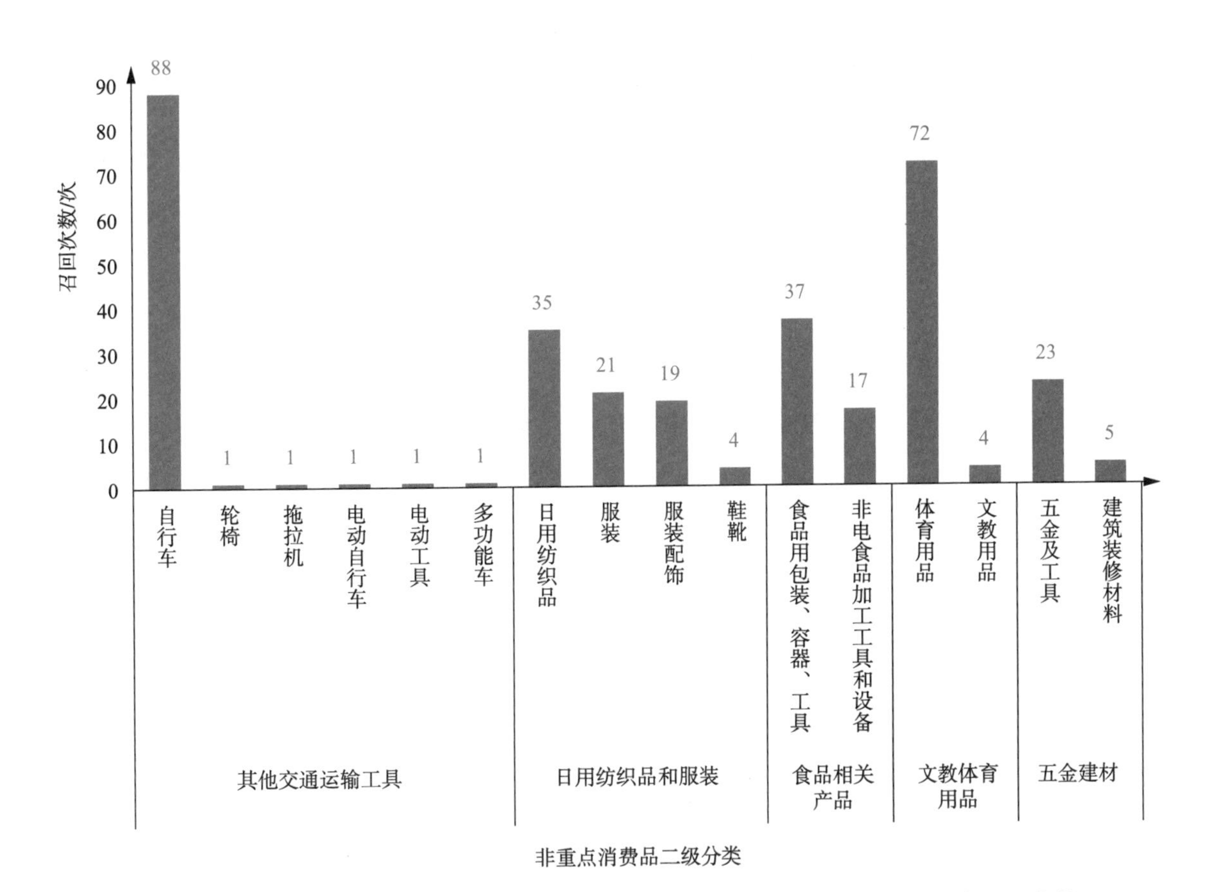

图 2.4-36 2012—2017 年澳大利亚非重点消费品的二级分类目录消费品的召回次数

2012—2017年，澳大利亚实施召回的各类消费品对消费者造成各项危害类别对应的召回次数分布情况如图2.4-37所示。统计数据表明，召回次数最多对应的危害类别是火灾和烧烫伤，次数为342次，其次分别是窒息伤害、其他伤害，次数分别为263次和252次。

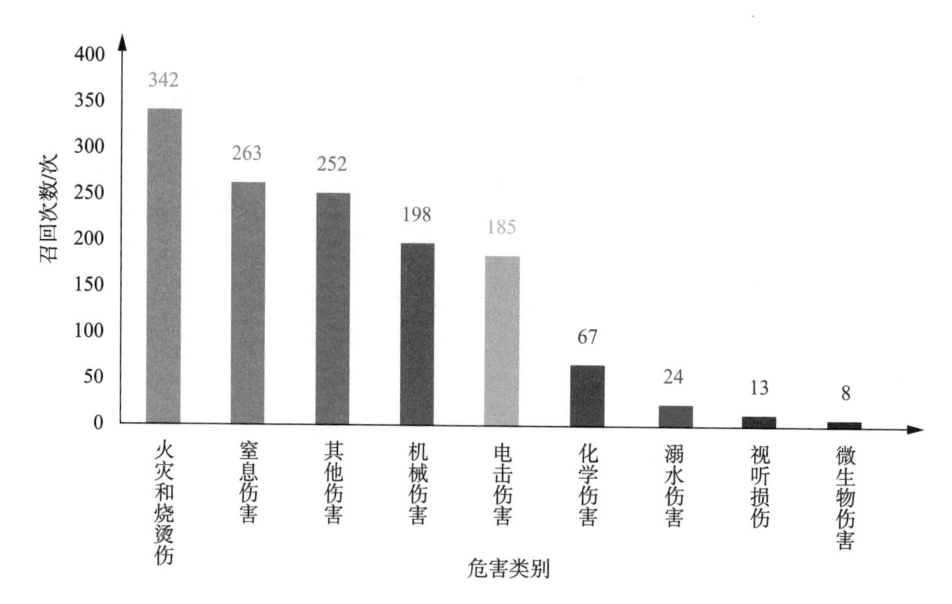

图2.4-37　2012—2017年澳大利亚各项危害类别消费品的召回次数

2012—2017年，澳大利亚实施召回的各类消费品对消费者造成各项危害类别对应的召回次数在各个年度的分布情况如图2.4-38所示。统计数据表明，除2013年外其他各个年度，召回次数最多对应的危害类别均是火灾和烧烫伤，2013年，其他伤害类别位列第一位，火灾和烧烫伤类别排在第三位。

2012—2017年，澳大利亚实施召回的重点消费品对消费者造成各项危害类别对应的召回次数分布情况如图2.4-39所示。统计数据表明，电子电器召回中，召回次数最多对应的危害类别是火灾和烧烫伤，次数是214次，其次是电击伤害，次数是171次。儿童用品召回中，召回次数最多的危害类别是窒息伤害，次数是188次。家具召回中，召回次数最多的危害类别是机械伤害，次数是25次。家用日用品召回中，召回次数最多的危害类别是火灾和烧烫伤，次数是48次。

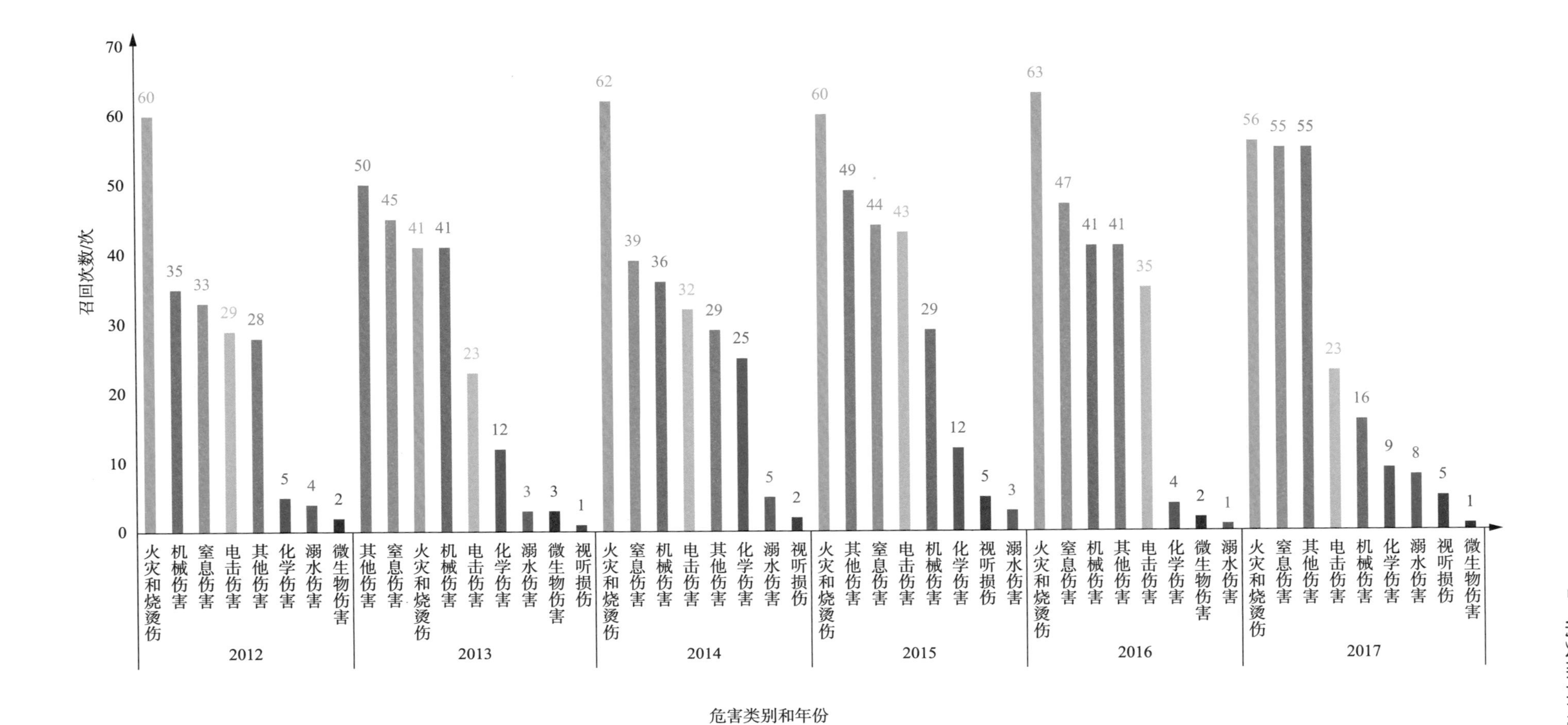

图2.4-38 2012—2017年澳大利亚各个年度各项危害类别消费品的召回次数

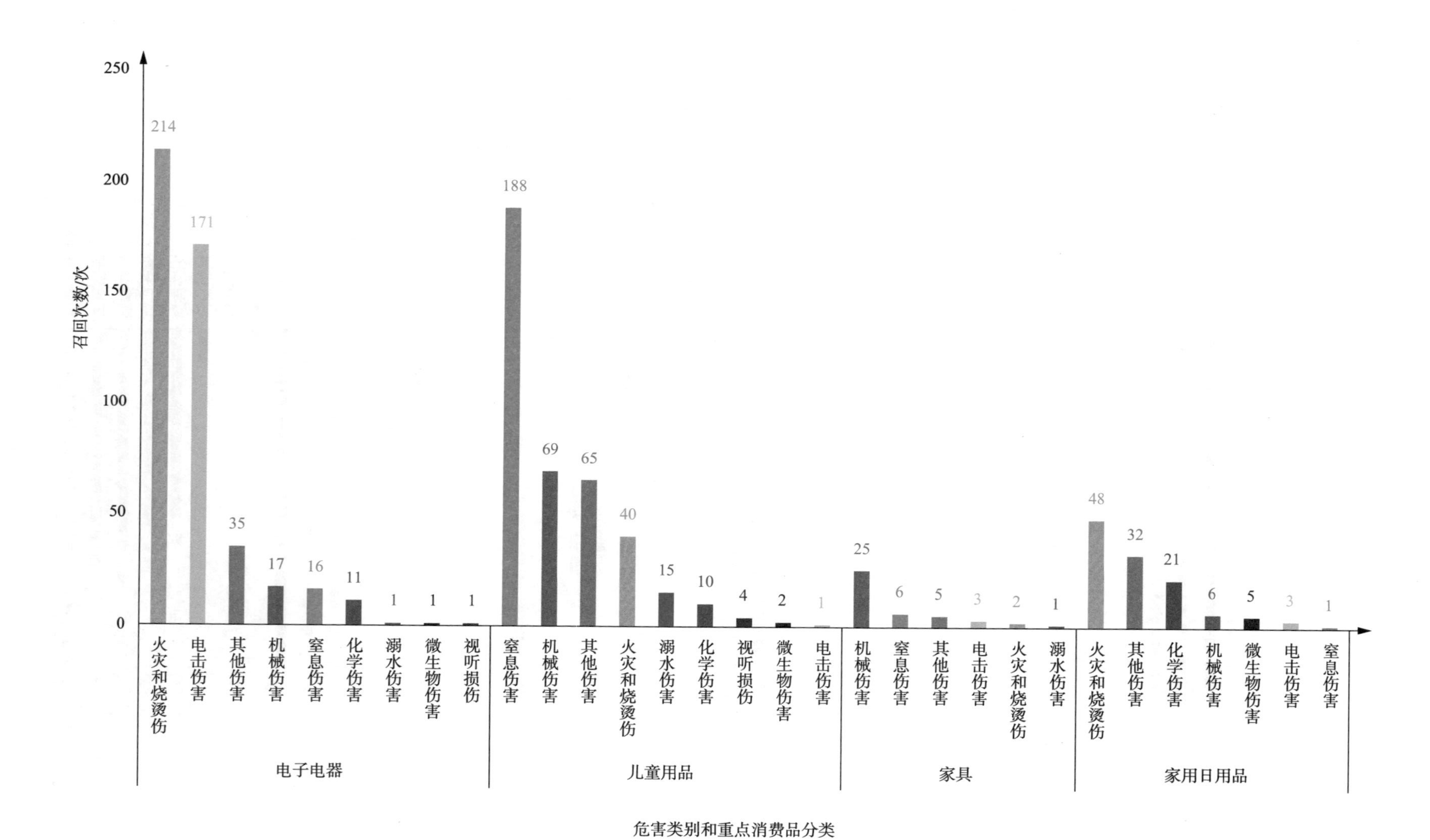

图2.4-39 2012—2017年澳大利亚各项危害类别重点消费品的召回次数

2.4.4 日本

2012—2017 年，日本对各类消费品实施召回的次数分布情况如图 2.4-40 所示。统计数据表明，召回次数最多的是电子电器，次数是 198 次，占总召回次数的 42%。

日本对各类消费品实施召回的数量分布情况如图 2.4-41 所示。统计数据表明，召回数量最多的是电子电器，数量是 19.1 百万件。

2012—2017 年，日本各个年度对各类消费品实施召回的次数分布情况如图 2.1-5 所示。统计数据表明，电子电器的召回次数在 2012—2017 年均排在第一位，日用纺织品和服装的召回次数在 2012—2013 年均排在第二位，在 2014 年和其他交通运输工具、儿童用品并列第二位，其他交通运输工具在 2015—2016 年的召回次数均排在第二位。

2012—2017 年，日本各个年度对各类消费品实施的召回数量情况如图 2.1-6 所示。统计数据表明，除 2013 年外，电子电器的召回数量均排在第一位。2013 年，电子电器的召回数量排在第二位，食品相关产品的召回数量排在第一位。

2012—2017 年，日本重点消费品的二级分类目录消费品的召回次数分布情况如图 2.4-42所示（由于家具没有二级类别，不做展示）。统计数据表明，电子电器召回中，召回次数较多的是家用电器和信息技术设备，次数分别为 82 次、55 次，占电子电器总召回次数的比例分别是 41%、28%。儿童用品召回中，召回次数较多的是儿童玩具、儿童服装、童车，次数分别为 15 次、11 次、10 次，占儿童用品总召回次数的比例分别是 34%、25%、23%。家用日用品召回中，召回次数最多的是炉具，次数为 7 次，占家用日用品总召回次数的 30%。

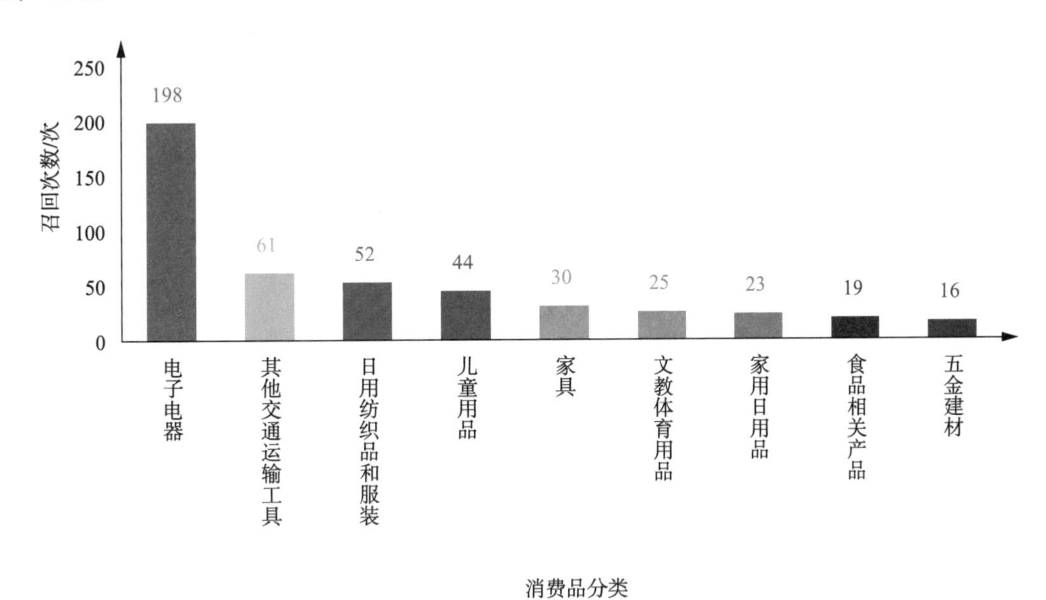

图 2.4-40 2012—2017 年日本各类消费品的召回次数

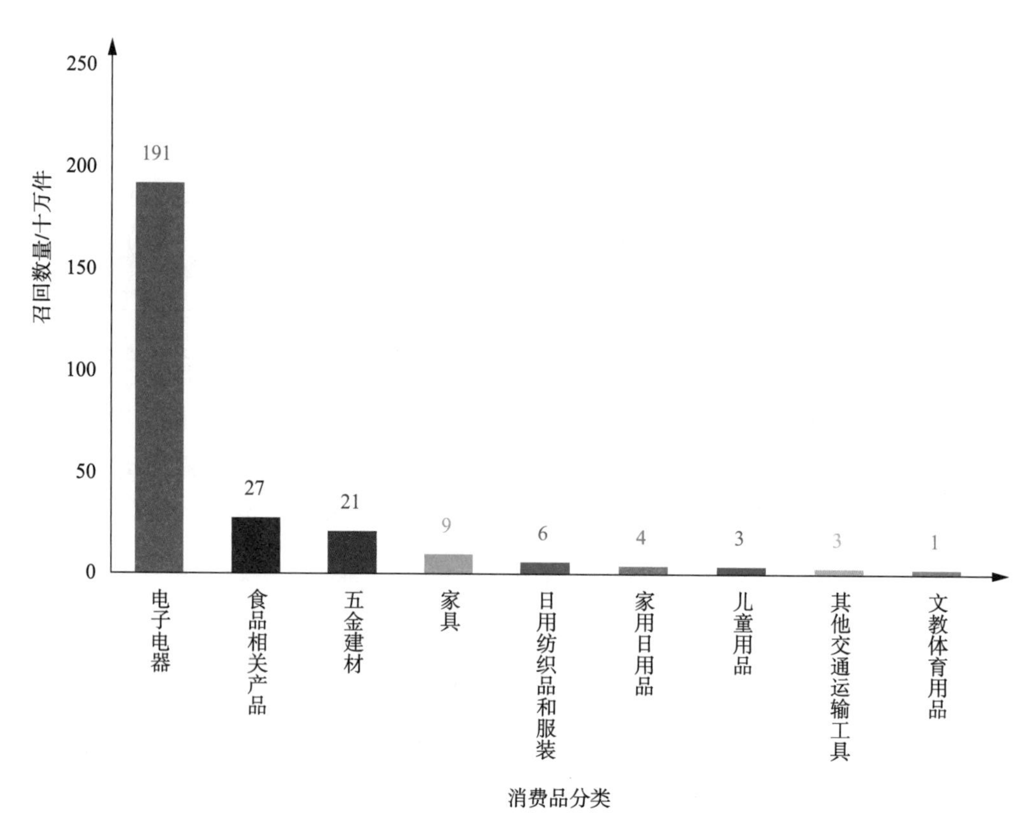

图 2.4-41　2012—2017 年日本各类消费品的召回数量

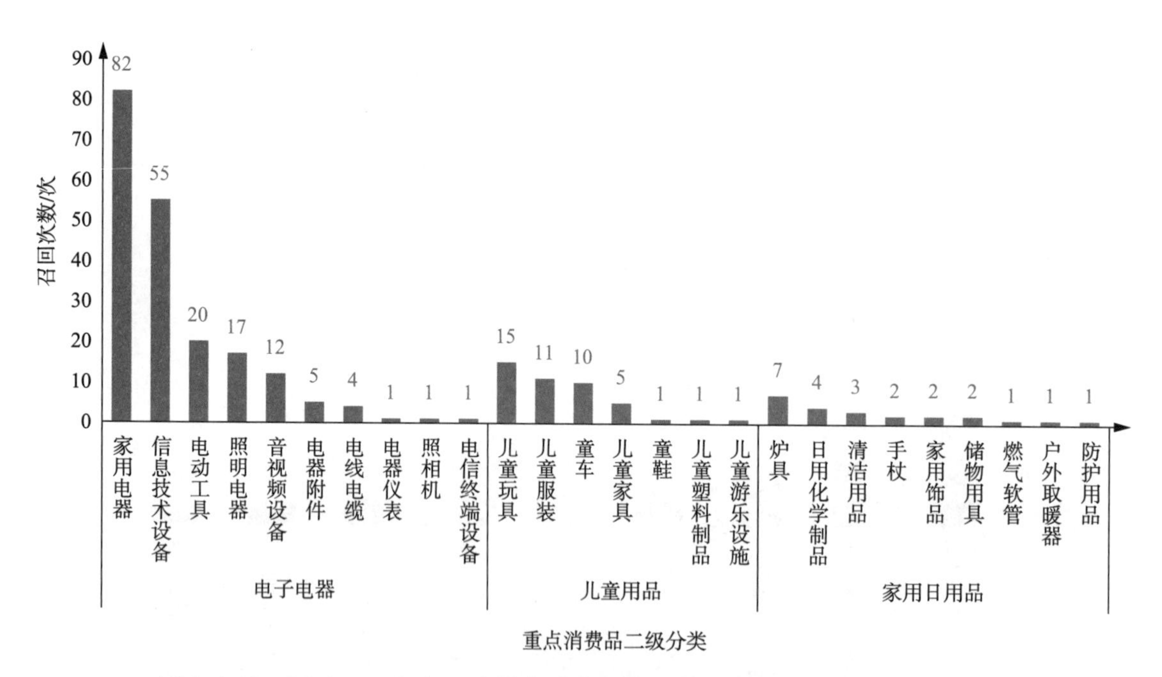

图 2.4-42　2012—2017 年日本重点消费品的二级分类目录消费品的召回次数

2012—2017 年，日本重点消费品的二级分类目录消费品的召回数量分布情况如图 2.4-43所示（由于家具没有二级类别，不做展示）。统计数据表明，电子电器召回中，召回数量最多的是家用电器，数量为 7.8 百万件。儿童用品召回中，召回数量较多的是儿童玩具、儿童家具、童车，数量都是 0.1 百万件。家用日用品召回中，召回数量最多的是日用化学制品，数量为 0.2 百万件。

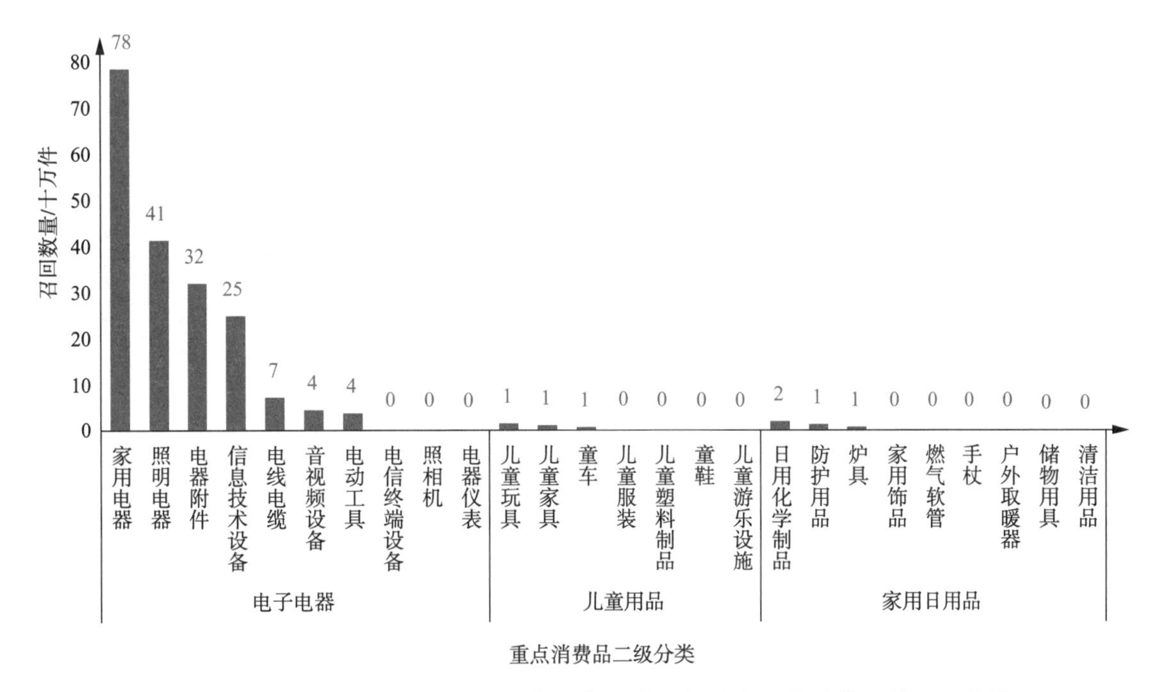

图 2.4-43　2012—2017 年日本重点消费品的二级分类目录消费品的召回数量

2012—2017 年，日本非重点消费品的二级分类目录消费品的召回次数分布情况如图 2.4-44所示（由于药品没有二级分类，不做展示）。统计数据表明，其他交通运输工具召回中，召回次数最多的是自行车，次数为 53 次，占其他交通运输工具总召回次数的 87%。日用纺织品和服装召回中，召回次数最多的是鞋靴，次数是 34 次，占日用纺织品和服装总召回次数的 65%。文教体育用品召回中，召回次数最多的是体育用品，次数为 20 次，占文教体育用品总召回次数的 80%。食品相关产品召回中，召回次数最多的是食品用包装、容器、工具，次数为 11 次，占食品相关产品总召回次数的 58%。五金建材召回中，召回次数最多的是五金及工具，次数为 10 次，占五金建材总召回次数的 63%。

2012—2017 年，日本非重点消费品的二级分类目录消费品的召回数量分布情况如图 2.4-45所示（由于药品没有二级分类，不做展示）。统计数据表明，其他交通运输工具召回中，召回数量最多的是自行车，数量为 0.3 百万件。日用纺织品和服装召回中，召回数量最多的是服装配饰，数量为 0.3 百万件。文教体育用品召回中，召回数量最多的是体育用品，数量为 0.1 百万件。食品相关产品召回中，召回数量最多的是食品用包装、容器、工具，数量为 2.5 百万件。五金建材召回中，召回数量最多的是五金及工具，数量为 1.9 百万件。

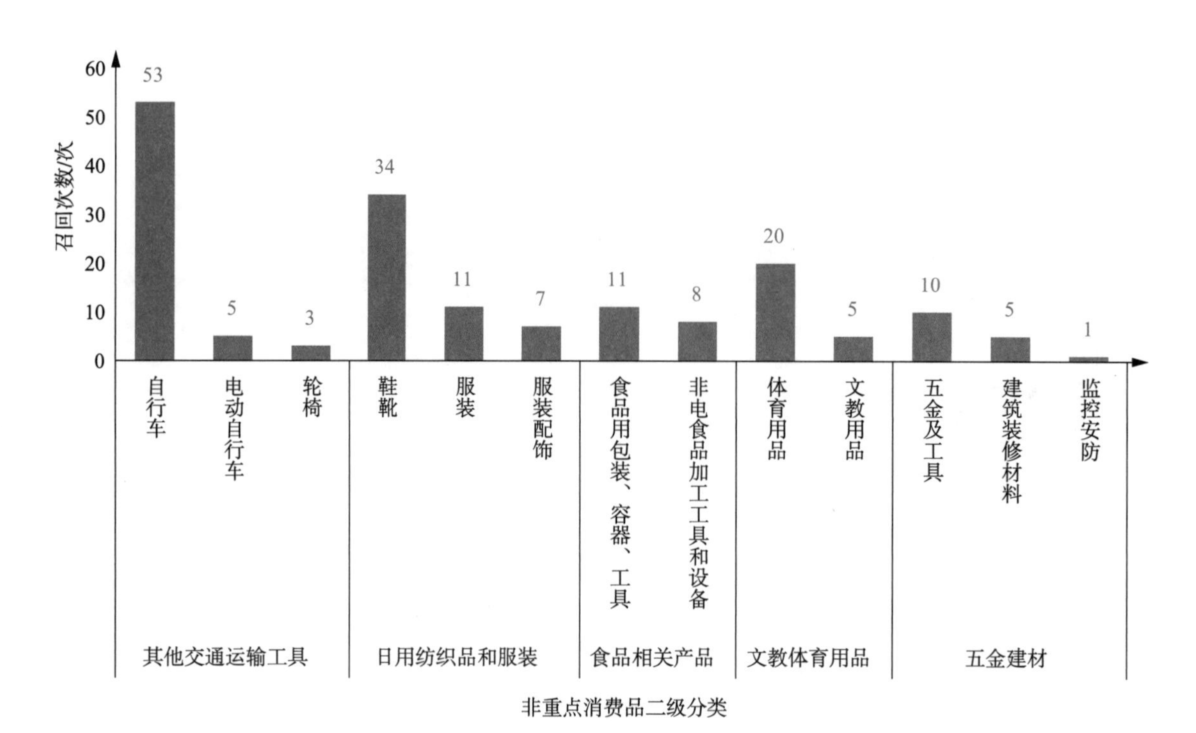

图 2.4-44　2012—2017 年日本非重点消费品的二级分类目录消费品的召回次数

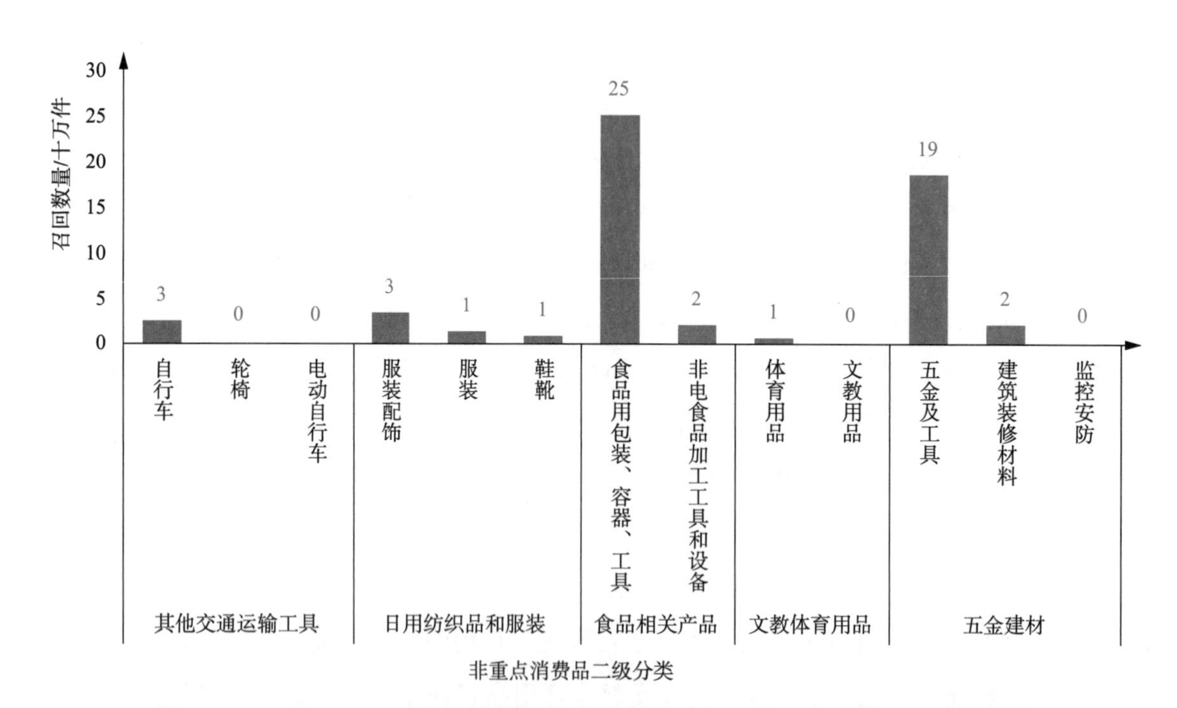

图 2.4-45　2012—2017 年日本非重点消费品的二级分类目录消费品的召回数量

2012—2017 年，日本实施召回的各类消费品对消费者造成各项危害类别对应的召回次数分布情况如图 2.4-46 所示。统计数据表明，召回次数最多对应的危害类别是其他伤害，次数是 254 次，其次是火灾和烧烫伤，次数是 155 次。

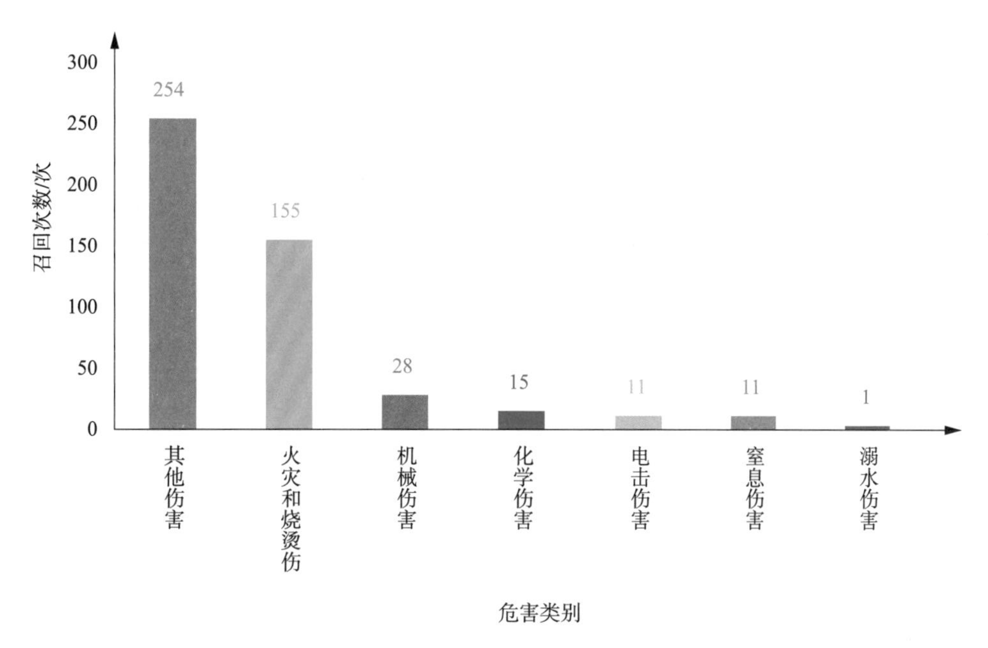

图 2.4-46 2012—2017 年日本各项危害类别消费品的召回次数

2012—2017 年，日本实施召回的各类消费品对消费者造成各项危害类别对应的召回数量分布情况如图 2.4-47 所示。统计数据表明，召回数量最多对应的危害类别是火灾和烧烫伤，数量为 15.5 百万件，其次是其他伤害和机械伤害，数量分别为 6.5 百万件和 5.5 百万件。

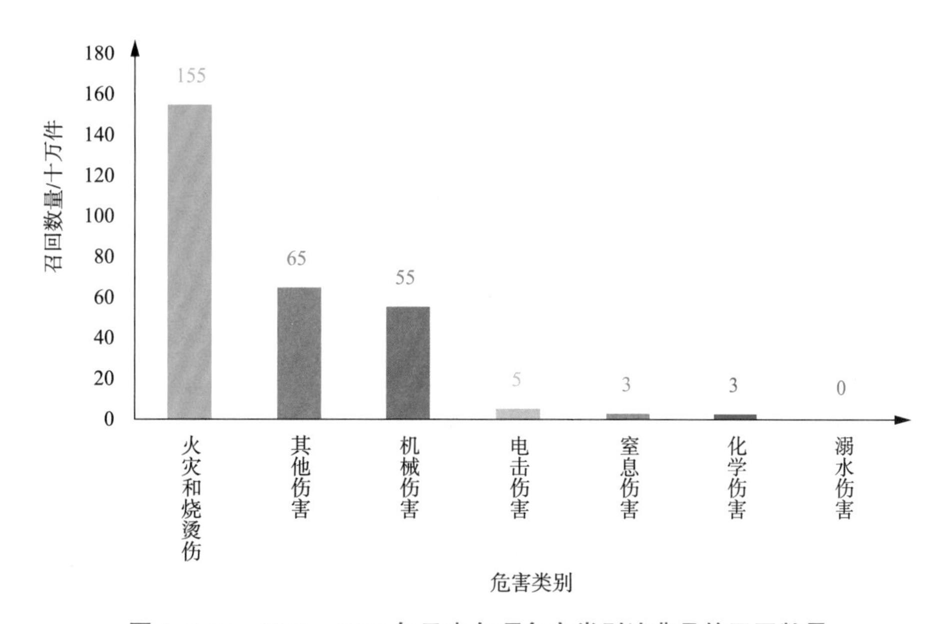

图 2.4-47 2012—2017 年日本各项危害类别消费品的召回数量

2012—2017 年，日本实施召回的各类消费品对消费者造成各项危害类别对应的召回次数在各个年度的分布情况如图 2.4-48 所示。统计数据表明，各个年度召回次数最多对应的危害类别均是其他伤害，其次均是火灾和烧烫伤。

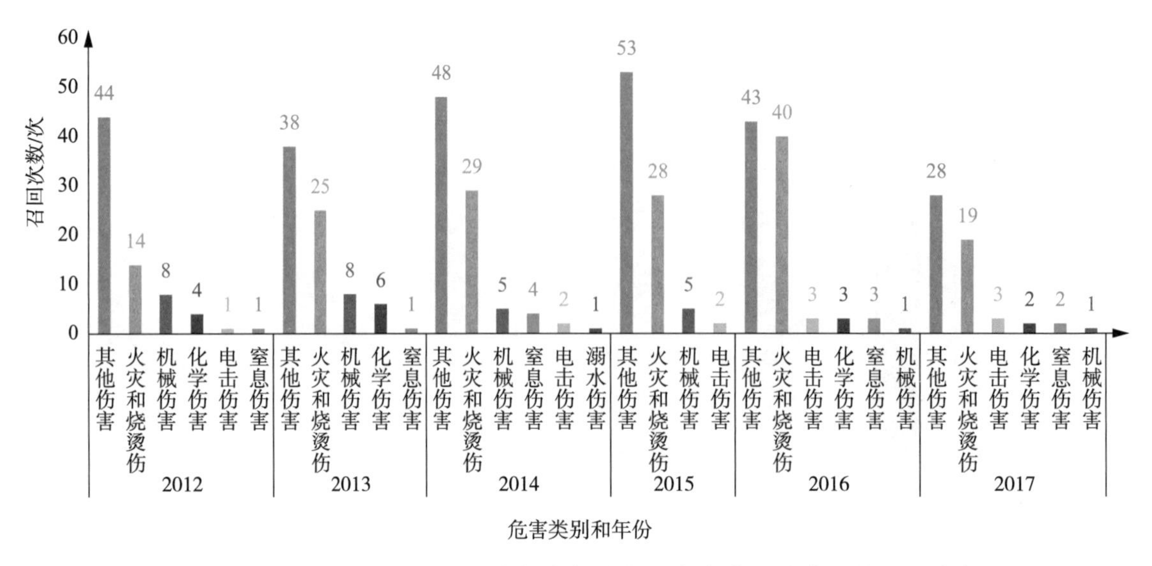

图 2.4-48　2012—2017 年日本各个年度各项危害类别消费品的召回次数

2012—2017 年，日本实施召回的各类消费品对消费者造成各项危害类别对应的召回数量在各个年度的分布情况如图 2.4-49 所示。统计数据表明，除 2012 年外其他各个年度，召回数量最多对应的危害类别均是火灾和烧烫伤，2012 年，机械伤害类别位列第一位，火灾和烧烫伤类别排在第二位。

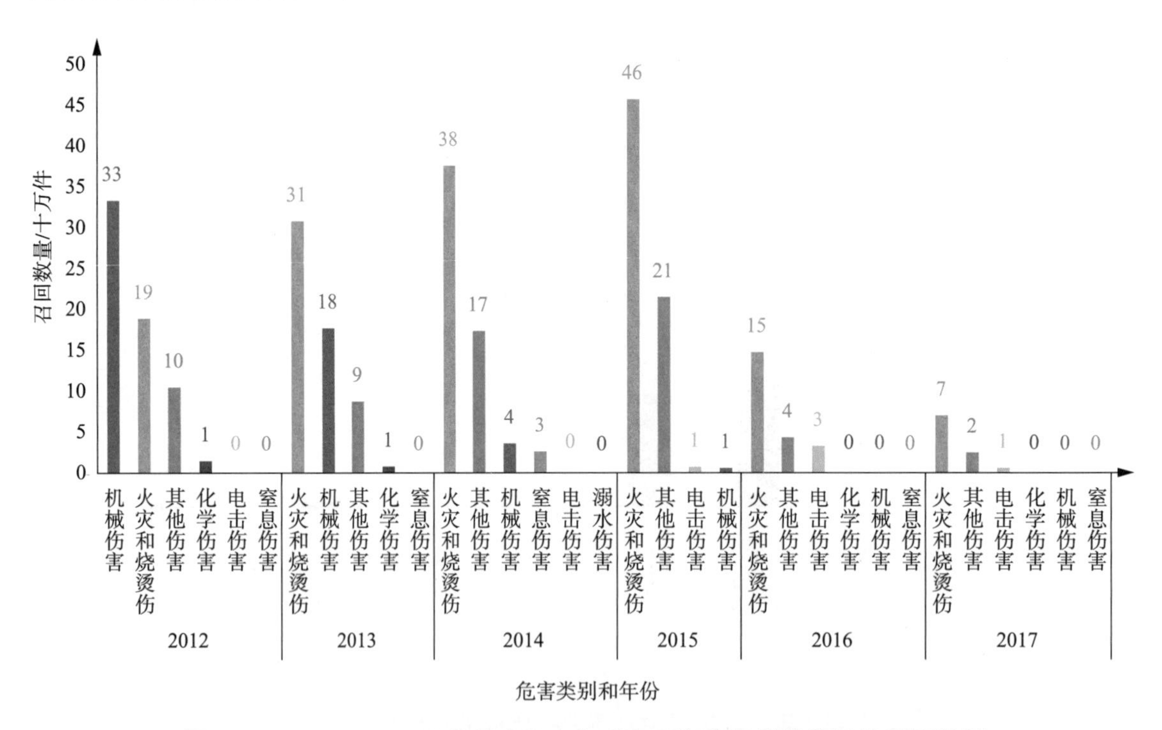

图 2.4-49　2012—2017 年日本各个年度各项危害类别消费品的召回数量

2012—2017 年，日本实施召回的重点消费品对消费者造成各项危害类别的召回次数分布情况如图 2.4-50 所示。统计数据表明，电子电器召回中，召回次数最多对应的危害类别是火灾和烧烫伤，次数为 133 次。儿童用品召回中，召回次数最多对应的危害类别是其他伤害，次数为 23 次。家具召回中，召回次数最多对应的危害类别是其他伤害，次数为 25

次。家用日用品召回中，召回次数最多对应的危害类别是火灾和烧烫伤，次数为 10 次。

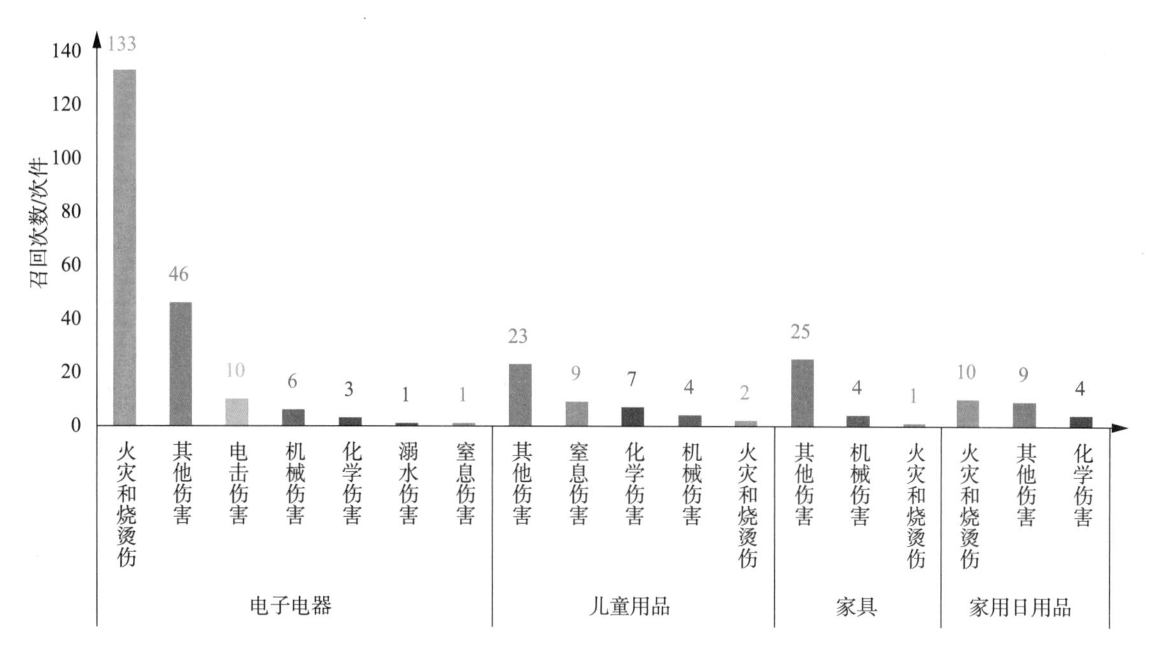

图 2.4-50　2012—2017 年日本各项危害类别重点消费品的召回次数

2012—2017 年，日本实施召回的重点消费品对消费者造成各项危害类别的召回数量分布情况如图 2.4-51 所示。统计数据表明，电子电器召回中，召回数量最多对应的危害类别是火灾和烧烫伤，数量为 13.1 百万件。儿童用品召回中，召回数量最多对应的危害类别是其他伤害，数量为 0.2 百万件。家具召回中，召回数量最多对应的危害类别是其他伤害，数量为0.8 百万件。家用日用品召回中，召回数量最多对应的危害类别是化学伤害，数量为 0.2 百万件。

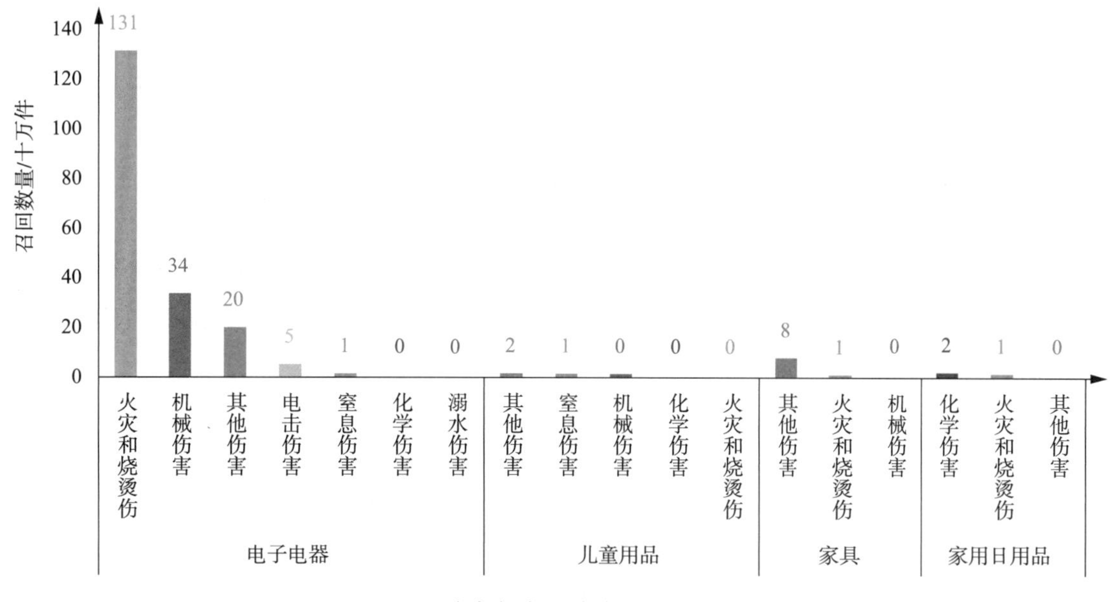

图 2.4-51　2012—2017 年日本各项危害类别重点消费品的召回数量

2.5 召回措施

针对市场上出现的缺陷消费品，5个国家/地区分别采取了不同的召回措施（同一次召回可能有多种召回措施）。美国和加拿大采取的召回措施包括：退货/退款、免费更换、修理、销毁、软件更新、修正说明、撤出市场、其他；欧盟采取的召回措施包括：撤出市场、拒绝进口、召回、销毁、其他；澳大利亚采取的召回措施包括：退货/退款、免费更换、修理、销毁、拒绝进口、修正说明、其他；日本采取的召回措施包括：退货/退款、免费更换、修理、软件更新、修正说明、其他。本节中的“其他”为无法明确归类的召回措施。

2012—2017年，5个国家/地区实施的各项召回措施的召回次数分布情况如图2.5-1所示。统计数据表明，召回措施为撤出市场对应的召回次数最多，为6863次，其次是退货/退款和拒绝进口，召回次数分别是1699次和1521次。

2012—2017年，在5个国家/地区中，美国和加拿大、日本实施的各项召回措施的消费品召回数量分布情况如图2.5-2所示，欧盟、澳大利亚的召回数量不详。统计数据表明，召回措施为免费更换的消费品召回数量最多，为342.2百万件，其次是退货/退款、修理，召回数量分别是155.5百万件和94.6百万件。

2012—2017年，5个国家/地区实施的召回措施的消费品召回次数分布情况如图2.5-3所示。统计数据表明，欧盟采取的召回措施中，采用撤出市场措施的召回次数远高于其他措施的召回次数，为6863次。美国和加拿大采取的召回措施中，采用退货/退款措施的召回次数最多，为722次。澳大利亚实施的召回措施中，采用退货/退款措施的召回次数最多，为822次。日本实施的召回措施中，采用免费更换措施的召回次数最多，为257次。

2012—2017年，5个国家/地区实施的各项召回措施的消费品召回数量分布情况如图2.5-4所示。统计数据表明，美国和加拿大采取的召回措施中，采用免费更换措施的召回数量远高于其他召回措施的召回数量，为326.8百万件。日本采取的召回措施中，采用免费更换措施的召回数量最多，为15.5百万件。

2012—2017年，5个国家/地区在各个年度采取的各项召回措施的消费品召回次数分布情况如图2.5-5所示。统计数据表明，采用撤出市场召回措施的召回次数在各个年度都远高于其他召回措施的召回次数。

2012—2017年，在5个国家/地区中，美国和加拿大、日本在各个年度采取的各项召回措施召回的消费品数量的分布情况如图2.5-6所示，欧盟、澳大利亚的召回数量不详。统计数据表明，采取退货/退款措施的召回数量在2016年最多，采取免费更换的召回数量在2016年最多，数量是172.4百万件，采取修理措施的召回数量在2015年最多。

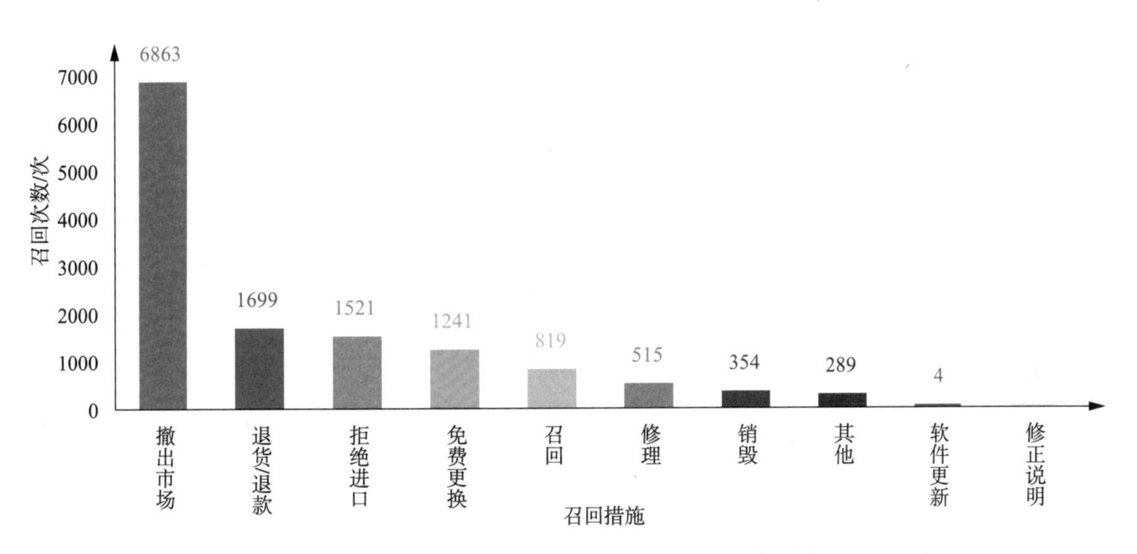

图 2.5-1 2012—2017 年 5 个国家/地区各项召回措施的召回次数

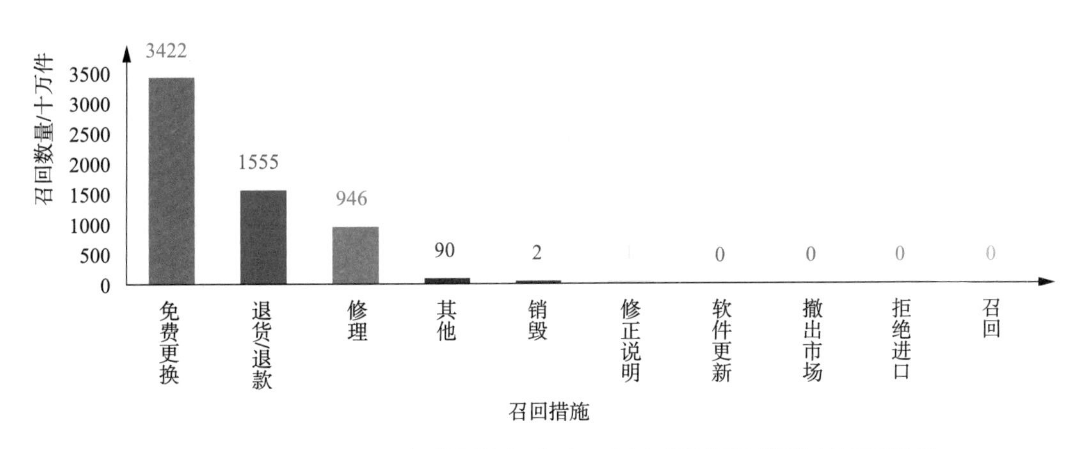

图 2.5-2 2012—2017 年美国和加拿大、日本各项召回措施的召回数量

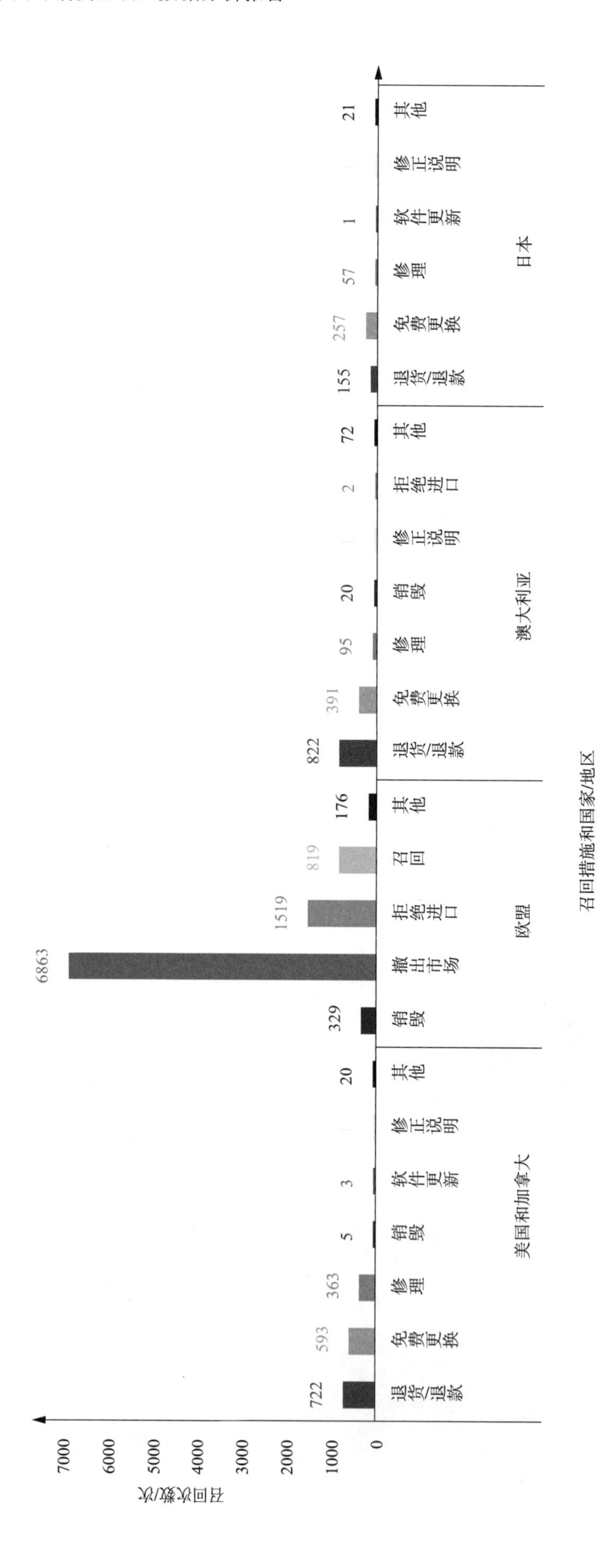

图2.5-3　2012—2017年5个国家/地区各项召回措施的召回次数

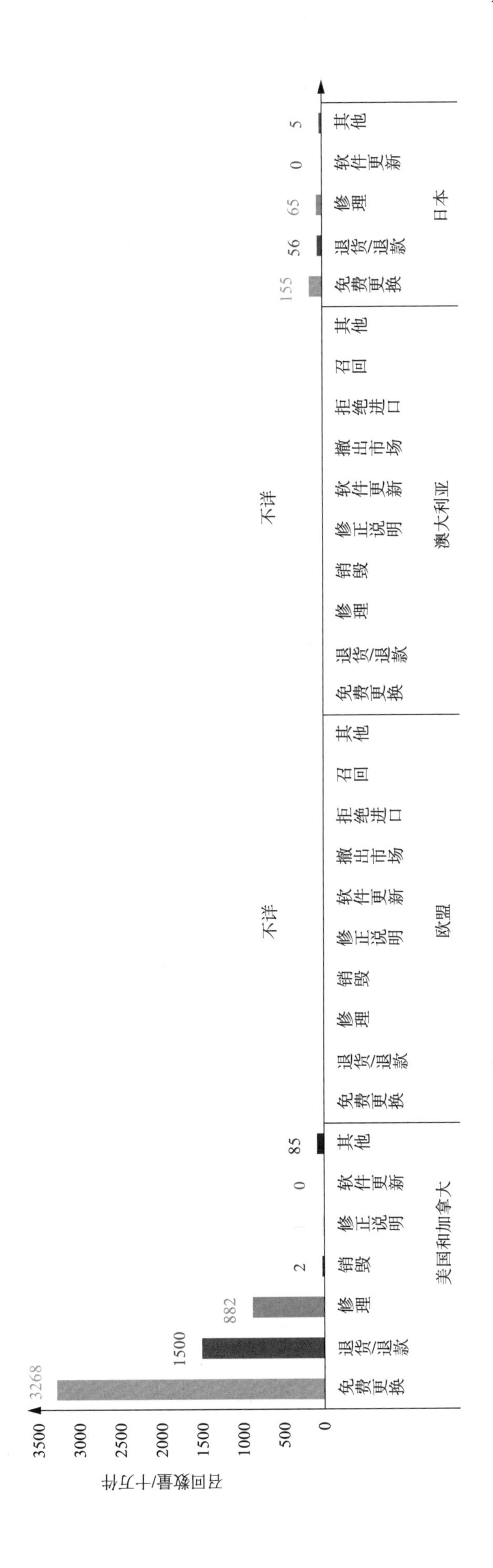

图2.5-4 2012—2017年5个国家/地区各项召回措施的召回数量

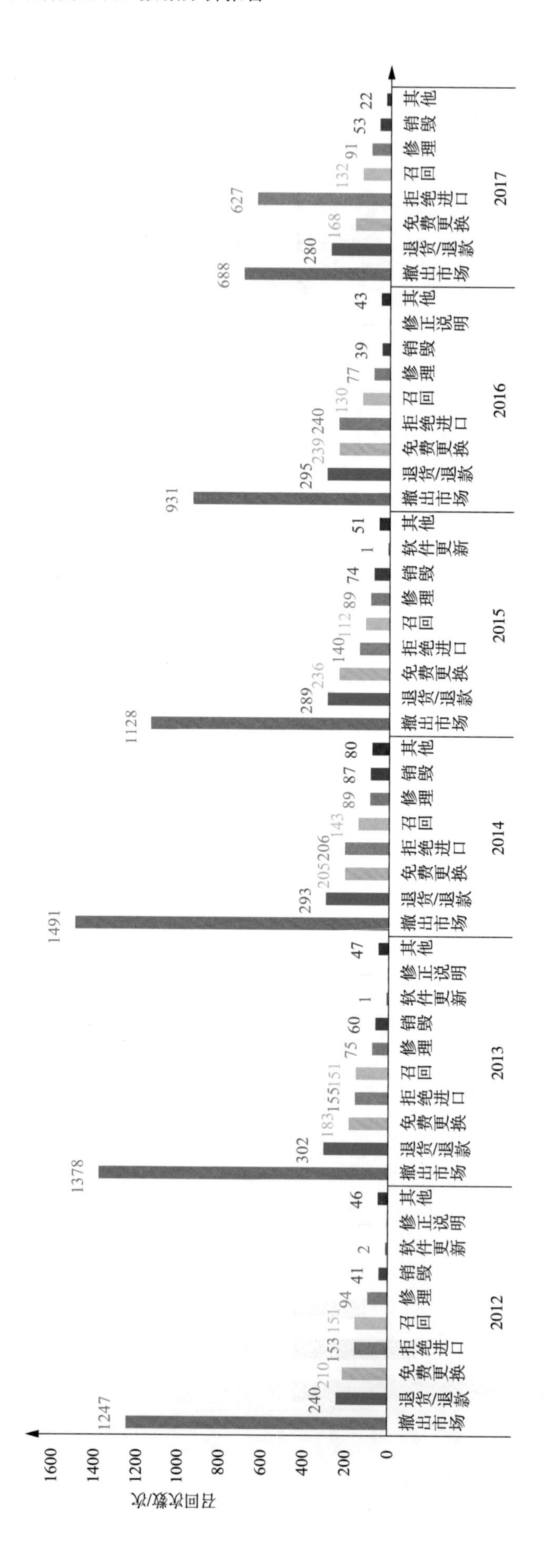

图2.5-5　2012—2017年5个国家/地区各个年度各项召回措施的召回次数

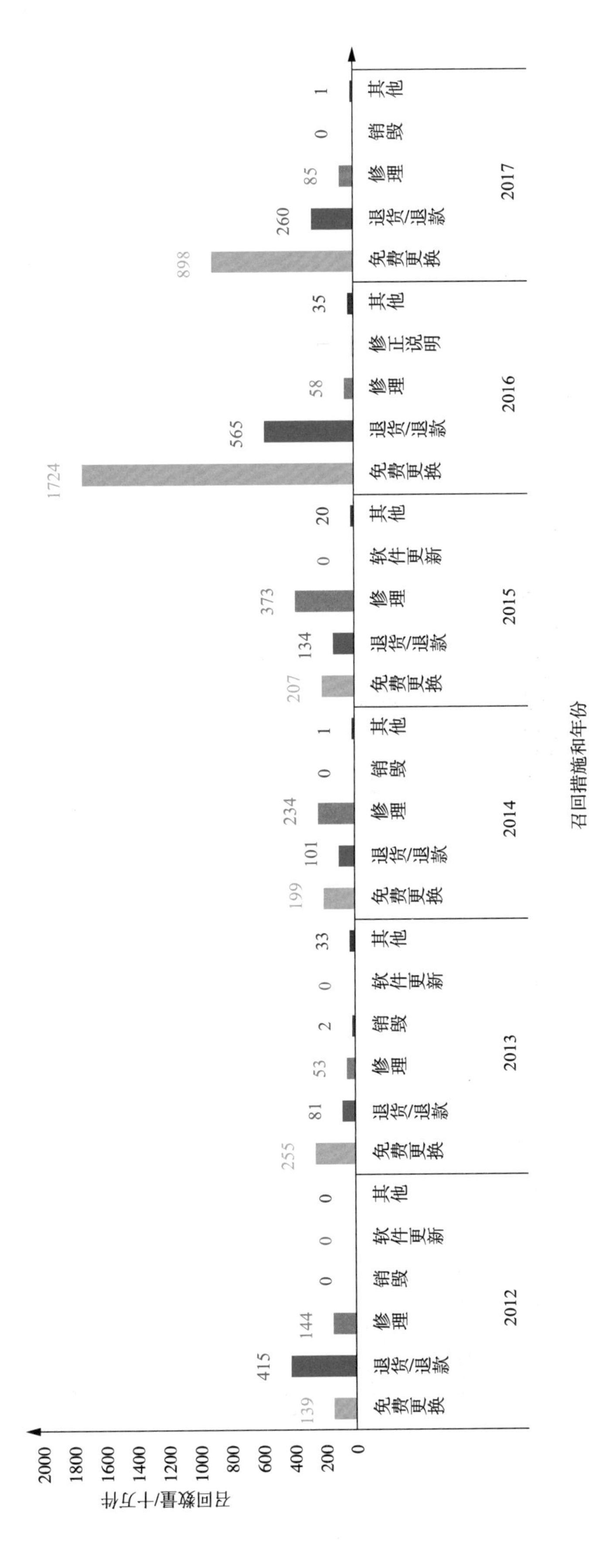

图2.5-6 2012—2017年美国和加拿大、日本各个年度各项召回措施的召回数量

2.5.1 美国和加拿大

2012—2017年，美国和加拿大实施的各项召回措施的消费品召回次数分布情况如图2.5-7所示。统计数据表明，召回措施为退货/退款的召回次数最多，为722次，其次是免费更换和修理，召回次数分别是593次和363次。

2012—2017年，美国和加拿大实施的各项召回措施召回的消费品数量分布情况如图2.5-8所示。统计数据表明，召回措施为免费更换的召回数量最多，为326.8百万件，其次是退货/退款措施，为150百万件。

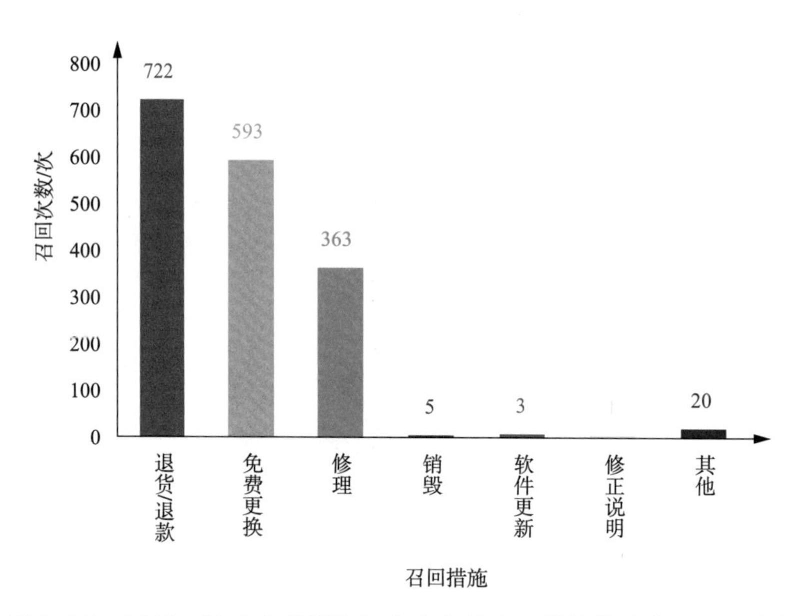

图2.5-7 2012—2017年美国和加拿大各项召回措施的消费品召回次数

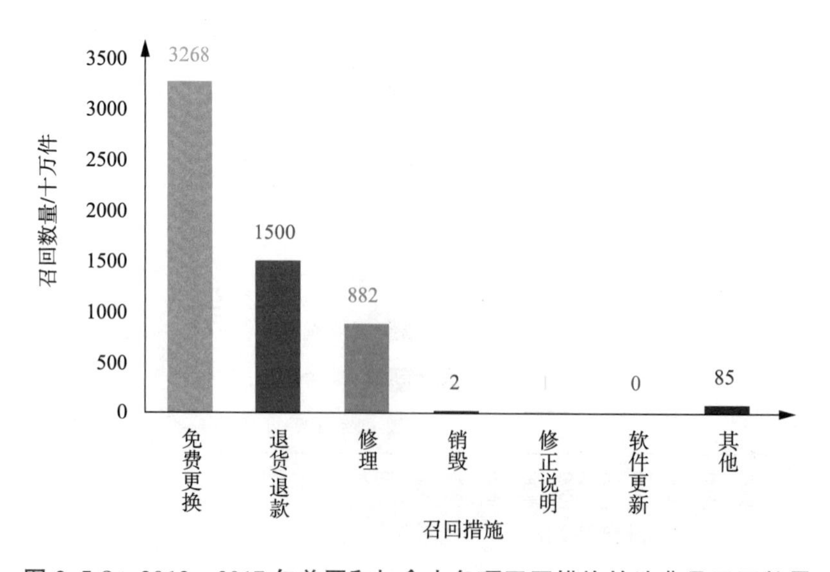

图2.5-8 2012—2017年美国和加拿大各项召回措施的消费品召回数量

2012—2017 年，美国和加拿大各个年度实施的各项召回措施的消费品召回次数分布情况如图 2.5-9 所示。统计数据表明，各个年度召回措施为退货/退款的召回次数均最多，其次是免费更换和修理。

2012—2017 年，美国和加拿大各个年度实施的各项召回措施召回的消费品数量分布情况如图 2.5-10 所示。统计数据表明，美国和加拿大2012 年采取退货/退款措施的召回数量最多，2013 年、2016 年和 2017 年采取免费更换的召回数量最多，在 2014 年、2015 年采取修理措施的召回数量最多。

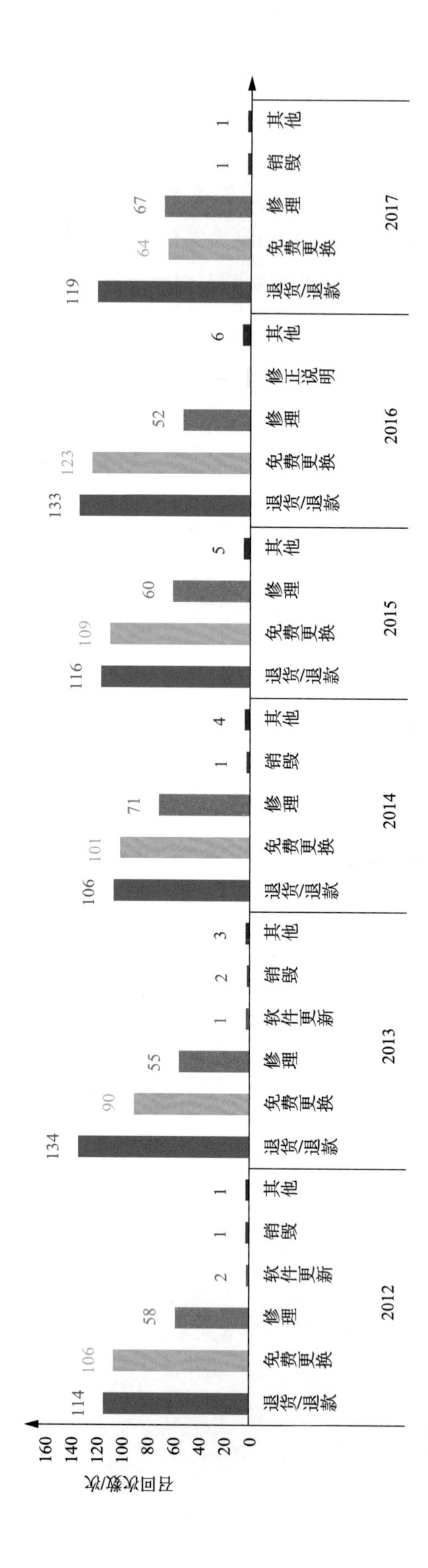

图2.5-9　2012—2017年美国和加拿大各个年度各项召回措施的召回次数

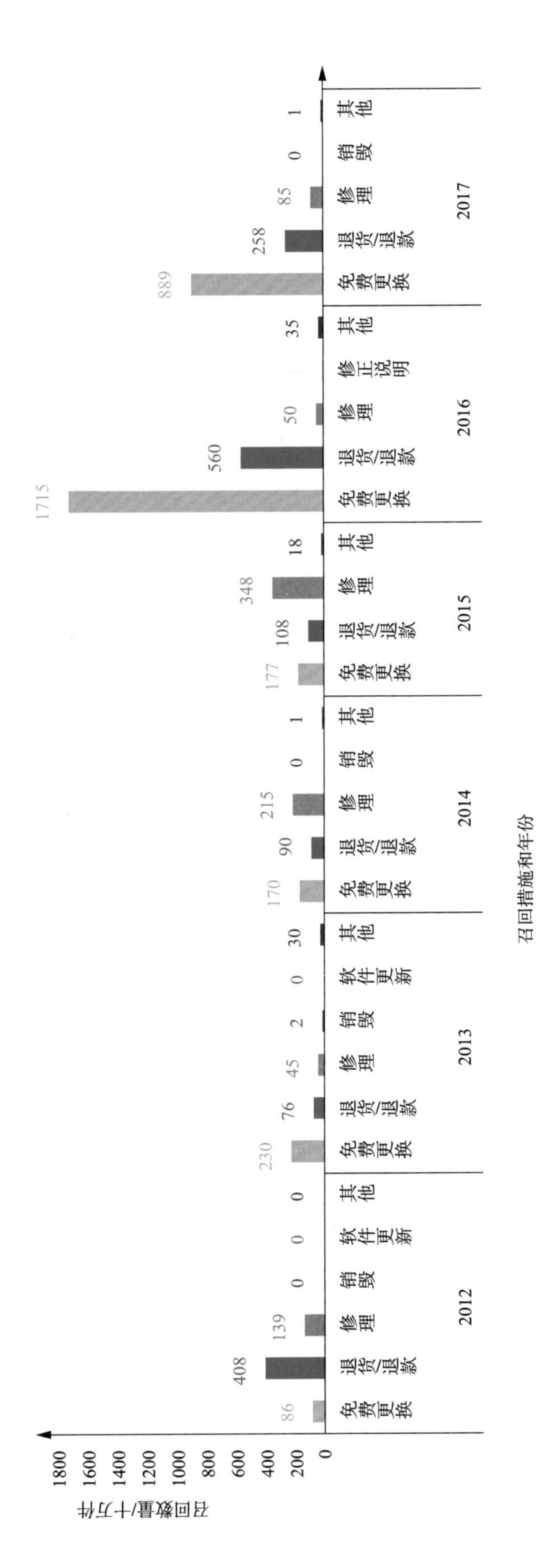

图2.5-10　2012—2017年美国和加拿大各个年度各项召回措施的召回数量

2012—2017 年，美国和加拿大对重点消费品实施的各项召回措施的消费品召回次数分布情况如图 2.5-11 所示。统计数据表明，电子电器召回中，召回措施为免费更换、修理和退货/退款的召回次数较多；儿童用品召回中，召回措施为退货/退款的召回次数最多；家具召回中，召回措施为退货/退款、免费更换和修理的召回次数较多；家用日用品召回中，召回措施为退货/退款的召回次数最多。

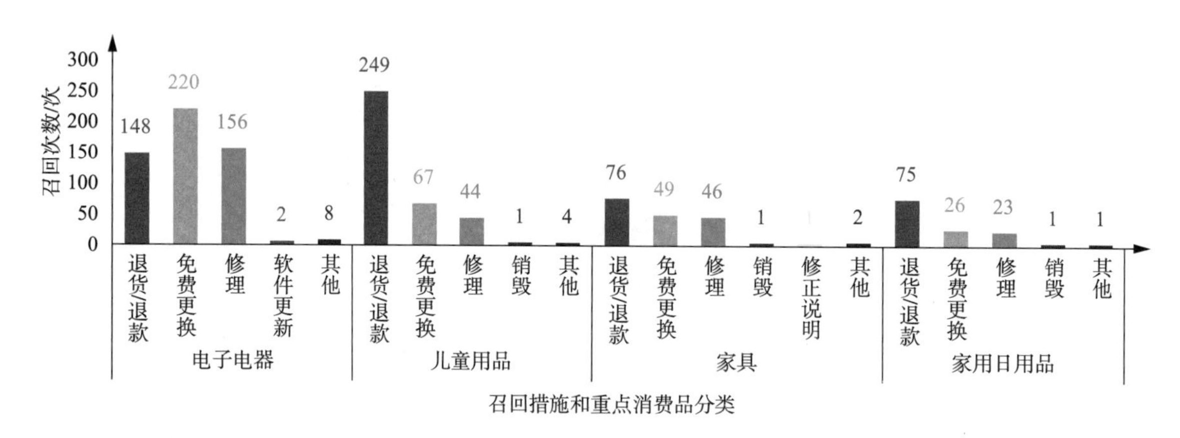

图 2.5-11　2012—2017 年美国和加拿大重点消费品各项召回措施的召回次数

2012—2017 年，美国和加拿大对重点消费品实施的各项召回措施召回的消费品数量分布情况如图 2.5-12 所示。统计数据表明，电子电器召回中，召回措施是免费更换、退货/退款和修理的召回数量较多；儿童用品召回中，召回措施是退货/退款和修理的召回数量较多；家具召回中，召回措施是退货/退款和修理的召回数量较多；家用日用品召回中，召回措施是免费更换的召回数量最多。

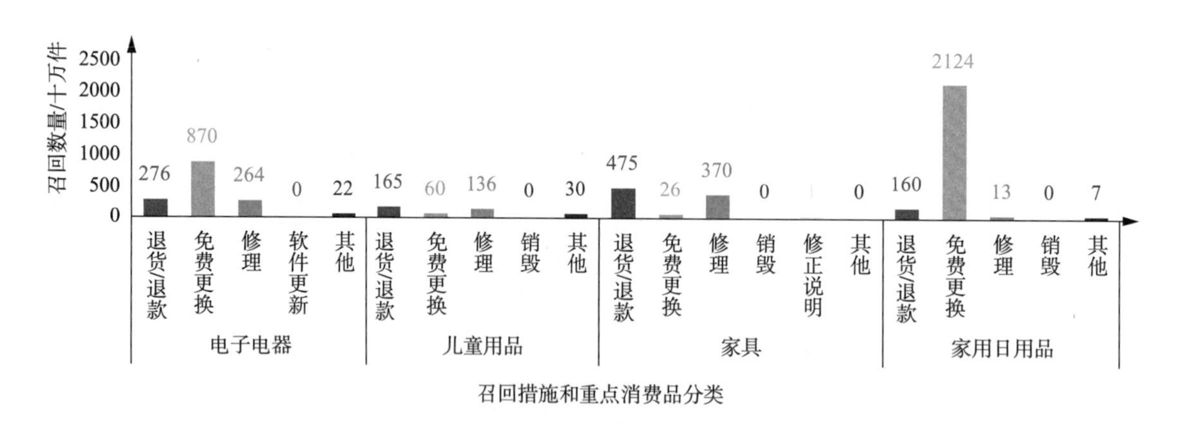

图 2.5-12　2012—2017 年美国和加拿大重点消费品各项召回措施的召回数量

2.5.2　欧盟

欧盟在 2012—2017 年实施的各项召回措施的消费品召回次数分布情况如图 2.5-13 所示。统计数据表明，欧盟地区采取的召回措施为撤出市场的召回次数最多，为 6863 次，其次是拒绝进口和召回，次数分别是 1519 次和 819 次。

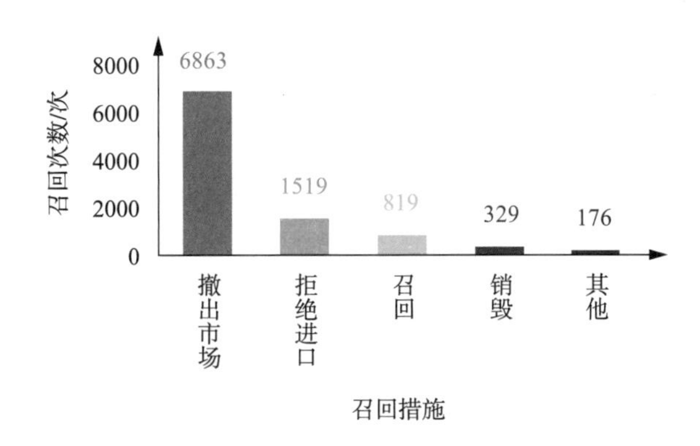

图 2.5-13　2012—2017 年欧盟各项召回措施的消费品召回次数

2012—2017 年，欧盟在各个年度实施的各项召回措施的消费品召回次数分布情况如图 2.5-14 所示。统计数据表明，各个年度召回措施为撤出市场的召回次数最多。

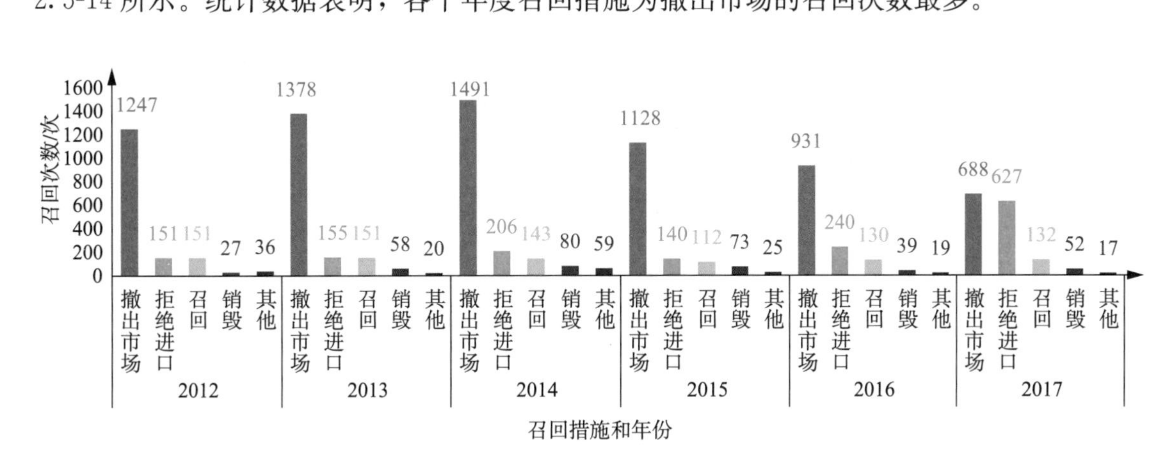

图 2.5-14　2012—2017 年欧盟各个年度各项召回措施的召回次数

2012—2017 年，欧盟对重点消费品实施的各项召回措施的消费品召回次数分布情况如图 2.5-15 所示。统计数据表明，电子电器、儿童用品、家具和家用日用品召回中，召回措施为撤出市场的召回次数最多。

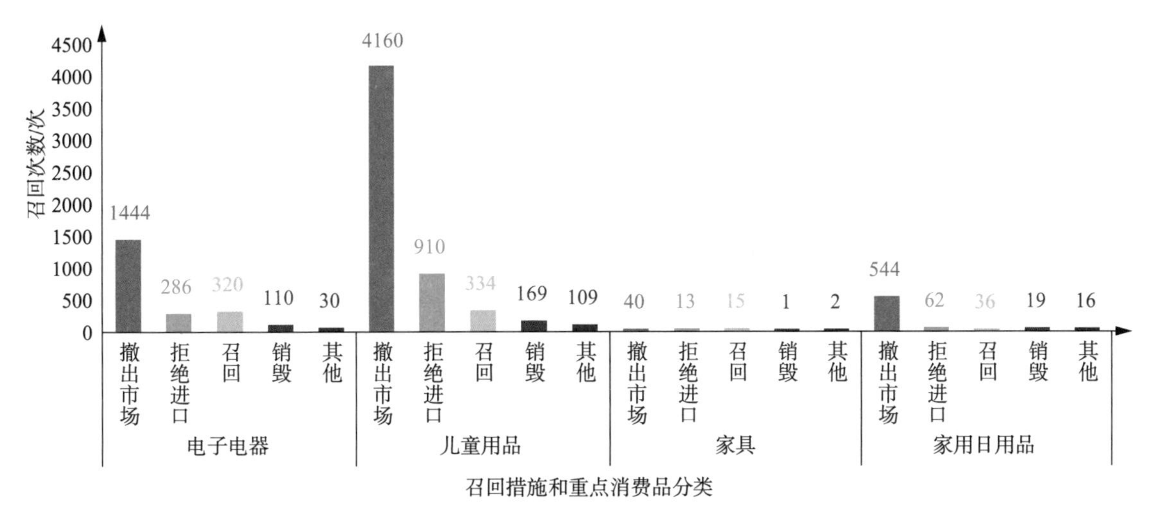

图 2.5-15　2012—2017 年欧盟重点消费品各项召回措施的召回次数

2.5.3 澳大利亚

2012—2017年，澳大利亚实施的各项召回措施的消费品召回次数分布情况如图2.5-16所示。统计数据表明，召回措施是退货/退款、免费更换、修理的召回次数较多。

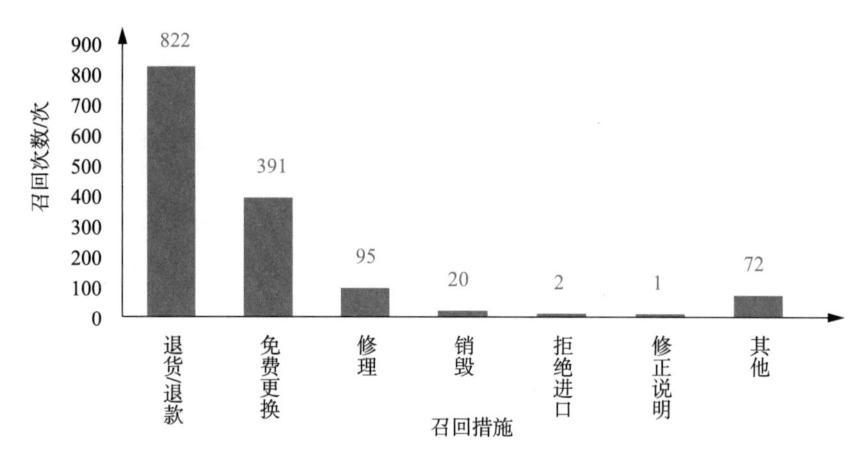

图2.5-16 2012—2017年澳大利亚各项召回措施的消费品召回次数

2012—2017年，澳大利亚对各类消费品实施的各项召回措施在各个年度的召回次数分布情况如图2.5-17所示。统计数据表明，召回措施是退货/退款的召回次数最多。

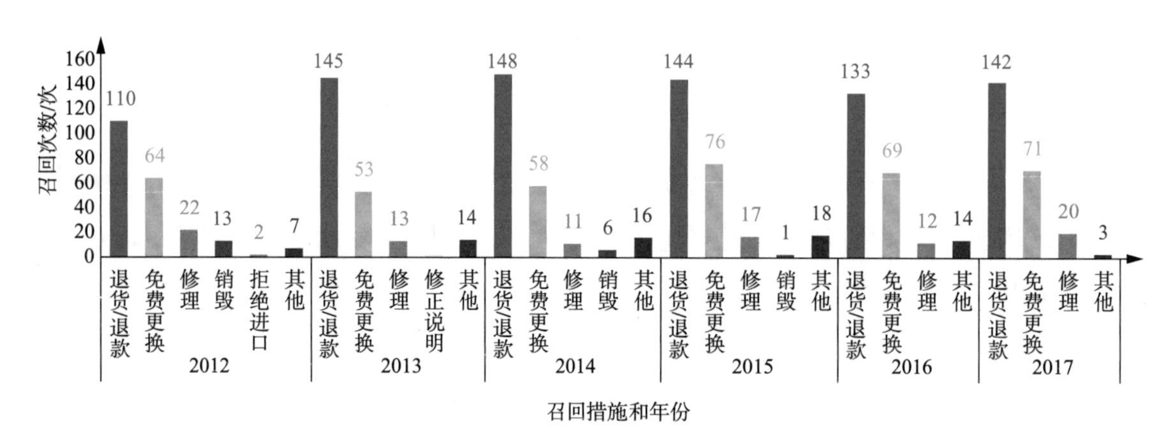

图2.5-17 2012—2017年澳大利亚各个年度各项召回措施的召回次数

2012—2017年，澳大利亚对重点消费品实施的各项召回措施的召回次数分布情况如图2.5-18所示，统计数据表明，电子电器、儿童用品、家具和家用日用品召回中，召回措施为退货/退款的召回次数最多。

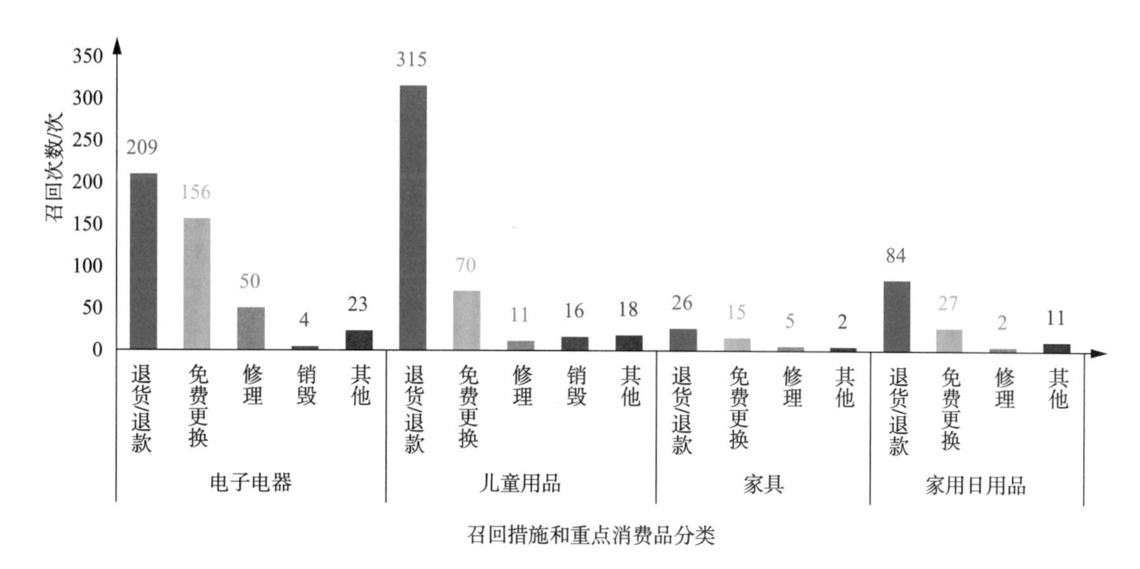

图 2.5-18　2012—2017 年澳大利亚重点消费品各项召回措施的召回次数

2.5.4　日本

2012—2017 年，日本实施的各项召回措施的召回次数分布情况如图 2.5-19 所示。统计数据表明，召回措施为免费更换、退货/退款、修理的召回次数较多。

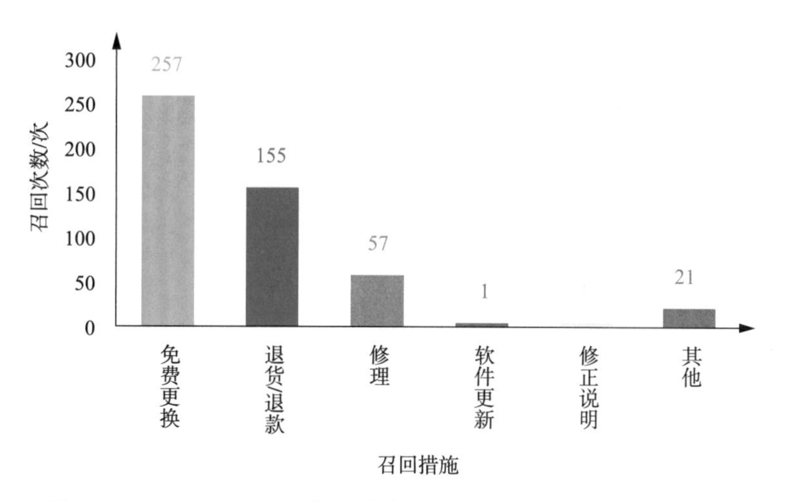

图 2.5-19　2012—2017 年日本各项召回措施的消费品召回次数

2012—2017 年，日本实施的各项召回措施的召回数量分布情况如图 2.5-20 所示。统计数据表明，召回措施为免费更换、修理、退货/退款的召回数量较多。

2012—2017 年，日本实施的各项召回措施的召回次数在各个年度的分布情况如图 2.5-21所示。统计数据表明，各个年度召回措施是免费更换的召回次数最多，其次是退货/退款。

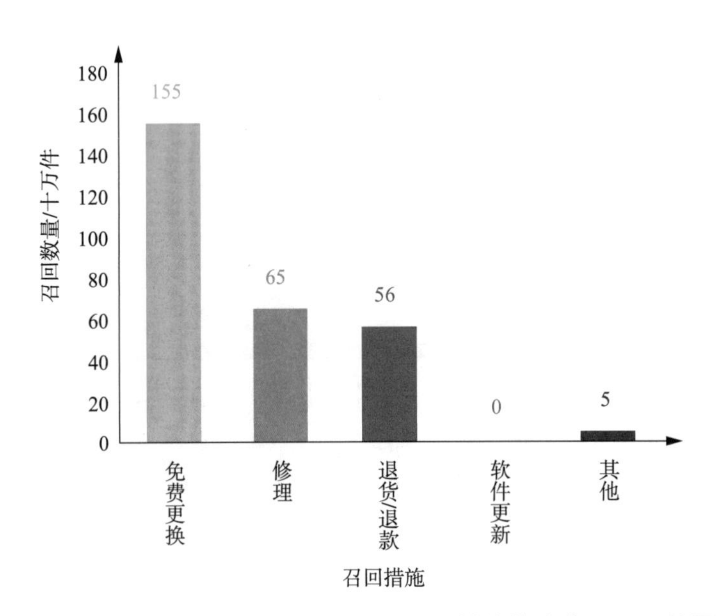

图 2.5-20　2012—2017 年日本各项召回措施的消费品召回数量

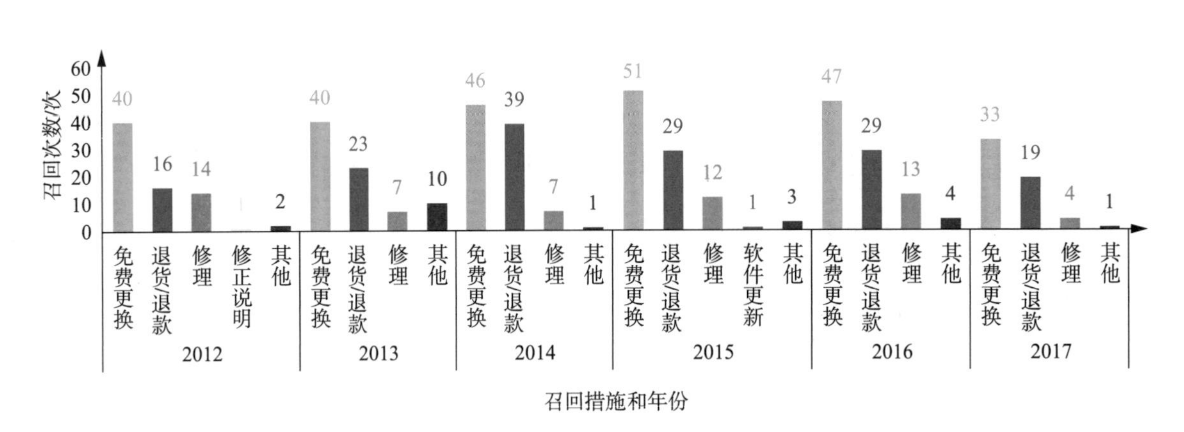

图 2.5-21　2012—2017 年日本各个年度各项召回措施的召回次数

2012—2017年，日本实施的各项召回措施的召回数量在各个年度的分布情况如图2.5-22所示。统计数据表明，各个年度召回措施是免费更换的召回数量最多。

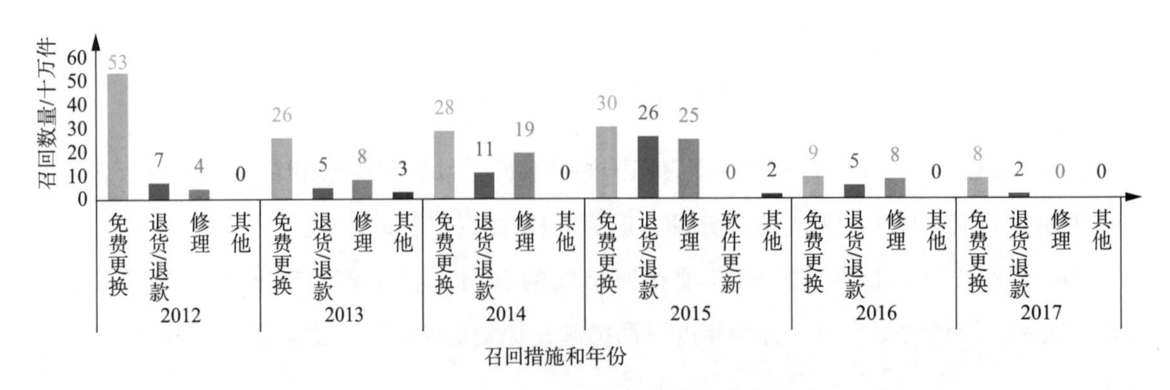

图 2.5-22　2012—2017 年日本各个年度各项召回措施的召回数量

2012—2017年，日本对重点消费品实施的各项召回措施的召回次数分布情况如图2.5-23所示。统计数据表明，儿童用品召回中，召回措施是退货/退款的召回次数最多，电子电器、家具和家用日用品召回中，召回措施是免费更换的召回次数最多。

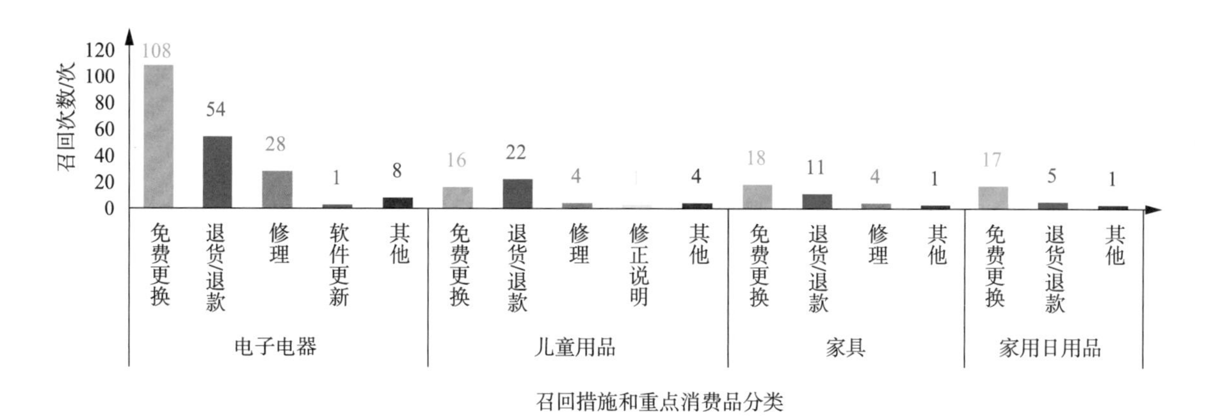

图2.5-23　2012—2017年日本重点消费品各项召回措施的召回次数

2012—2017年，日本对重点消费品实施的各种召回措施的召回数量分布情况如图2.5-24所示。统计数据表明，电子电器召回中，召回措施为免费更换的召回数量最多。

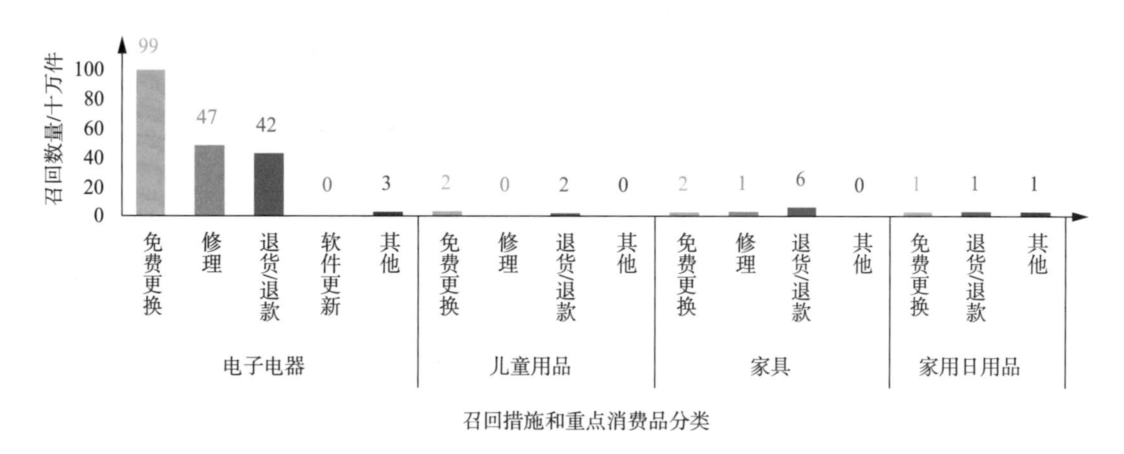

图2.5-24　2012—2017年日本重点消费品各项召回措施的召回数量

2.6 召回反应时间

本书中定义的召回反应时间指的是召回发布时间到召回实施时间的时间跨度。2012—2017年，5个国家/地区的召回次数在各种召回反应时间上的比例分布情况如图2.6-1所示。统计数据表明，召回反应时间为一周以内的召回次数的占比为25.23%，一周以上三个月以内的召回次数的占比为0.84%，三个月以上的召回次数的占比为0.26%，没有时间信息（标记为不详，均为欧盟实施的召回）的召回次数的占比为73.67%。

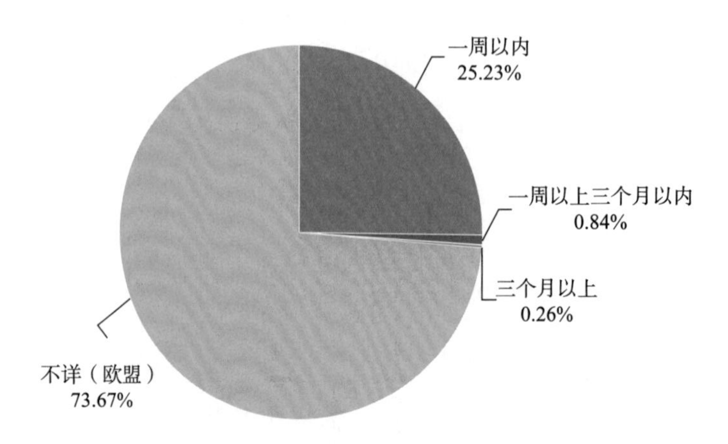

图 2.6-1　2012—2017 年 5 个国家/地区的召回次数在各种召回反应时间上的占比

2012—2017 年，5 个国家/地区的召回反应时间分布情况如图 2.6-2 所示。统计数据表明，美国和加拿大、澳大利亚、日本的召回反应时间在一周以内的召回次数最多，欧盟没有相关信息。

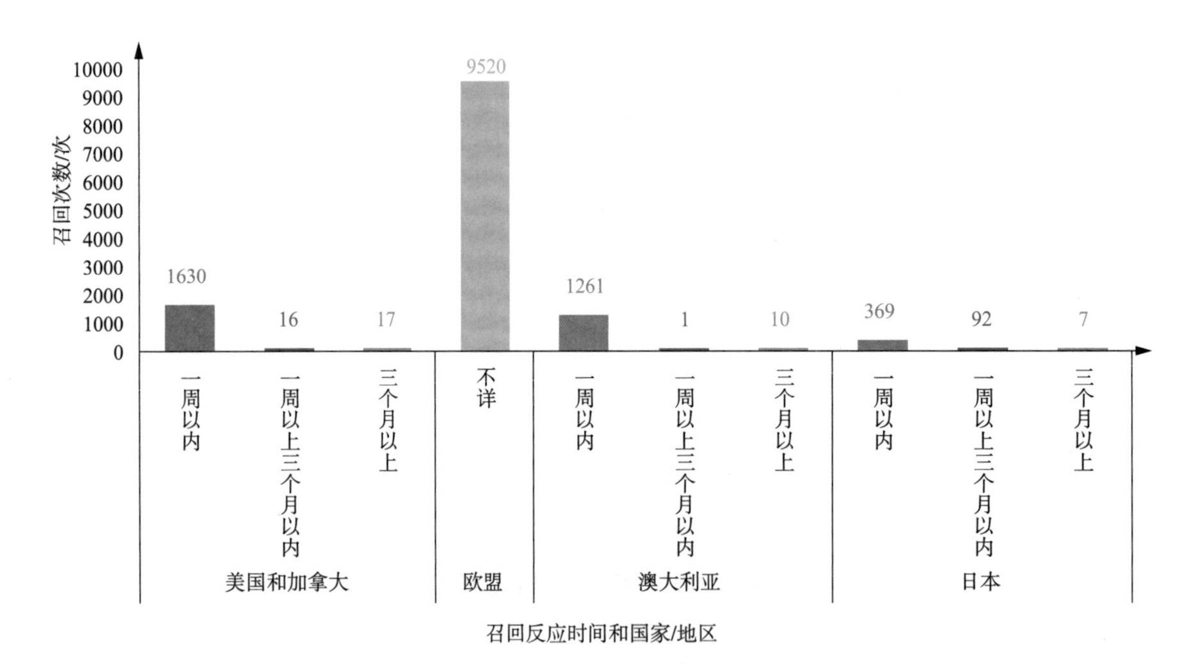

图 2.6-2　2012—2017 年 5 个国家/地区各种召回反应时间上的召回次数

2012—2017 年，5 个国家/地区的召回次数在各种召回反应时间在上的分布情况如图 2.6-3 所示。统计数据表明，除去召回反应时间不详的统计数据，各个年度实施的召回中，召回反应时间是一周以内的召回次数最多。

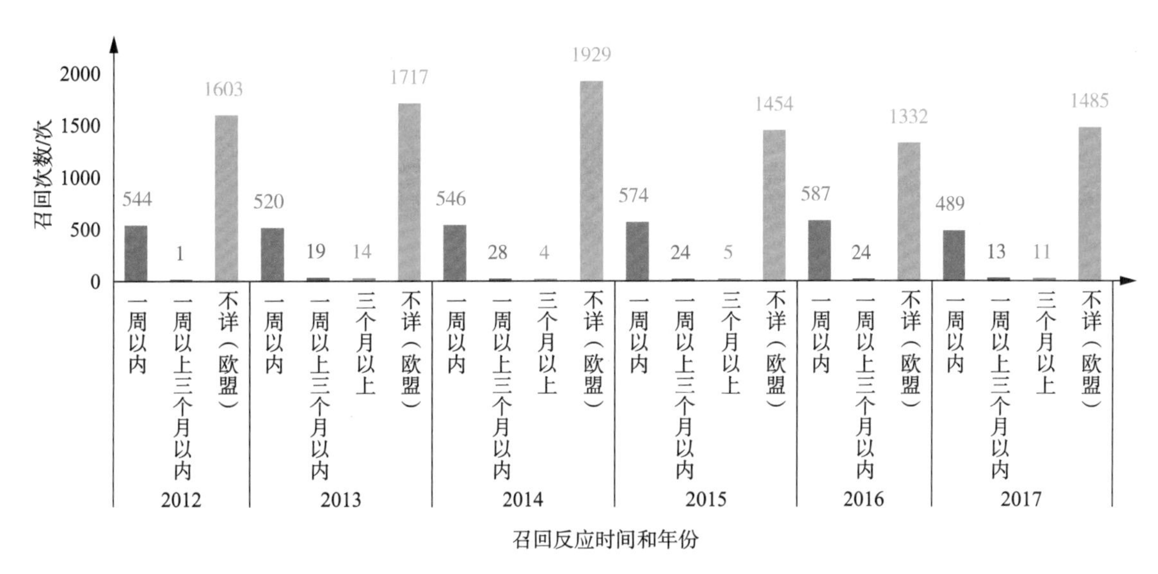

图 2.6-3　2012—2017 年各个年度 5 个国家/地区各种召回反应时间上的召回次数

2.6.1　美国和加拿大

2012—2017 年，美国和加拿大实施的召回中，召回次数在各种召回反应时间上的比例分布情况如图 2.6-4 所示。统计数据表明，召回反应时间为一周以内的召回次数的占比为 98.02%，一周以上三个月以内的召回次数的占比为 0.96%，三个月以上的召回次数的占比为 1.02%。

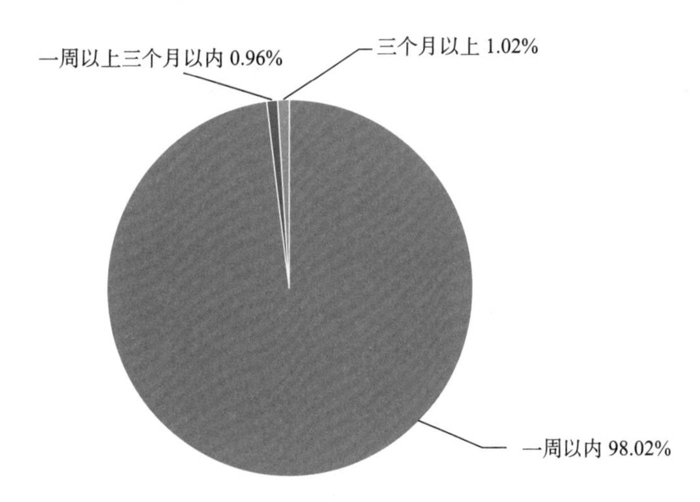

图 2.6-4　2012—2017 年美国和加拿大各种召回反应时间上在召回次数中的占比

2012—2017 年，美国和加拿大实施的召回中，各个年度的召回次数在各种召回反应时间上的分布情况如图 2.6-5 所示。统计数据表明，美国和加拿大实施的召回中，召回反应时间大部分都在一周以内。

2012—2017 年，美国和加拿大对重点消费品实施的召回中，召回次数在各种召回反应时间上的分布情况如图 2.6-6 所示。统计数据表明，对重点消费品的召回而言，大部分召回反应时间都在一周以内。

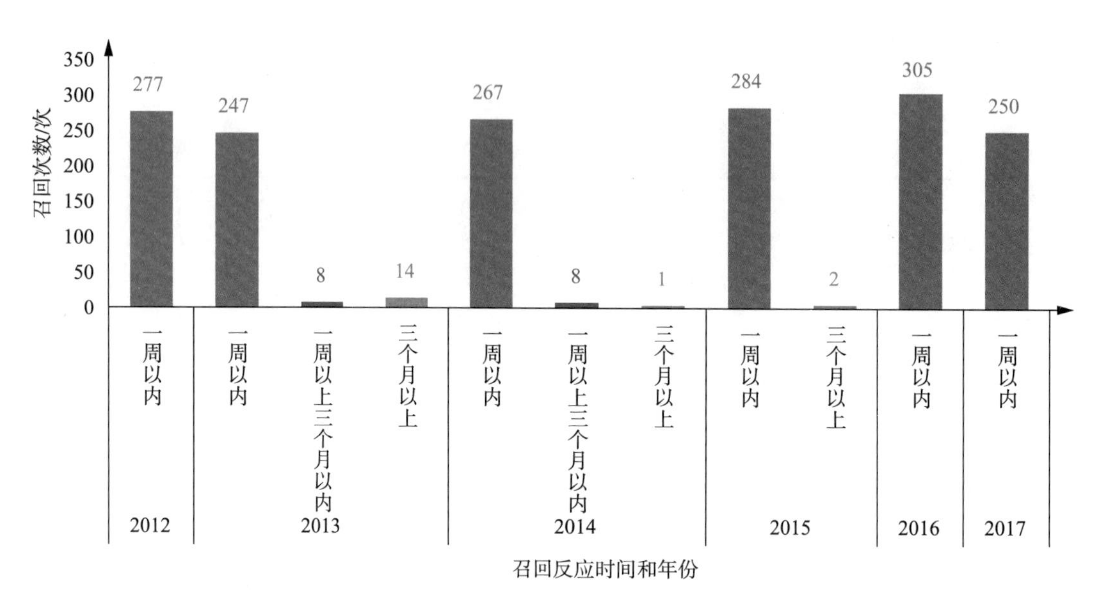

图 2.6-5　2012—2017 年美国和加拿大各个年度各种召回反应时间上的召回次数

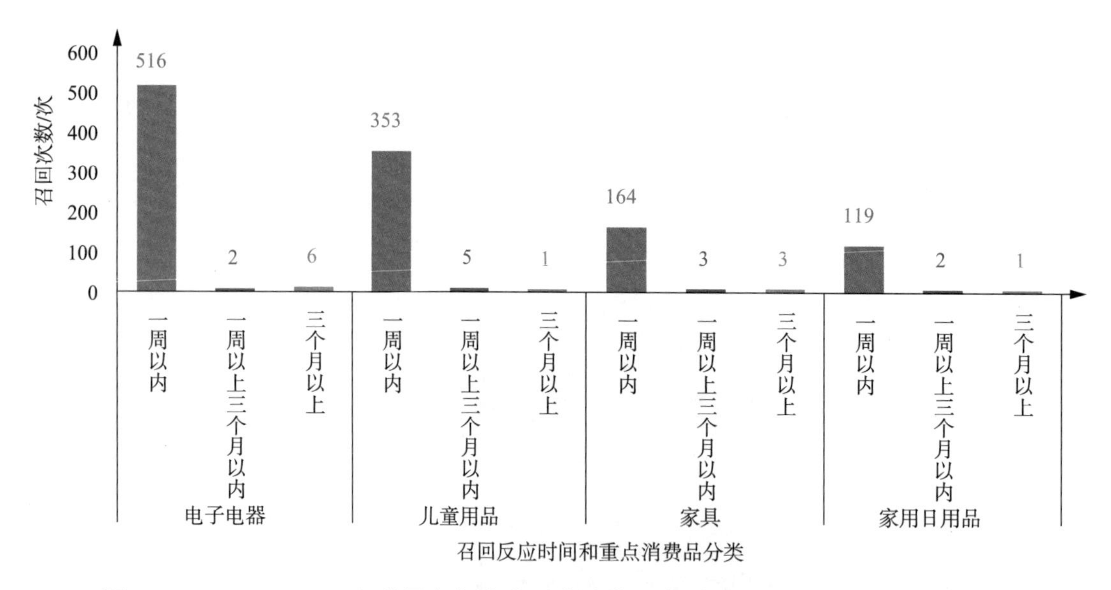

图 2.6-6　2012—2017 年美国和加拿大重点消费品各种召回反应时间上的召回次数

2.6.2　欧盟

欧盟的召回反应时间信息不详。

2.6.3　澳大利亚

2012—2017 年，澳大利亚的召回次数在各种召回反应时间上的比例分布情况如

图 2.6-7 所示。统计数据表明，召回反应时间为一周以内的召回次数占比为 99.1%，一周以上三个月以内的召回次数占比为 0.1%，三个月以上的召回次数占比为 0.8%。

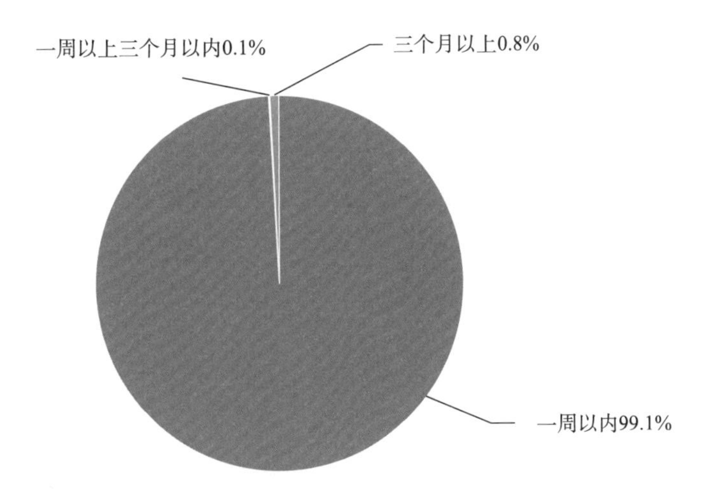

图 2.6-7 2012—2017 年澳大利亚各种召回反应时间上召回次数的占比

2012—2017 年，澳大利亚各个年度实施的召回次数在各种召回反应时间上的分布情况如图 2.6-8 所示。统计数据表明，澳大利亚实施的召回中，召回反应时间大部分都在一周以内，各个年度的分布情况变化很小。

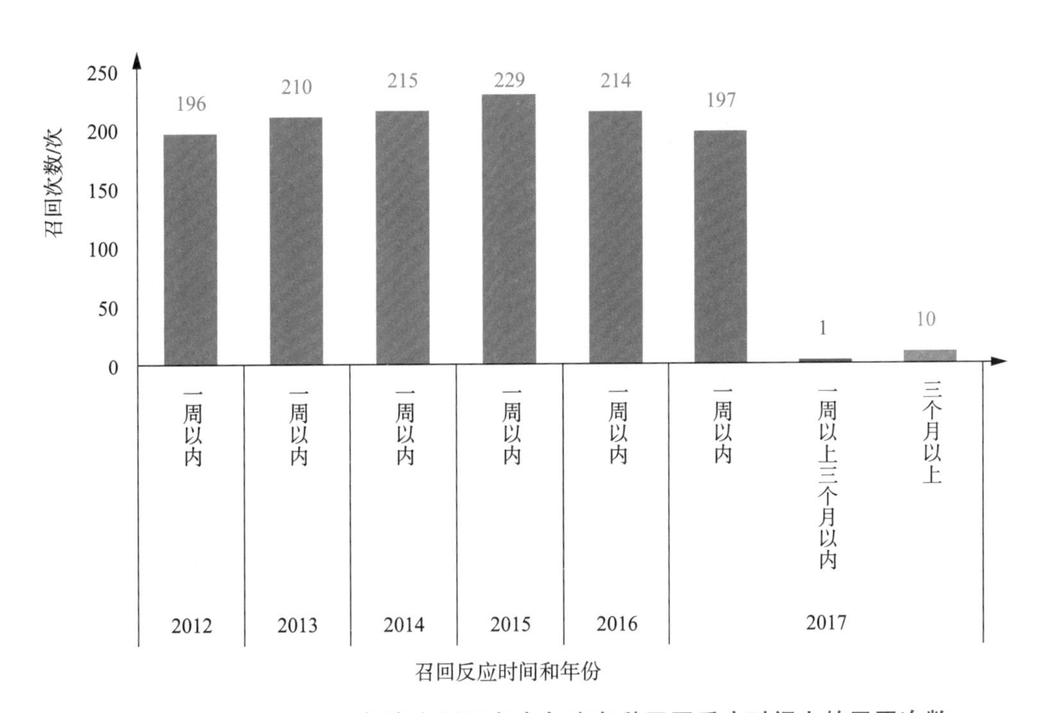

图 2.6-8 2012—2017 年澳大利亚各个年度各种召回反应时间上的召回次数

2012—2017 年，澳大利亚对重点消费品实施的召回中，召回次数在各种召回反应时间上的分布情况如图 2.6-9 所示。统计数据表明，对重点消费品的召回而言，大部分召回反应时间都在一周以内。

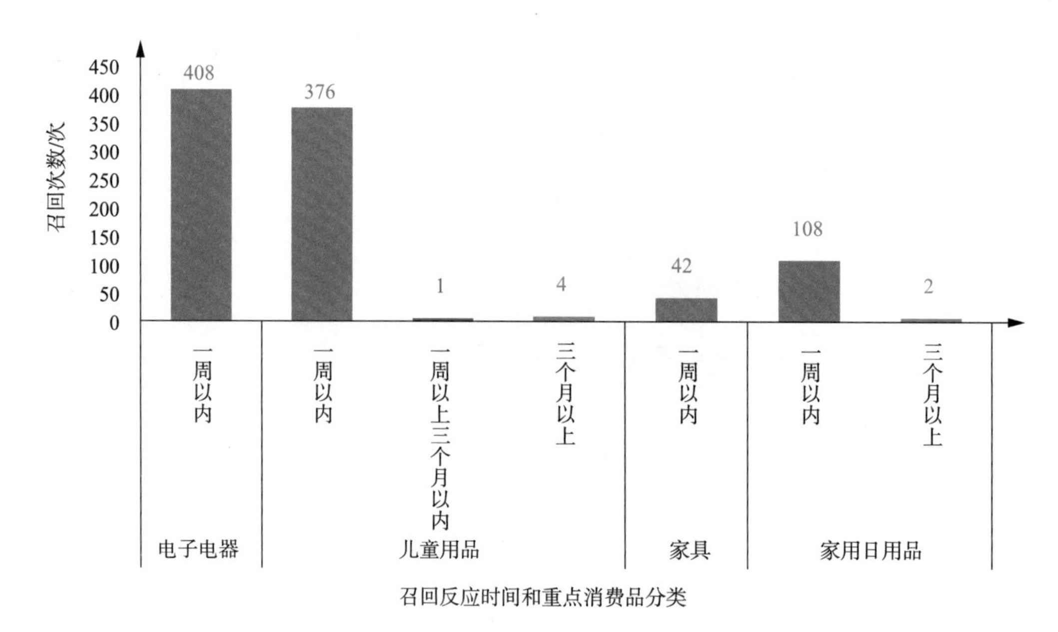

图2.6-9　2012—2017年澳大利亚重点消费品各种召回反应时间上的召回次数

2.6.4　日本

2012—2017年，日本实施的召回中，召回次数在各种召回反应时间上的比例分布情况如图2.6-10所示。统计数据表明，召回反应时间为一周以内的召回次数占比为78.85%，一周以上三个月以内的召回次数占比为19.65%，三个月以上的召回次数占比为1.50%。

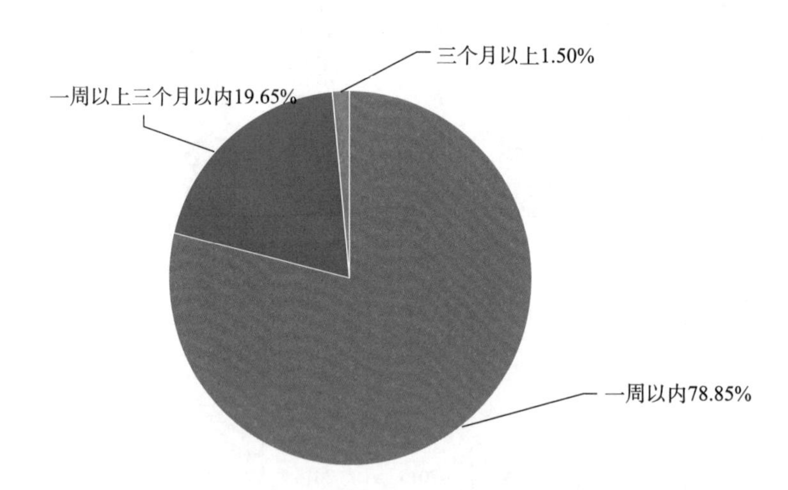

图2.6-10　2012—2017年日本各种召回反应时间上的召回次数的占比

2012—2017年，日本各个年度召回次数在各种召回反应时间上的分布情况如图2.6-11所示。统计数据表明，日本实施的召回中，召回反应时间大部分都在一周以内，其次是在一周以上三个月以内，各个年度的分布情况变化很小。

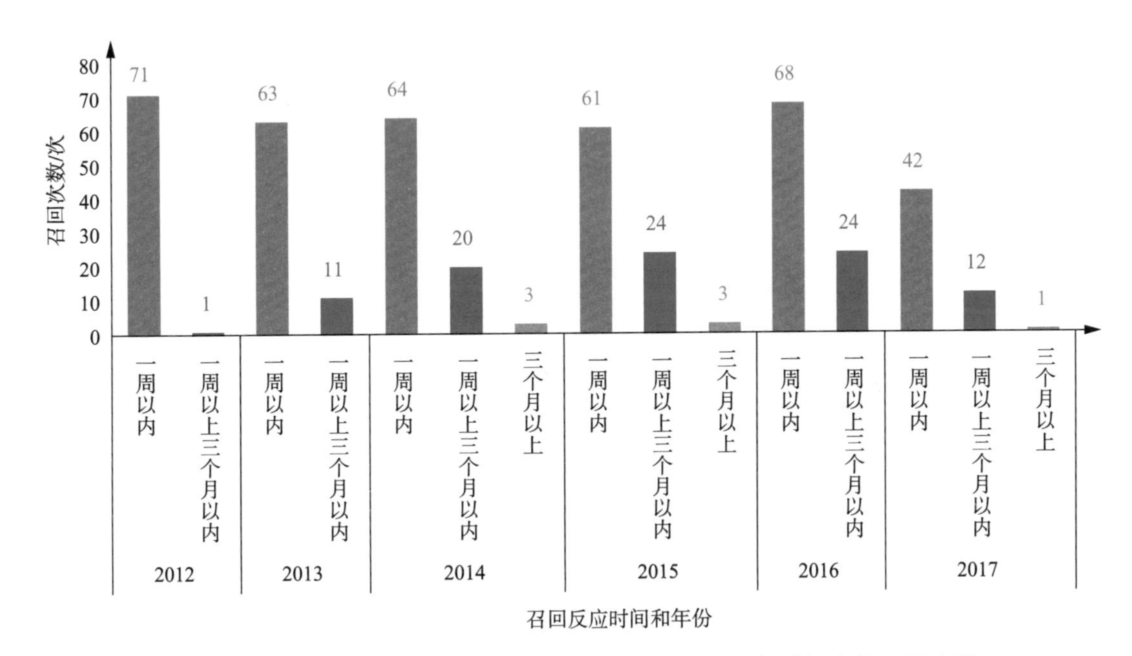

图 2.6-11　2012—2017 年日本各个年度各种召回反应时间上的召回次数

2012—2017 年，日本对重点消费品实施的召回中，召回次数在各种召回反应时间上的分布情况如图 2.6-12 所示。统计数据表明，对重点消费品的召回而言，大部分召回反应时间间隔都在一周以内，其次是一周以上三个月以内。

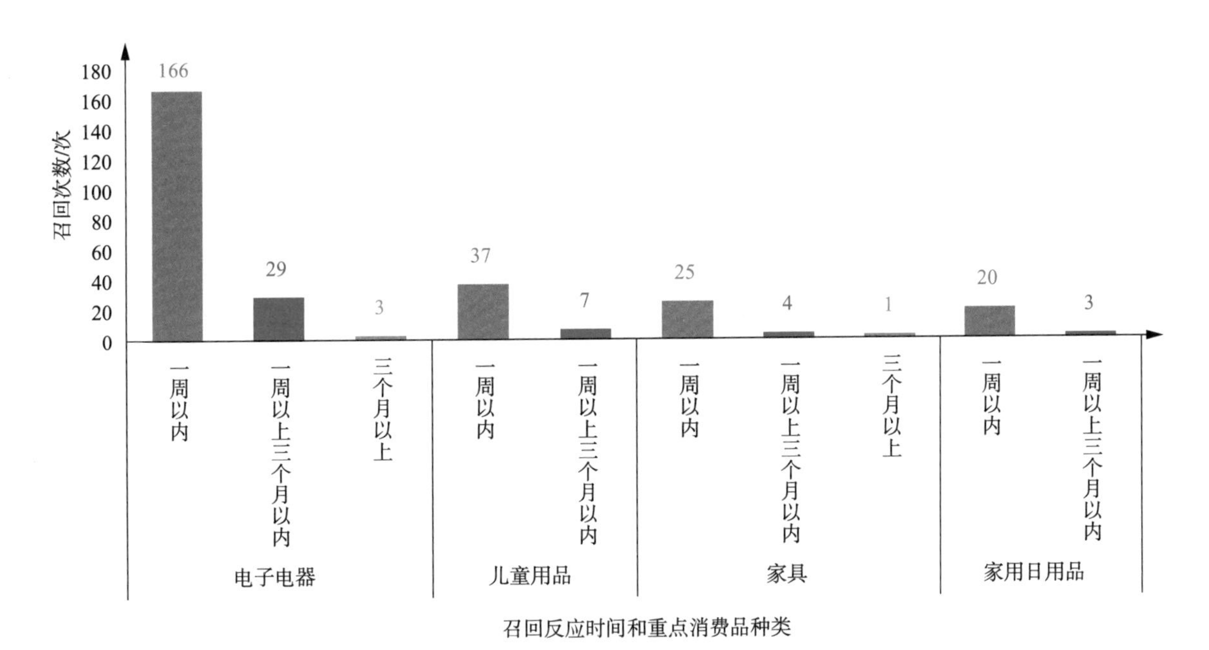

图 2.6-12　2012—2017 年日本重点消费品各种召回反应时间上的召回次数

2.7　事故报告情况

2012—2017 年，5 个国家/地区在所有的召回通报中，收到事故报告的召回次数占总召回次数的 9%，未收到报告的召回次数占总召回次数的 77%，无法确定是否收到报告（标记为不详）的召回次数占总召回次数的 14%，具体比例如图 2.7-1 所示。

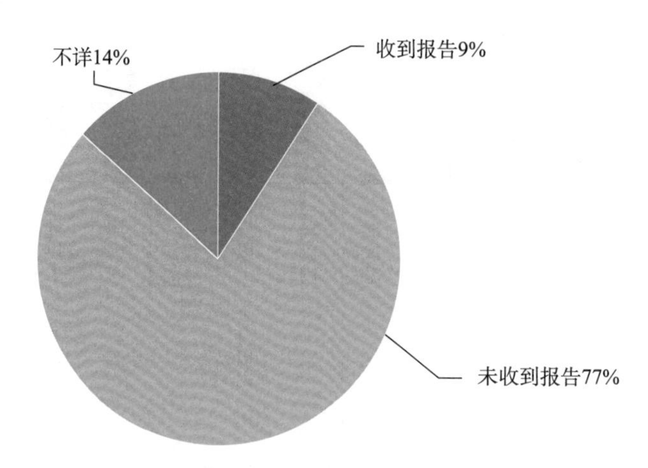

图 2.7-1　2012—2017 年 5 个国家/地区是否收到报告的消费品召回次数对比

2012—2017 年，在 5 个国家/地区中，美国和加拿大、日本所有的召回通报中，收到事故报告的召回数量占总召回数量的 58%，未收到报告的召回数量占总召回数量的 38%，无法确定是否收到报告（标记为不详）的召回数量占总召回数量的 4%，具体比例如图 2.7-2 所示。欧盟、澳大利亚的召回数量不详，不做分析。

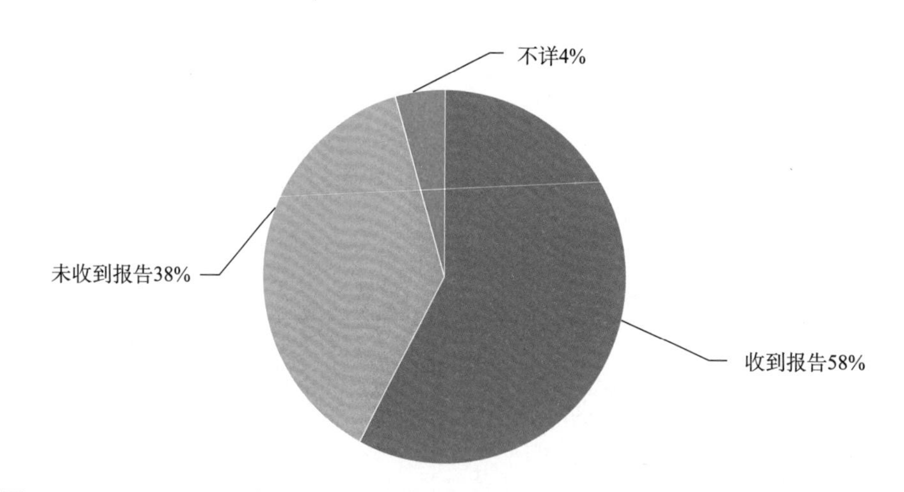

图 2.7-2　2012—2017 年美国和加拿大、日本是否收到报告的消费品召回数量对比

5 个国家/地区实施召回的消费品中，是否收到事故报告的召回次数分布情况如图 2.7-3所示。统计数据表明，美国和加拿大收到事故报告的召回次数比未收到事故报告的召回次数多，欧盟绝大部分召回为未收到事故报告的召回，澳大利亚和日本的事故报告情况为不详。

2012—2017 年，5 个国家/地区实施召回的消费品中，是否收到事故报告的召回次数在各个年度的分布情况如图 2.7-4 所示。统计数据表明，各个年度的召回中，未收到事故报告的召回次数最多。

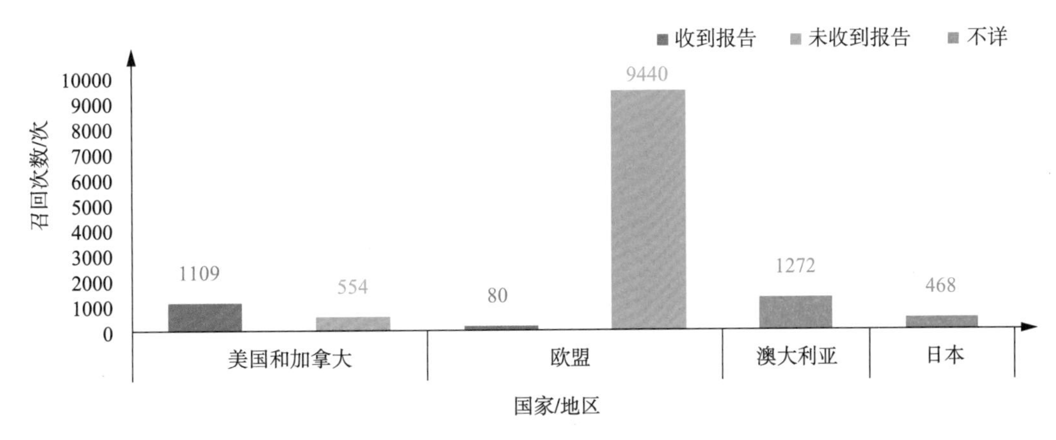

图 2.7-3　5 个国家/地区是否收到报告的消费品召回次数对比

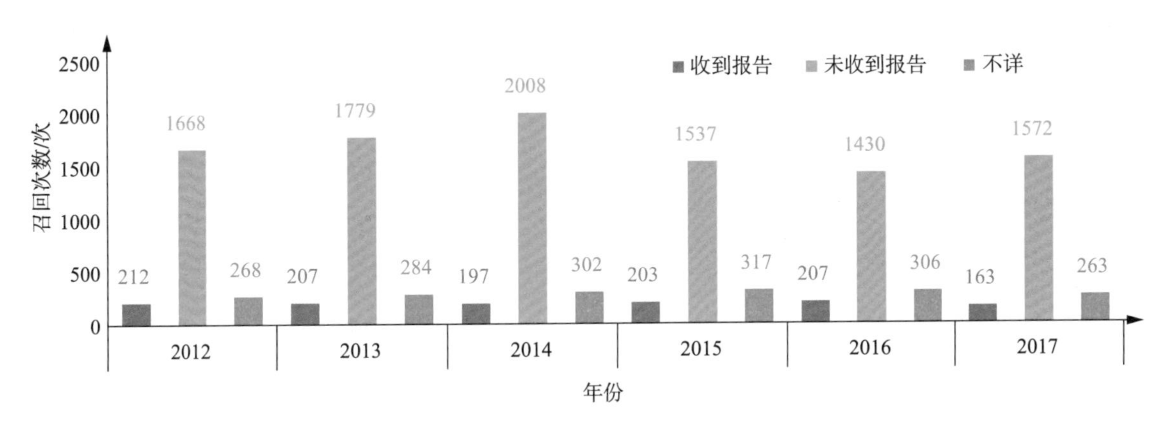

图 2.7-4　2012—2017 年 5 个国家/地区各个年度是否收到报告的消费品召回次数对比

2.7.1　美国和加拿大

2012—2017 年，在美国和加拿大实施的所有召回的消费品中，收到事故报告的召回次数占总召回次数 67%，未收到报告的召回次数占总召回次数的 33%，具体比例如图 2.7-5 所示。

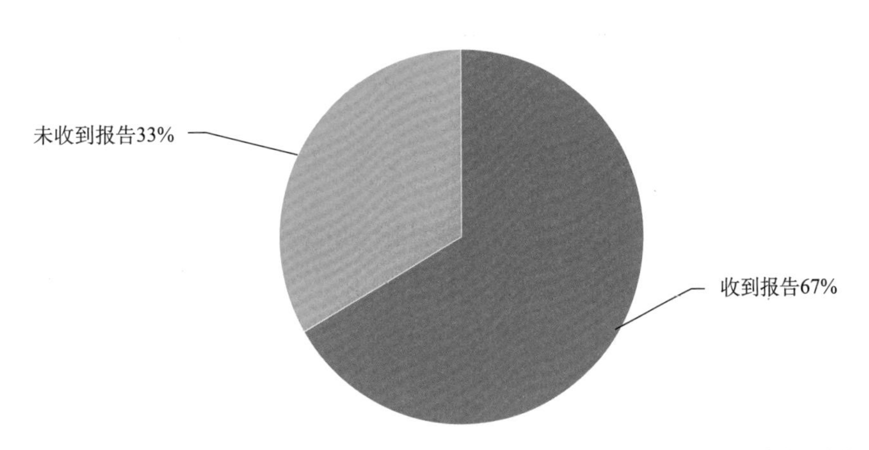

图 2.7-5　2012—2017 年美国和加拿大是否收到报告的消费品召回次数对比

2012—2017 年，在美国和加拿大实施的所有召回的消费品中，收到事故报告的召回数量占总召回数量的 60%，未收到报告的召回数量占总召回数量的 40%，具体比例如图 2.7-6所示。

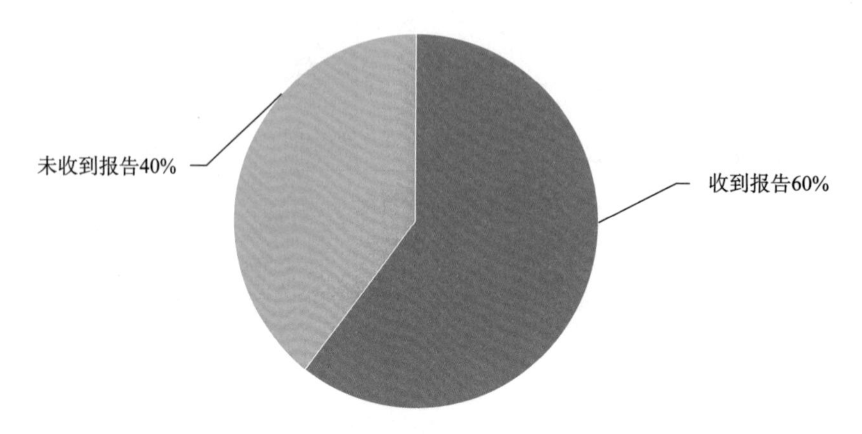

图 2.7-6　2012—2017 年美国和加拿大是否收到报告的消费品召回数量对比

美国和加拿大实施召回的消费品中，是否收到事故报告的召回次数在各个年度的分布情况如图 2.7-7 所示。统计数据表明，美国和加拿大各个年度实施的召回中，收到事故报告的召回次数都要大于未收到事故报告的召回次数。

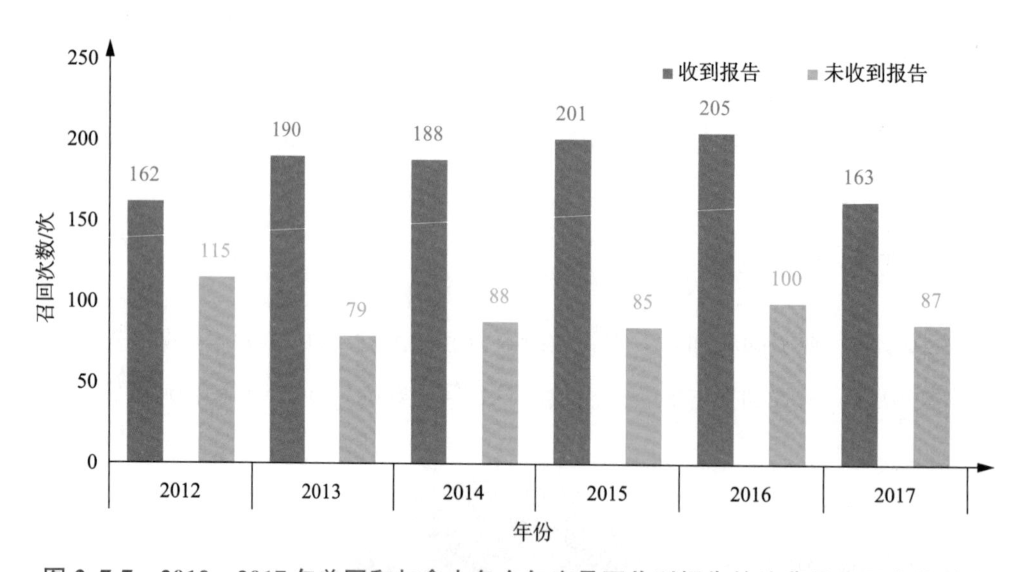

图 2.7-7　2012—2017 年美国和加拿大各个年度是否收到报告的消费品召回次数对比

美国和加拿大在各个年度实施召回的消费品中，是否收到事故报告的召回数量分布情况如图 2.7-8 所示。统计数据表明，2012 年和 2016 年，美国和加拿大实施的召回中未收到事故报告的召回数量要大于收到事故报告的召回数量，其他年份则相反。

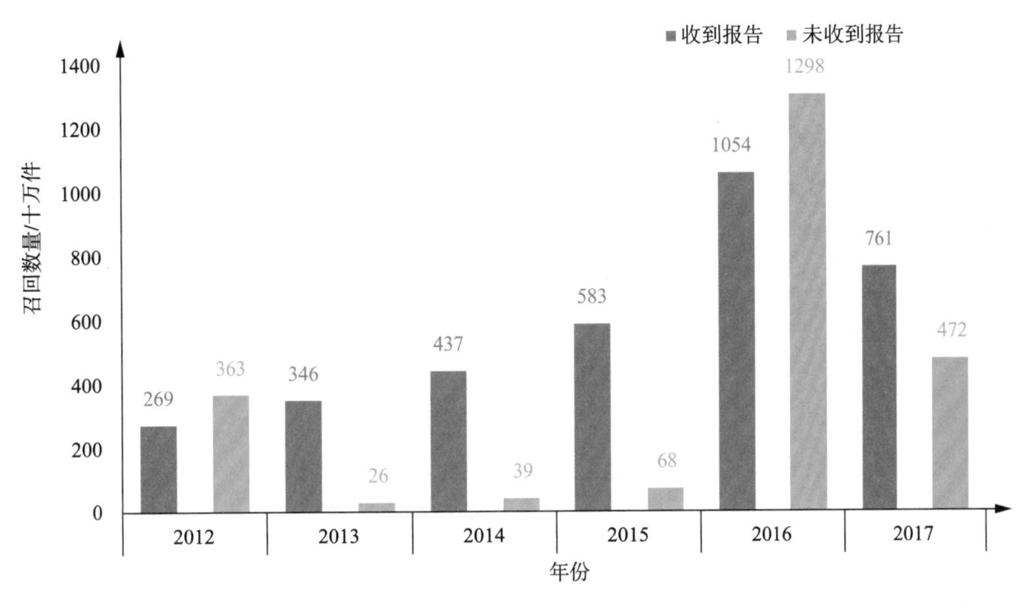

图 2.7-8　2012—2017 年美国和加拿大各个年度是否收到报告的消费品召回数量对比

2012—2017 年，美国和加拿大实施召回的重点消费品中，收到事故报告和未收到事故报告的召回次数对比情况如图 2.7-9 所示。统计数据表明，电子电器、儿童用品、家具和家用日用品召回中，收到事故报告的召回次数均大于未收到事故报告的召回次数。

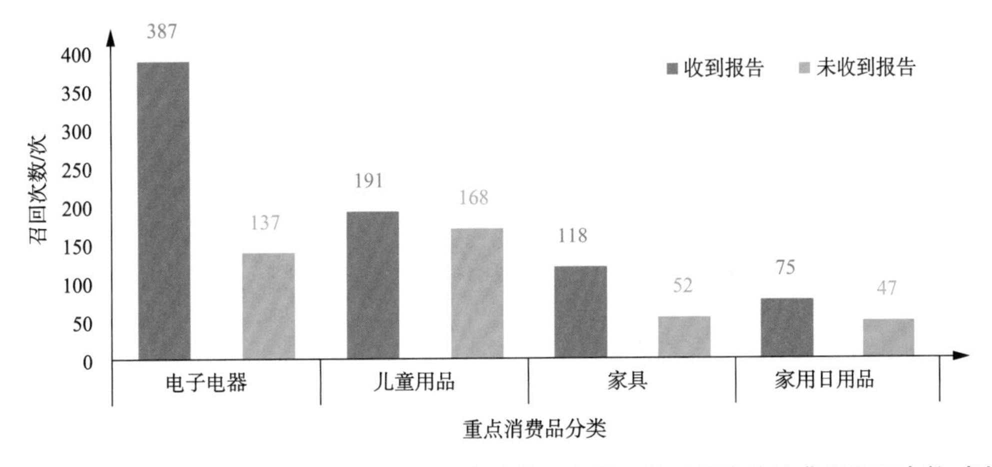

图 2.7-9　2012—2017 年美国和加拿大重点消费品中是否收到报告的消费品召回次数对比

2012—2017 年，美国和加拿大实施召回的重点消费品中，收到事故报告和未收到事故报告的召回数量对比情况如图 2.7-10 所示。统计数据表明，电子电器、儿童用品、家具召回中，收到事故报告的召回数量均大于未收到事故报告的召回数量，而家用日用品召回消费品的召回情况正好相反。

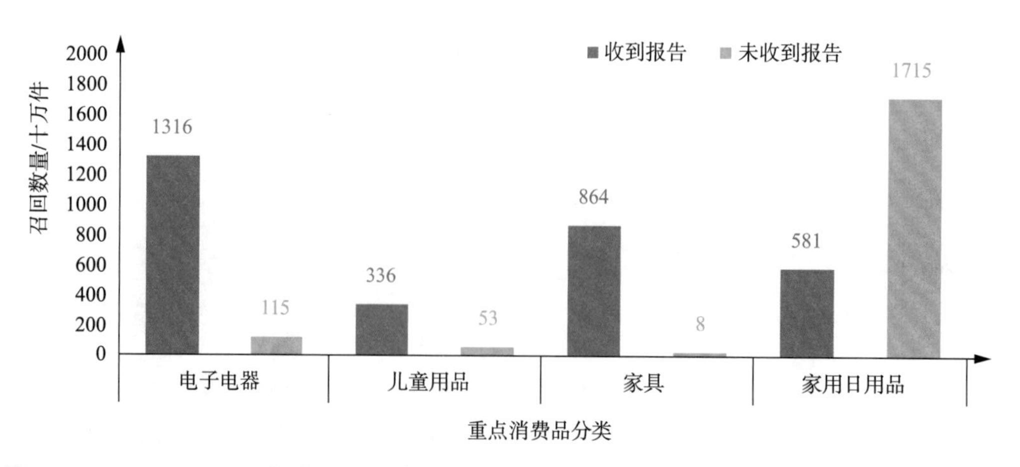

图 2.7-10　2012—2017 年美国和加拿大重点消费品中是否收到报告的消费品召回数量对比

2.7.2　欧盟

2012—2017 年，欧盟实施的所有召回中，收到事故报告的召回次数占总召回次数的 1%，未收到报告的召回次数占总召回次数的 99%，具体比例如图 2.7-11 所示。

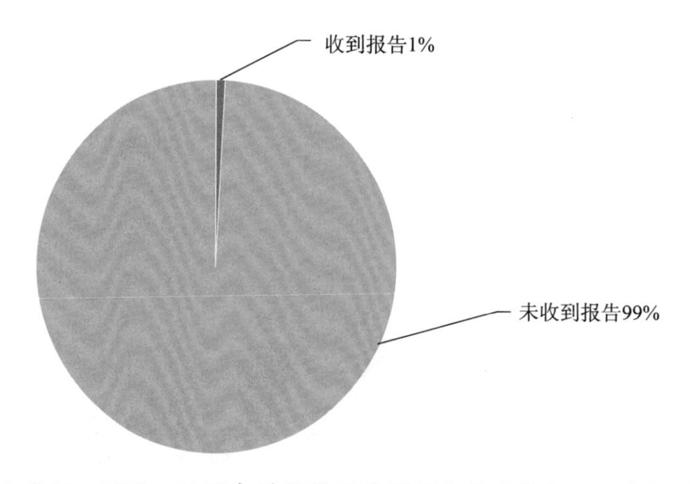

图 2.7-11　2012—2017 年欧盟是否收到报告的消费品召回次数对比

欧盟在各个年度实施的消费品召回中，是否收到事故报告的召回次数分布情况如图 2.7-12所示。统计数据表明，欧盟各个年度实施的召回中，未收到事故报告的召回次数都要大于收到事故报告的召回次数。

2012—2017 年，欧盟实施的重点消费品召回中，收到事故报告和未收到事故报告的召回次数对比情况如图 2.7-13 所示。统计数据表明，电子电器、儿童用品、家具和家用日用品召回中，未收到事故报告的召回次数均大于收到事故报告的召回次数。

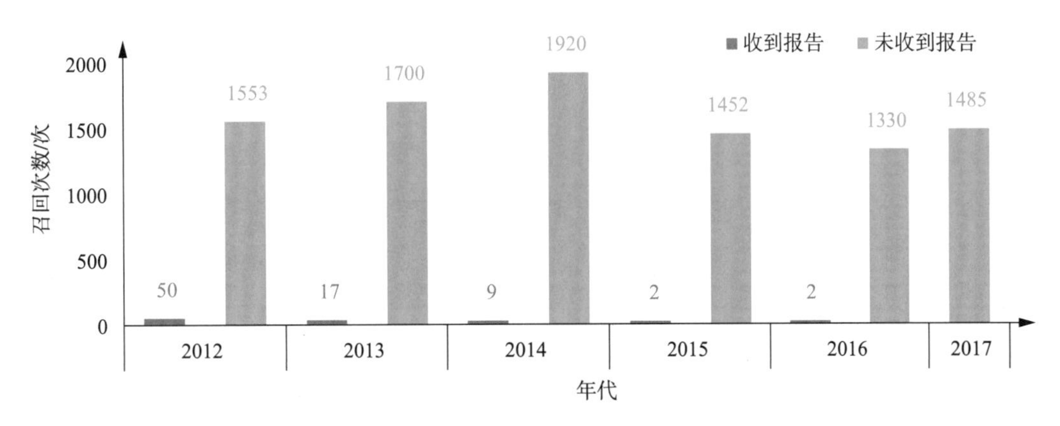

图 2.7-12　2012—2017 年欧盟各个年度是否收到报告的消费品召回次数对比

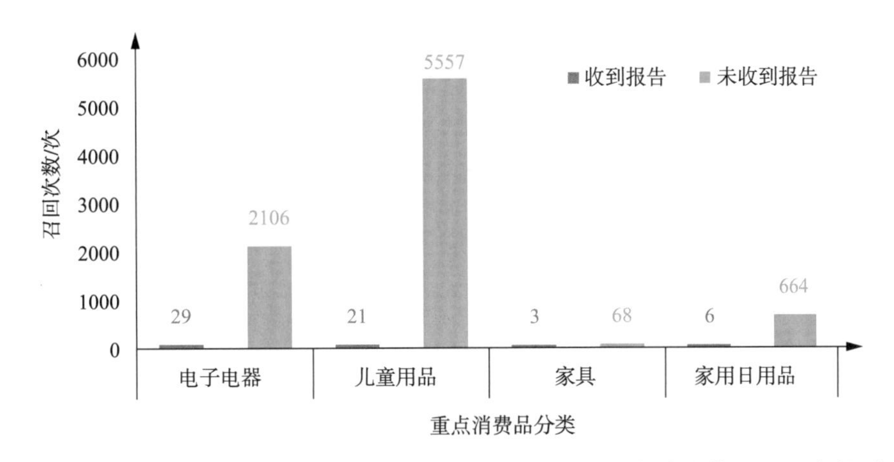

图 2.7-13　2012—2017 年欧盟重点消费品中是否收到报告的消费品召回次数对比

2.7.3　澳大利亚

2012—2017 年，澳大利亚召回消费品的事故报告情况全部为不详。

2.7.4　日本

2012—2017 年，日本召回消费品的事故报告情况全部为不详。

2.8　其他

本书将生产时间跨度定义为召回实施时间到生产开始时间的时间跨度。2012—2017 年，5 个国家/地区实施的所有消费品召回通报中，有生产时间信息的召回次数仅占总召回次数的 1.37%，生产时间信息不详的召回次数占比为 98.63%，具体比例如图 2.8-1 所示。

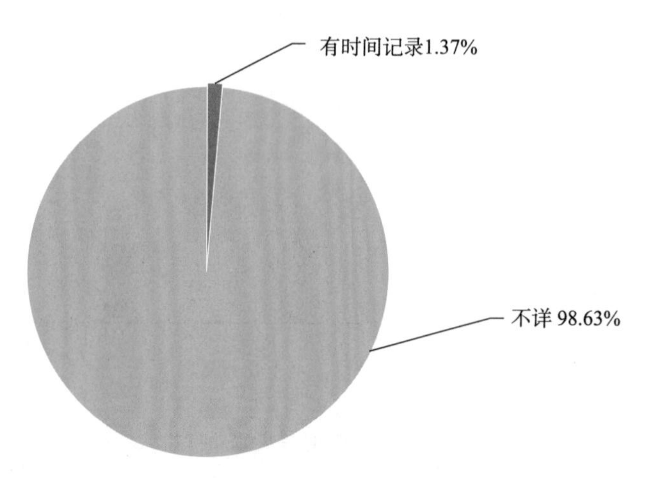

图 2.8-1　2012—2017 年 5 个国家/地区有/无生产时间信息的召回次数对比

2012—2017 年，在 5 个国家/地区中，美国和加拿大、日本实施的所有消费品召回通报中，有生产时间信息的召回数量仅占总召回数量的 2.68%，生产时间信息不详的召回数量占比为 97.32%，具体比例如图 2.8-2 所示。欧盟、澳大利亚的召回数量不详，不做分析。

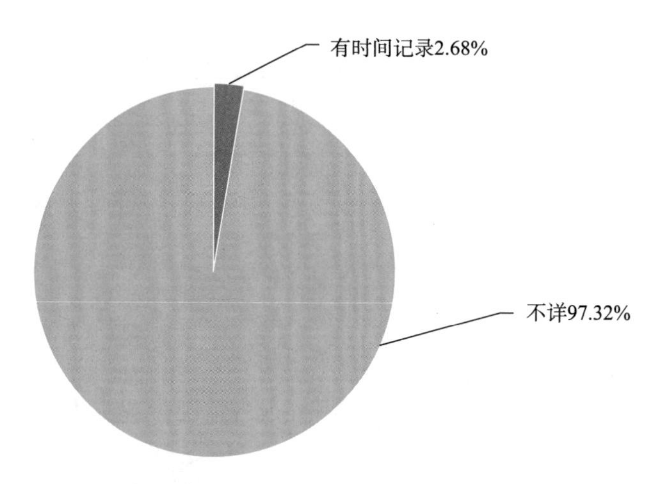

图 2.8-2　2012—2017 年美国和加拿大、日本有/无生产时间信息的召回数量对比

2012—2017 年，5 个国家/地区实施的所有召回的消费品中，生产时间跨度在召回次数和召回数量上的分布情况如图 2.8-3和图 2.8-4 所示。欧盟、澳大利亚的召回数量不详，不做分析。统计数据表明，生产时间跨度为一年以内的召回次数是 40 次，召回数量是 1.1 百万件；生产时间跨度为一年以上三年以内的召回次数是 51 次，召回数量是 1.4 百万件；生产时间跨度为三年以上五年以内的召回次数是 23 次，召回数量是 1 百万件；生产时间跨度为五年以上的召回次数是 63 次，召回数量是 12.5 百万件。

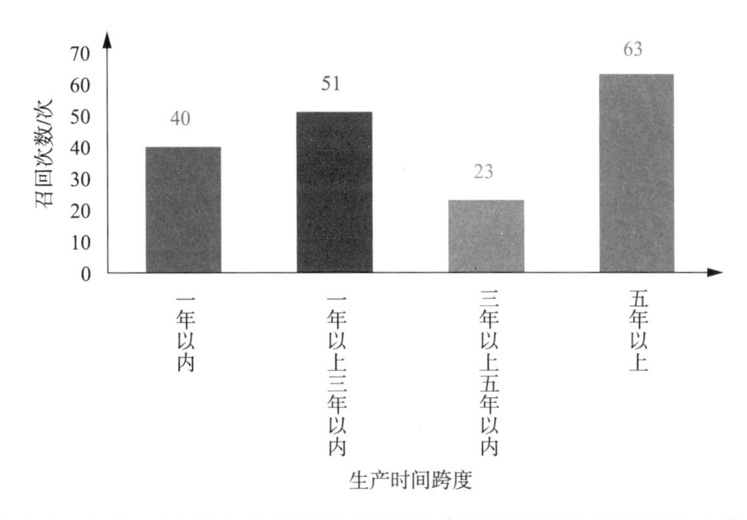

图 2.8-3 2012—2017 年 5 个国家/地区生产时间跨度在召回次数上的分布

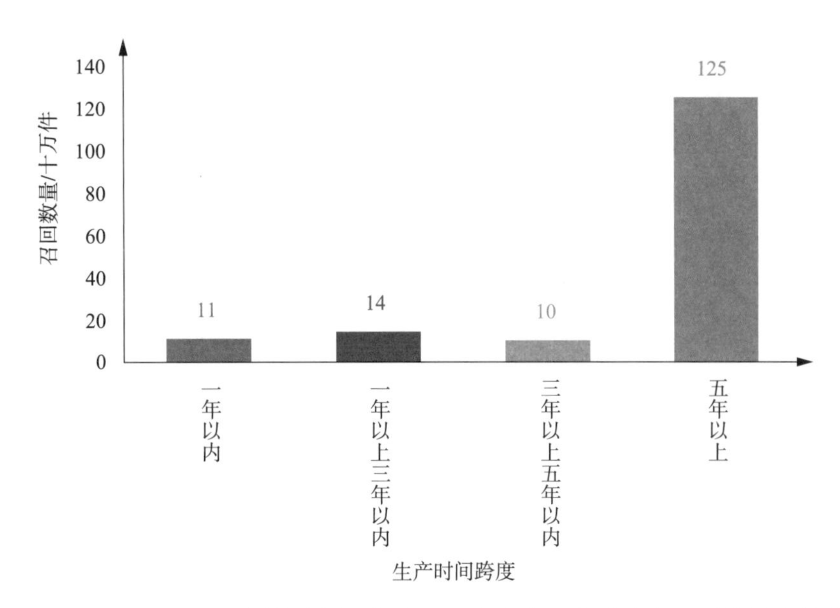

图 2.8-4 2012—2017 年美国和加拿大、日本生产时间跨度在召回数量上的分布

2012—2017 年，5 个国家/地区实施召回的消费品中，不同生产时间跨度的召回次数分布情况如图 2.8-5 所示。统计数据表明，美国和加拿大生产时间跨度为不详的召回次数有 1594 次；欧盟生产时间跨度均为不详，召回次数有 9520 次；澳大利亚生产时间跨度不详的召回次数有 1254 次；日本生产时间跨度不详的召回次数有 378 次；若不考虑生产时间跨度不详，美国和加拿大的召回产品中生产时间跨度为一年以上三年以内的召回次数最多，澳大利亚和日本的召回产品中生产时间跨度为五年以上的召回次数最多。

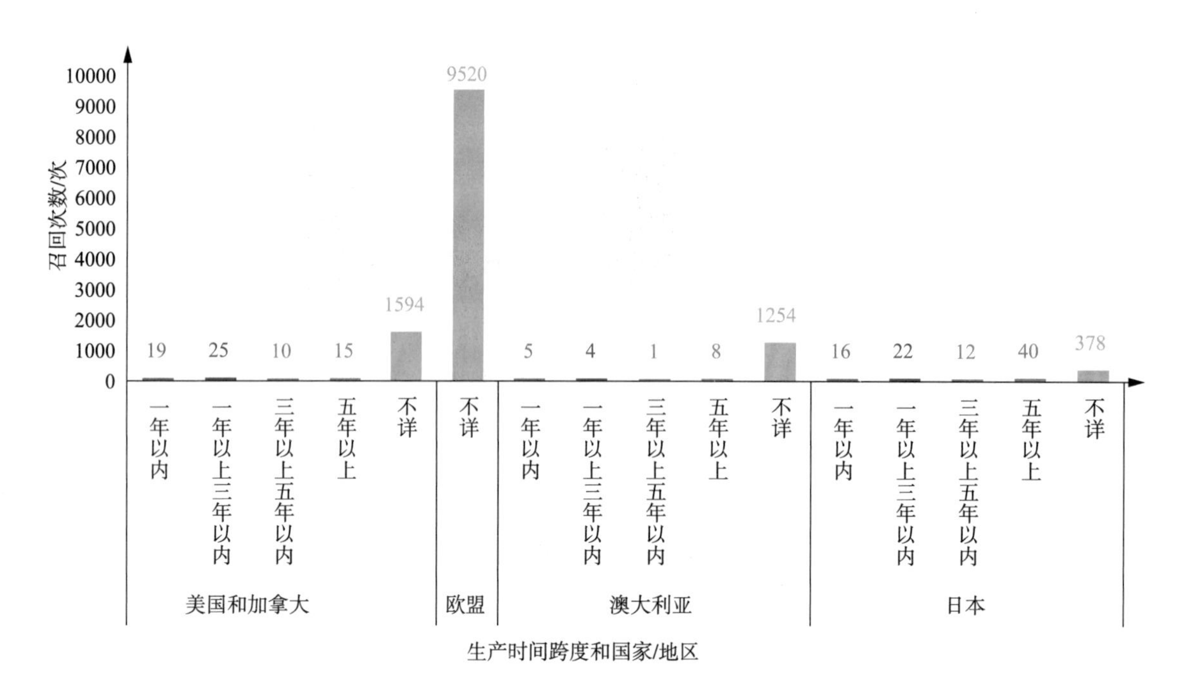

图 2.8-5　2012—2017 年 5 个国家/地区生产时间跨度在召回次数中的分布

2012—2017 年，5 个国家/地区在各个年度实施召回的消费品中，不同生产时间跨度的召回次数分布情况如图 2.8-6 所示。统计数据表明，2012—2014 年生产时间跨度不详的召回次数逐年增加，2015 年、2016 年逐年减少，2017 年又略有增长。

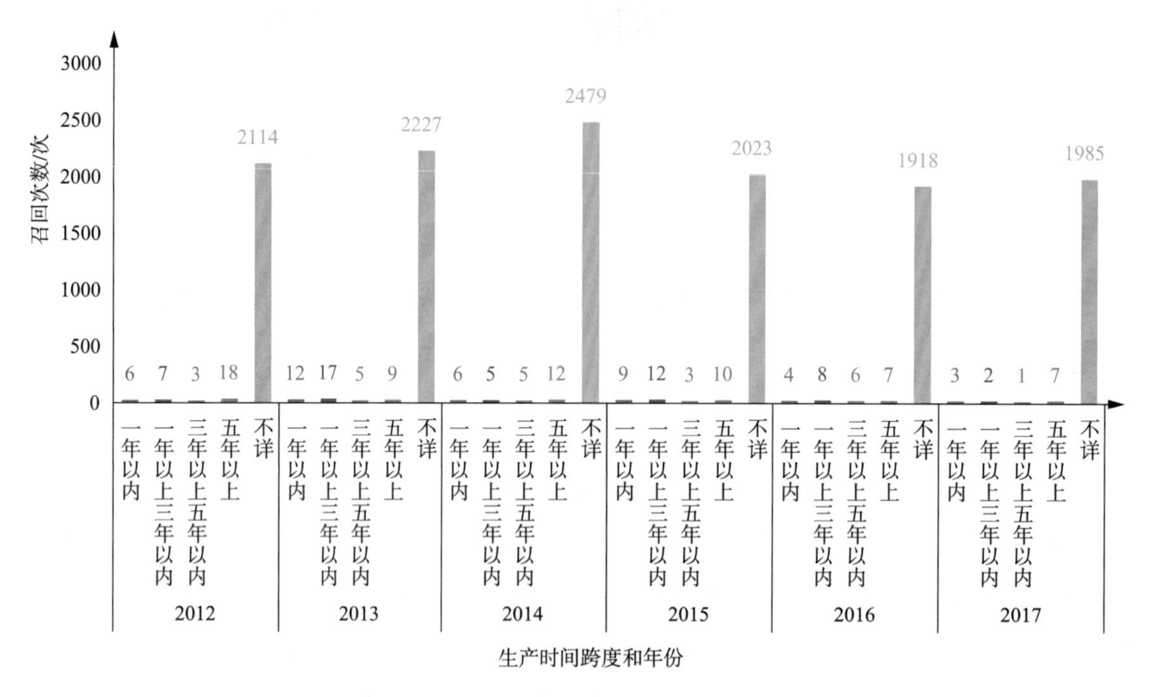

图 2.8-6　2012—2017 年 5 个国家/地区各个年度生产时间跨度在召回次数中的分布

本书将销售时间跨度定义为召回实施时间到销售开始时间的时间跨度。2012—2017 年，5 个国家/地区实施召回的消费品中，有/无销售时间信息的召回次数和召回数量分布如图

2.8-7 和图 2.8-8 所示。欧盟、澳大利亚的召回数量不详，不做分析。统计数据表明，有销售时间信息的召回次数占总召回次数的 22.66%，销售时间信息不详的召回次数占比为 77.34%；有销售时间信息的召回数量占总召回数量的 85.62%，销售时间信息不详的召回数量占比为 14.38%。

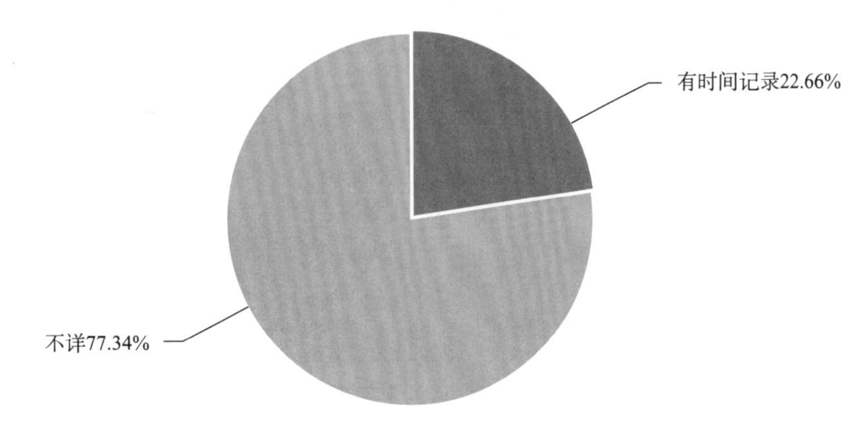

图 2.8-7　2012—2017 年 5 个国家/地区有/无销售时间信息的召回次数对比

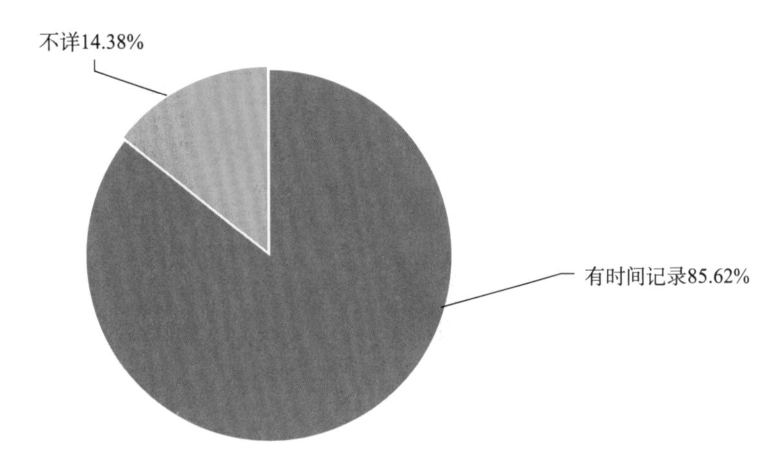

图 2.8-8　2012—2017 年美国和加拿大、日本有/无销售时间信息的召回数量对比

2012—2017 年，5 个国家/地区实施的所有召回的产品中，销售时间跨度上召回次数和召回数量的分布如图 2.8-9 和图 2.8-10 所示。欧盟、澳大利亚的召回数量不详，不做分析。统计数据表明，5 个国家/地区销售时间跨度为一年以内的召回次数是 1349 次，召回数量是 63.5 百万件；销售时间跨度为一年以上三年以内的召回次数是 894 次，召回数量是 84.3 百万件；销售时间跨度为三年以上五年以内的召回次数是 301 次，召回数量是 54.1 百万件；销售时间跨度为五年以上的召回次数是 384 次，召回数量达到 310.3 百万件。

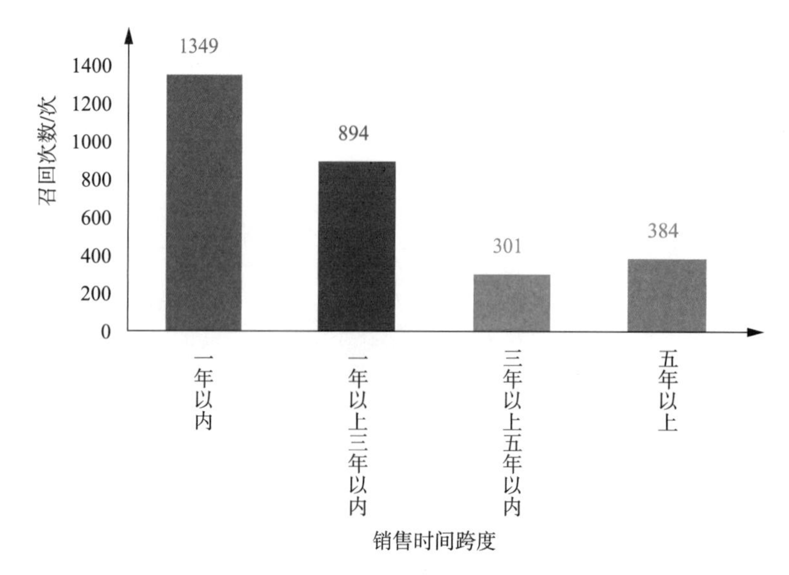

图 2.8-9　2012—2017 年 5 个国家/地区销售时间跨度上召回次数的分布

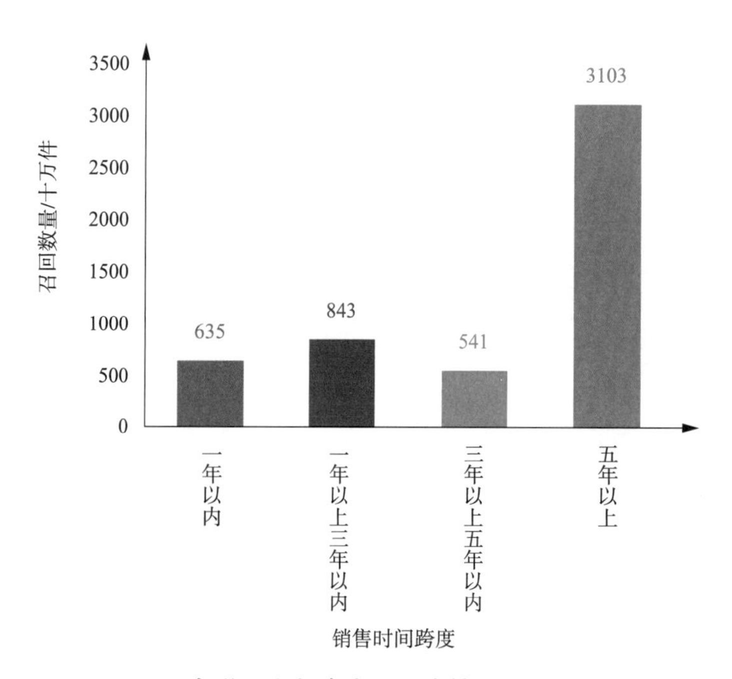

图 2.8-10　2012—2017 年美国和加拿大、日本销售时间跨度上召回数量的分布

2012—2017 年，5 个国家/地区实施召回的消费品中，不同销售时间跨度的召回次数分布情况如图 2.8-11 所示。统计数据表明，除了欧盟销售时间跨度均为不详外，其他 4 个国家/地区召回的消费品中，销售时间跨度为一年以内的召回次数均为最多。

2012—2017 年，5 个国家/地区实施召回的消费品中，各个年度不同销售时间跨度上的召回次数分布情况如图 2.8-12 所示。统计数据表明，除了销售时间跨度为不详的召回外，其他的销售时间跨度在不同年份之间差别不大。

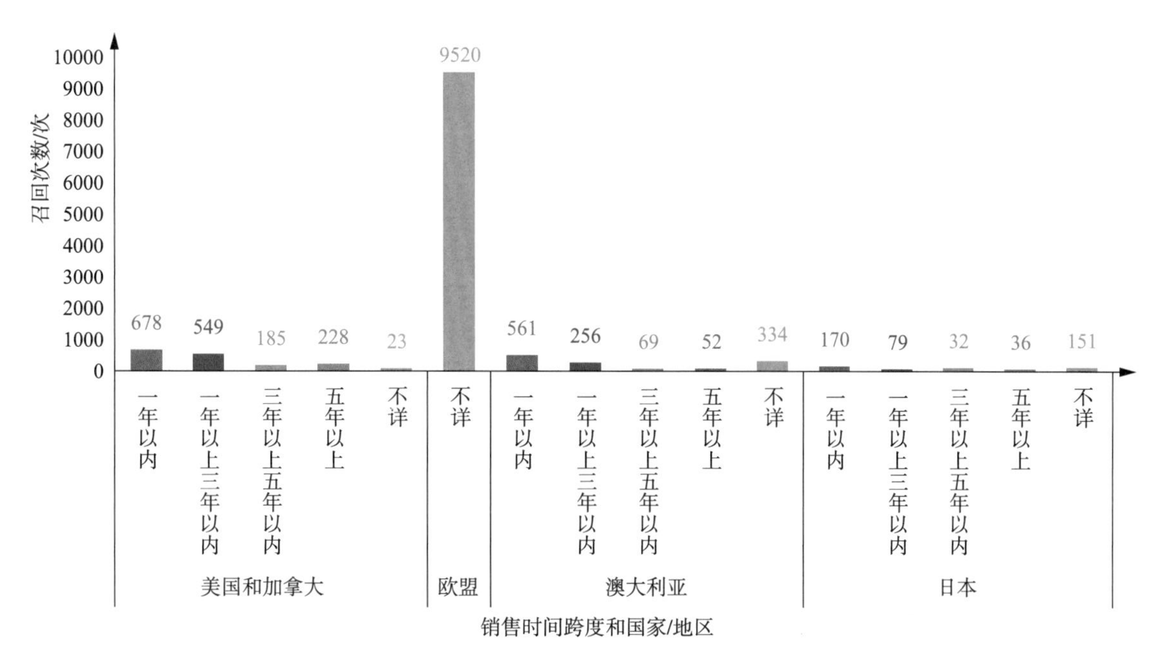

图 2.8-11　2012—2017 年 5 个国家/地区销售时间跨度上召回次数的分布

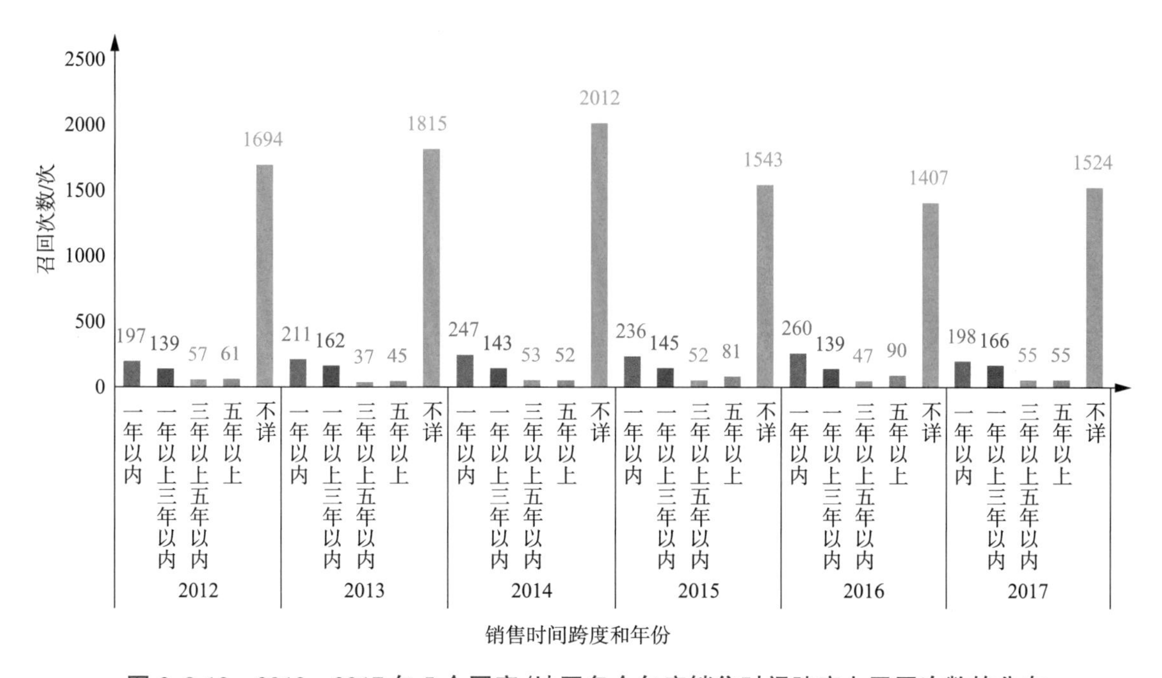

图 2.8-12　2012—2017 年 5 个国家/地区各个年度销售时间跨度上召回次数的分布

2.8.1　美国和加拿大

2012—2017 年，美国和加拿大实施召回的消费品中，有生产时间信息的召回次数仅占总召回次数的 4.15%，生产时间信息为不详的召回次数占比为 95.85%，具体比例如图 2.8-13 所示。

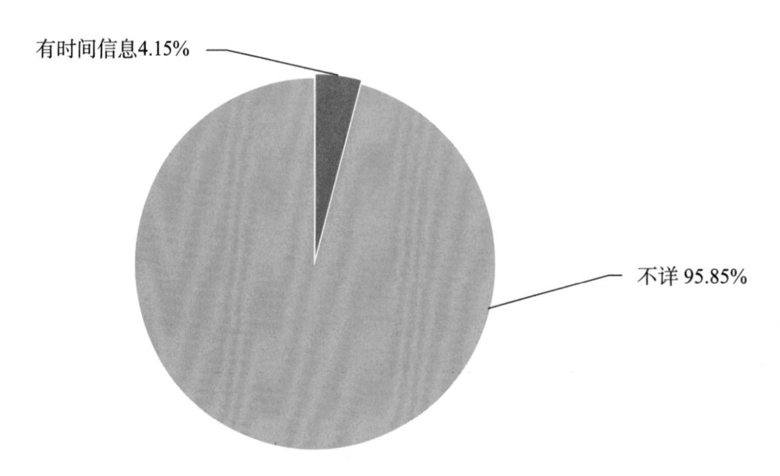

图 2.8-13　2012—2017 年美国和加拿大有/无生产时间信息的召回次数对比

美国和加拿大实施召回的消费品中，生产时间跨度上召回次数的分布情况如图 2.8-14 所示。统计数据表明，生产时间跨度为一年以上三年以内的召回次数最多，次数是 25 次，其次是一年以内、五年以上、三年以上五年以内，次数分别是 19 次、15 次和 10 次。

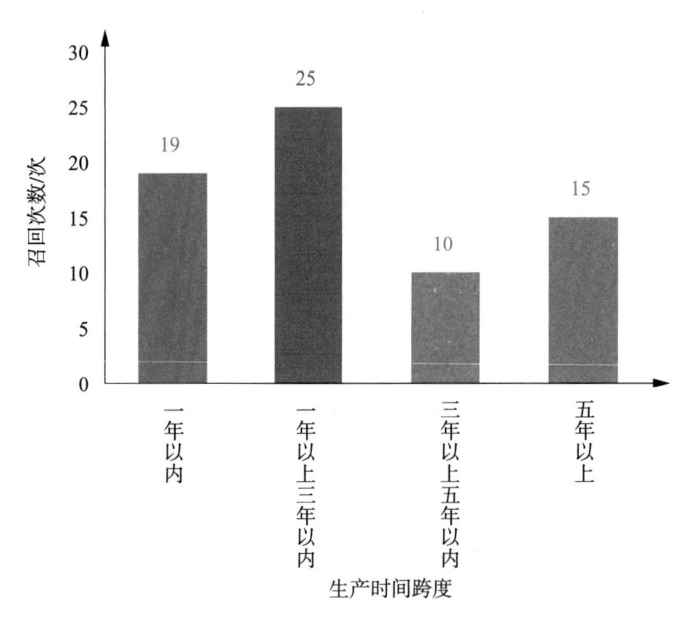

图 2.8-14　2012—2017 年美国和加拿大生产时间跨度上召回次数的分布

2012—2017 年，美国和加拿大实施召回的消费品在各个年度不同生产时间跨度的召回次数分布情况如图 2.8-15 所示。统计数据表明，2012 年和 2013 年生产时间跨度不详的召回次数在减少，2014—2016 年逐年增加，2017 年均为不详。

2012—2017 年，美国和加拿大实施召回的重点消费品在不同生产时间跨度上的召回次数分布情况如图 2.8-16 所示。统计数据表明，除了生产时间跨度为不详的召回外，电子电器和儿童用品的生产时间跨度为一年以上三年以内的召回次数最多，家具的生产时间跨度为三年以上五年以内的召回次数最多，家用日用品的生产时间跨度是五年以上的召回次数最多。

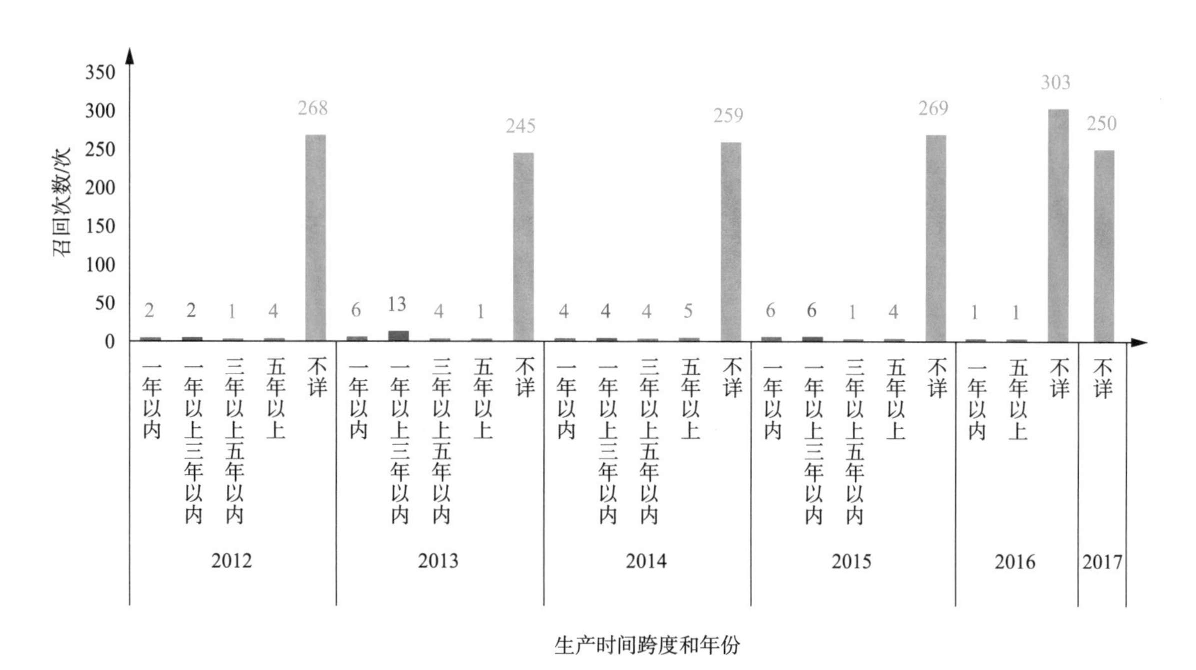

图 2.8-15　2012—2017 年美国和加拿各个年度生产时间跨度上召回次数的分布

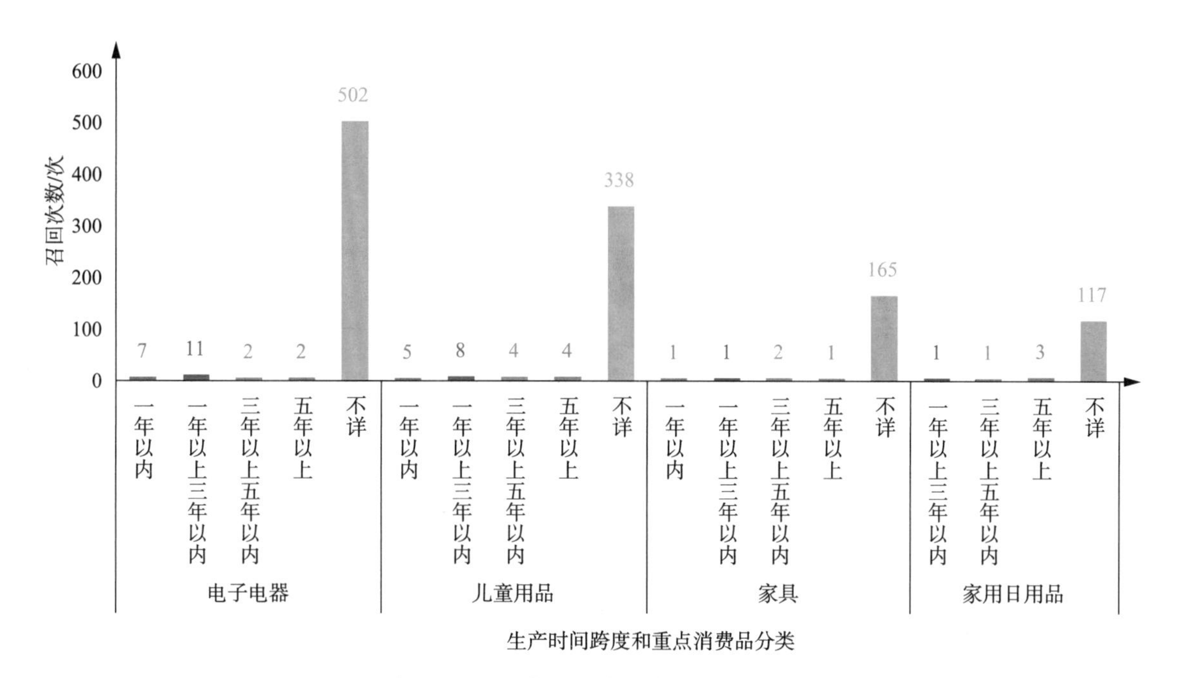

图 2.8-16　2012—2017 年美国和加拿大重点消费品生产时间跨度上召回次数的分布

2012—2017 年，美国和加拿大实施召回的重点消费品在不同生产时间跨度上的召回数量分布情况如图 2.8-17 所示。统计数据表明，除了生产时间跨度为不详的召回外，电子电器的生产时间跨度为一年以上三年以内的召回数量最多，儿童用品的生产时间跨度为一年以上三年以内、三年以上五年以内的召回数量最多，家具的生产时间跨度为三年以上五年以内、五年以上的召回数量最多，家用日用品的生产时间跨度为五年以上的召回数量最多。

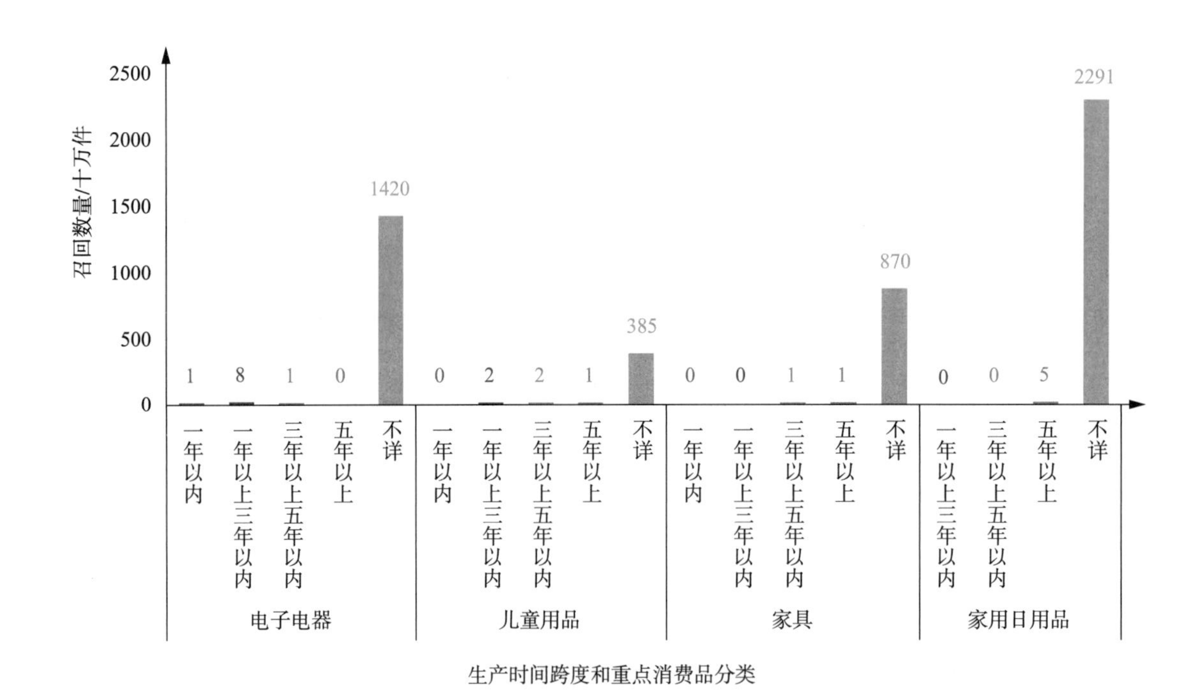

图 2.8-17　2012—2017 年美国和加拿大重点消费品生产时间跨度上召回数量的分布

2012—2017 年，美国和加拿大实施召回的非重点消费品在不同生产时间跨度上的召回次数分布情况如图 2.8-18 所示。统计数据表明，药品的生产时间跨度均为不详。除了生产时间跨度为不详的召回外，食品相关产品、文教体育用品的生产时间跨度为一年以内的召回次数最多，日用纺织品和服装、五金建材的生产时间跨度为五年以上的召回次数最多。

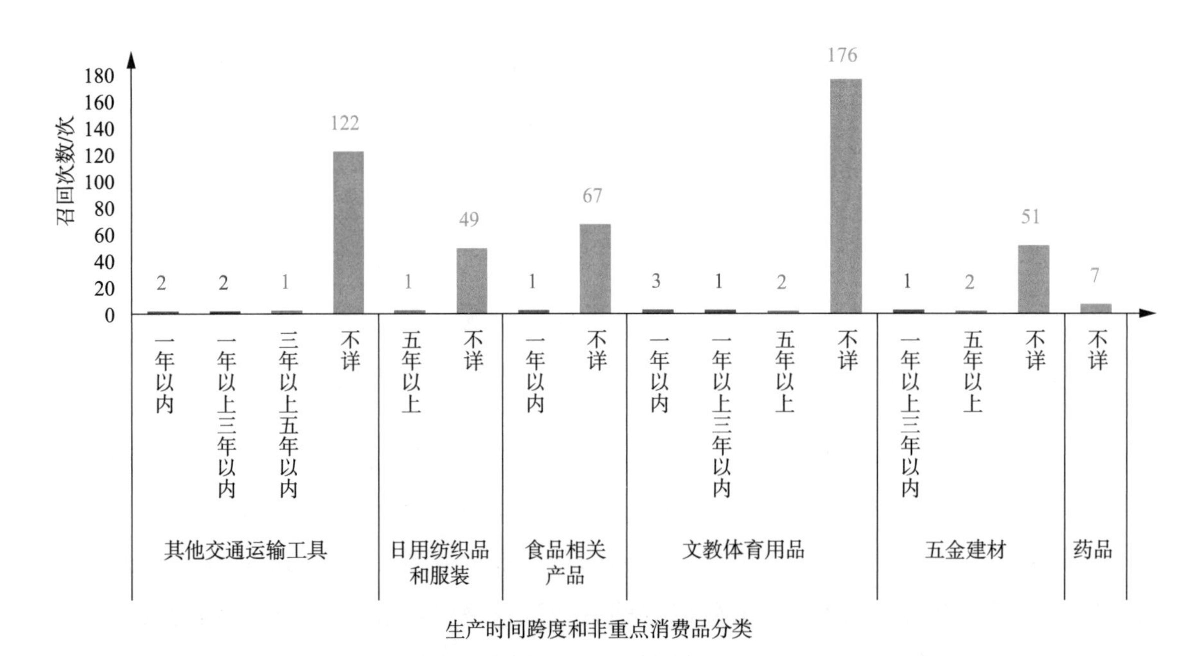

图 2.8-18　2012—2017 年美国和加拿大非重点消费品生产时间跨度在召回次数上的分布

2012—2017 年，美国和加拿大实施召回的非重点消费品在不同生产时间跨度上的召回数量分布情况如图 2.8-19 所示。统计数据表明，五金建材的生产时间跨度为五年以上的召回数量远远超过其他的非重点消费品。

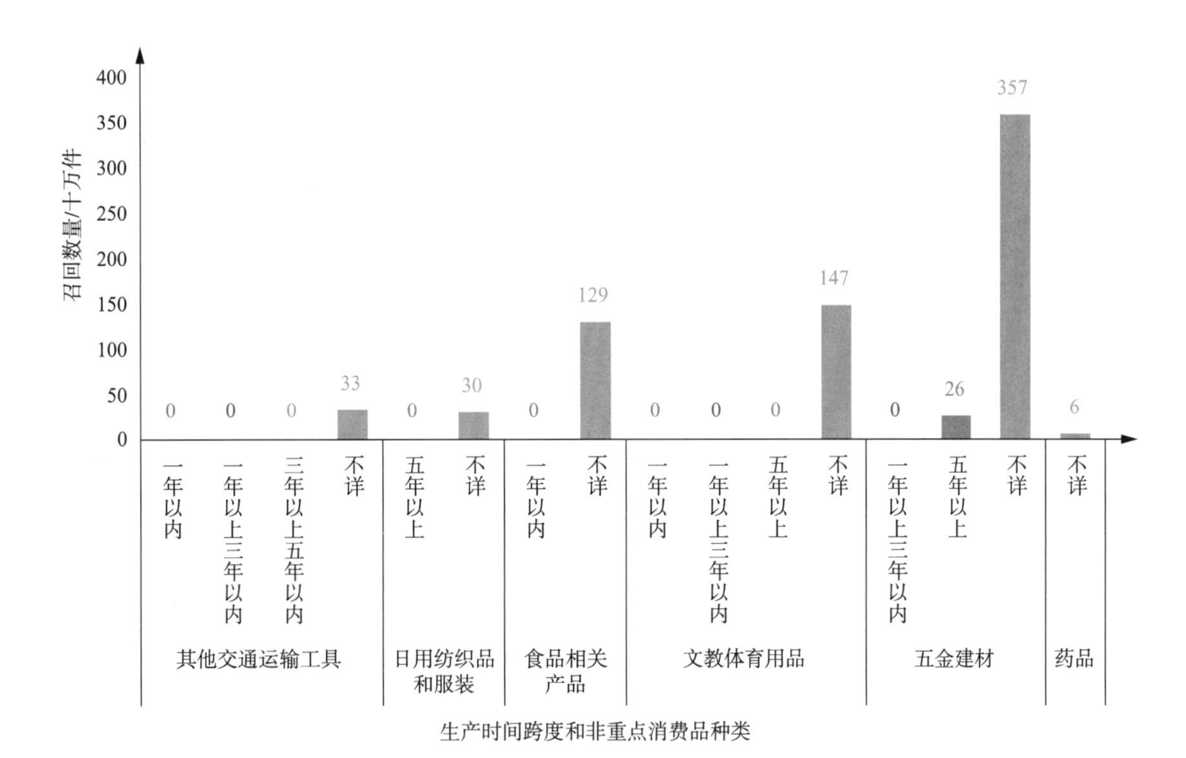

图 2.8-19　2012—2017 年美国和加拿大非重点消费品生产时间跨度上召回数量的分布

2012—2017 年，美国和加拿大实施召回的消费品中，有销售时间信息的召回次数占总召回次数的 98.62%，销售时间信息不详的召回次数的占比为 1.38%，具体分布如图 2.8-20 所示。

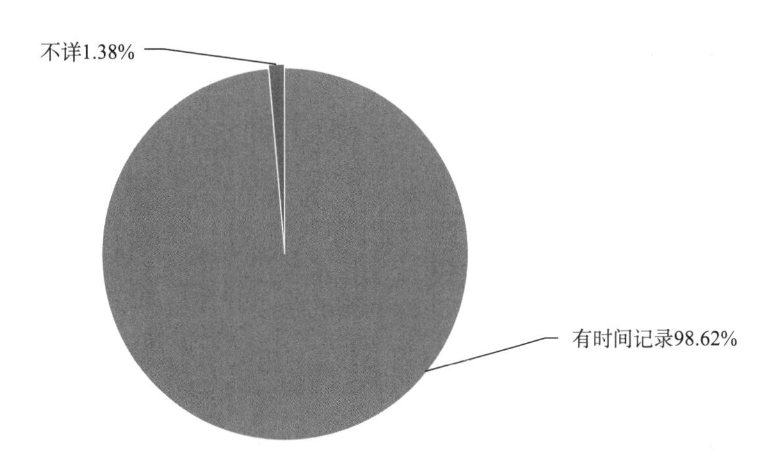

图 2.8-20　2012—2017 年美国和加拿大有/无销售时间信息的召回次数对比

2012—2017 年，美国和加拿大实施召回的消费品中，销售时间跨度上召回次数的分布情况如图 2.8-21所示。统计数据表明，销售时间跨度为一年以内的召回次数最多，次数是

678 次，其次是一年以上三年以内、五年以上、三年以上五年以内，次数分别是 549 次、228 次、185 次。

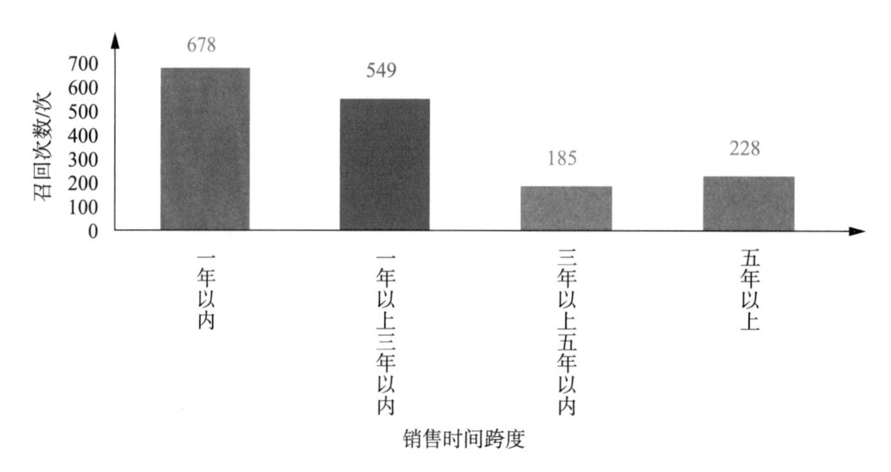

图 2.8-21　2012—2017 年美国和加拿大销售时间跨度上召回次数的分布

2012—2017 年，美国和加拿大实施召回的消费品中，各个年度不同销售时间跨度的召回次数分布情况如图 2.8-22 所示。统计数据表明，不同销售时间跨度的召回次数在各年份之间差别不大。

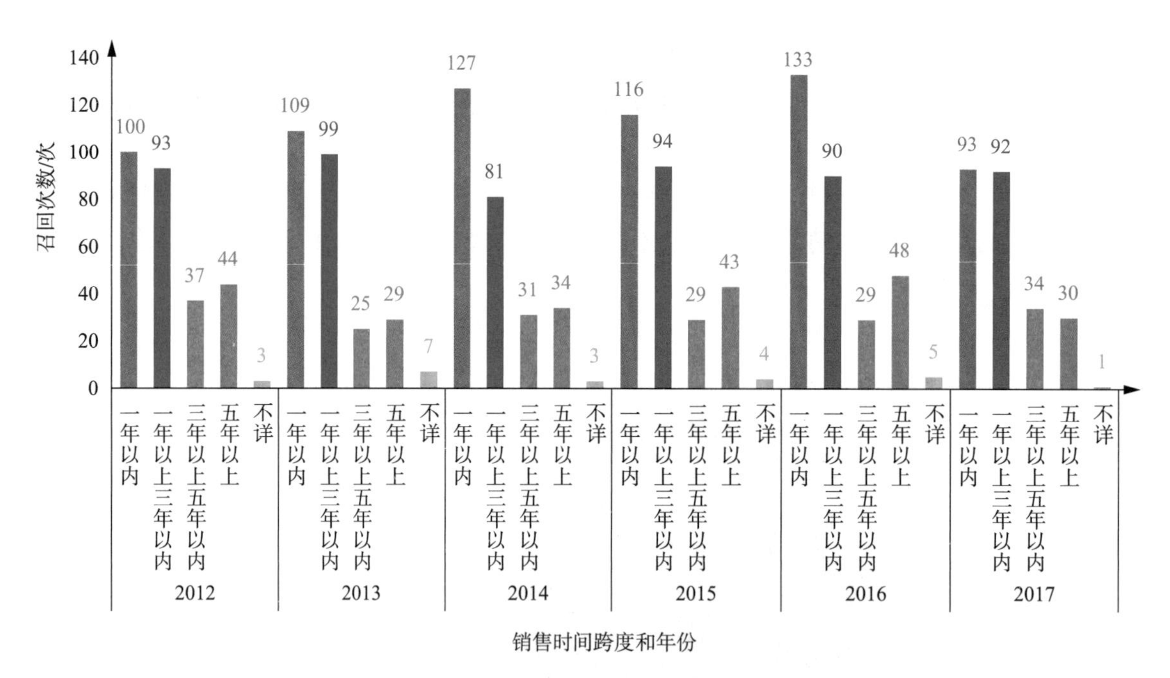

图 2.8-22　2012—2017 年美国和加拿大各个年度的销售时间跨度上召回次数的分布

2012—2017 年，美国和加拿大实施召回的重点消费品中，不同销售时间跨度上对应的召回次数分布情况如图 2.8-23 所示。统计数据表明，电子电器、儿童用品、家具和家用日用品召回中，销售时间跨度在一年以内的召回次数最多，其次是一年以上三年以内。

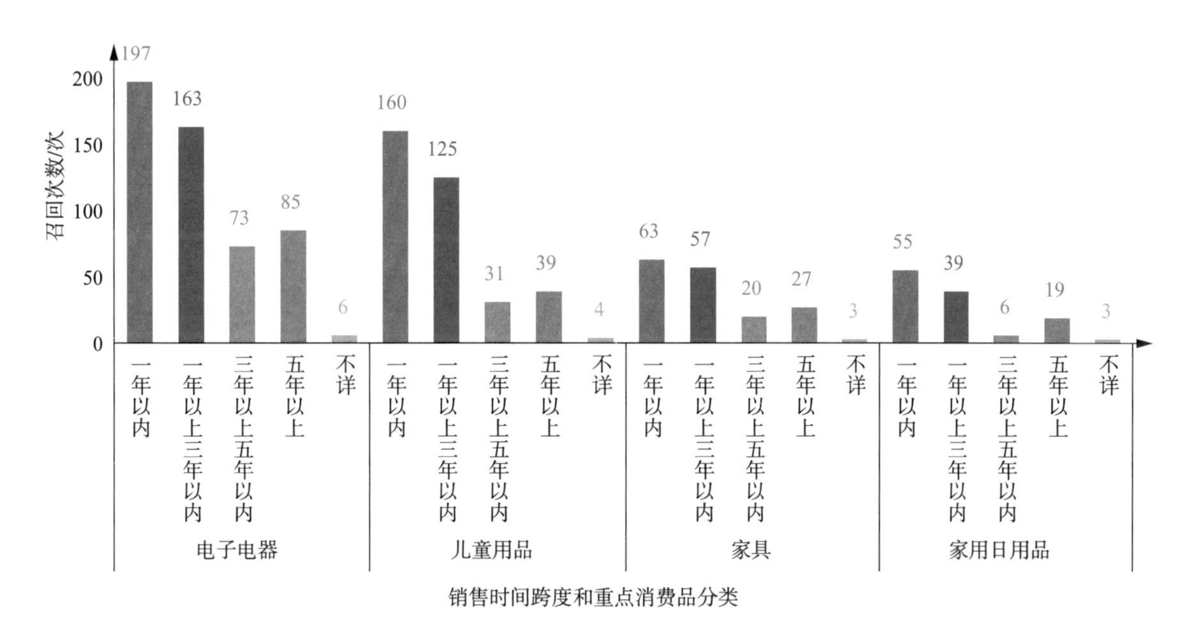

图 2.8-23　2012—2017 年美国和加拿大重点消费品销售时间跨度上召回次数的分布

2012—2017 年，美国和加拿大实施召回的重点消费品中，不同销售时间跨度上对应的召回数量分布情况如图 2.8-24 所示。统计数据表明，电子电器、儿童用品、家具和家用日用品召回中，销售时间跨度在五年以上的召回数量最多。

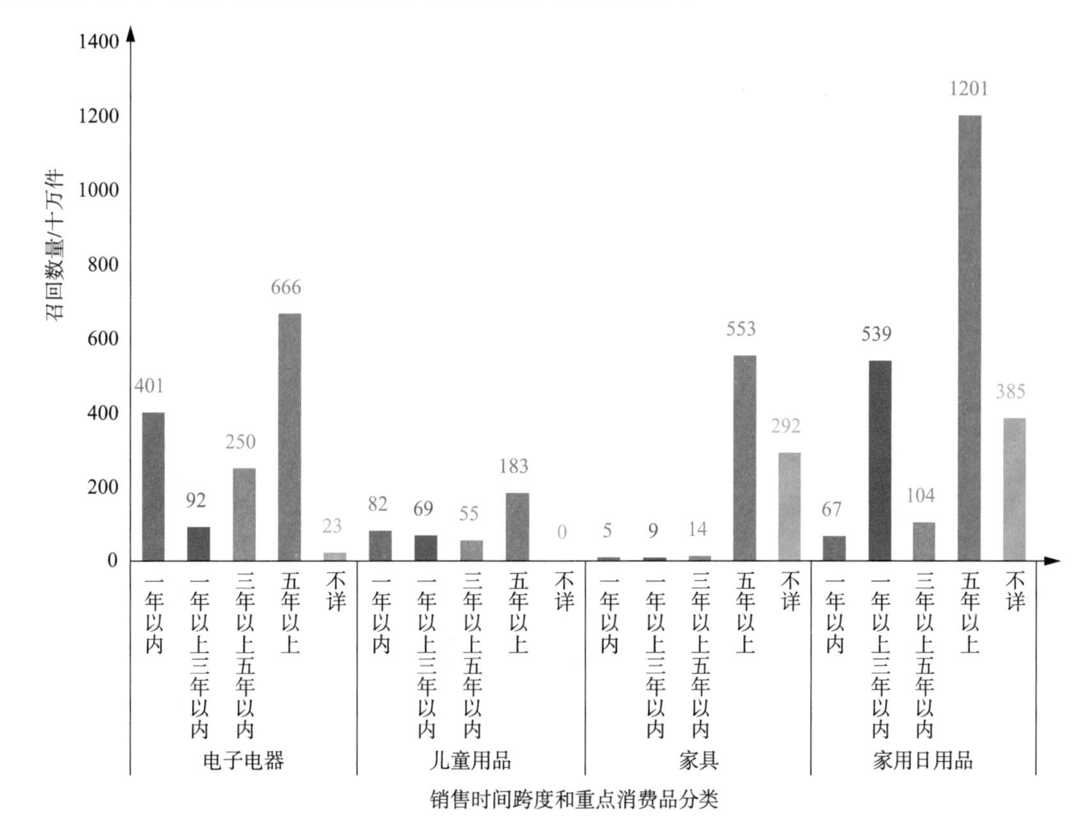

图 2.8-24　2012—2017 年美国和加拿大重点消费品销售时间跨度上召回数量的分布

2012—2017 年，美国和加拿大实施召回的非重点消费品中，不同销售时间跨度上对应的召回次数分布情况如图 2.8-25 所示。统计数据表明，其他交通运输工具、日用纺织品和服装的销售时间跨度是一年以上三年以内的召回次数最多，其余非重点消费品的销售时间跨度均是一年以内的召回次数最多。

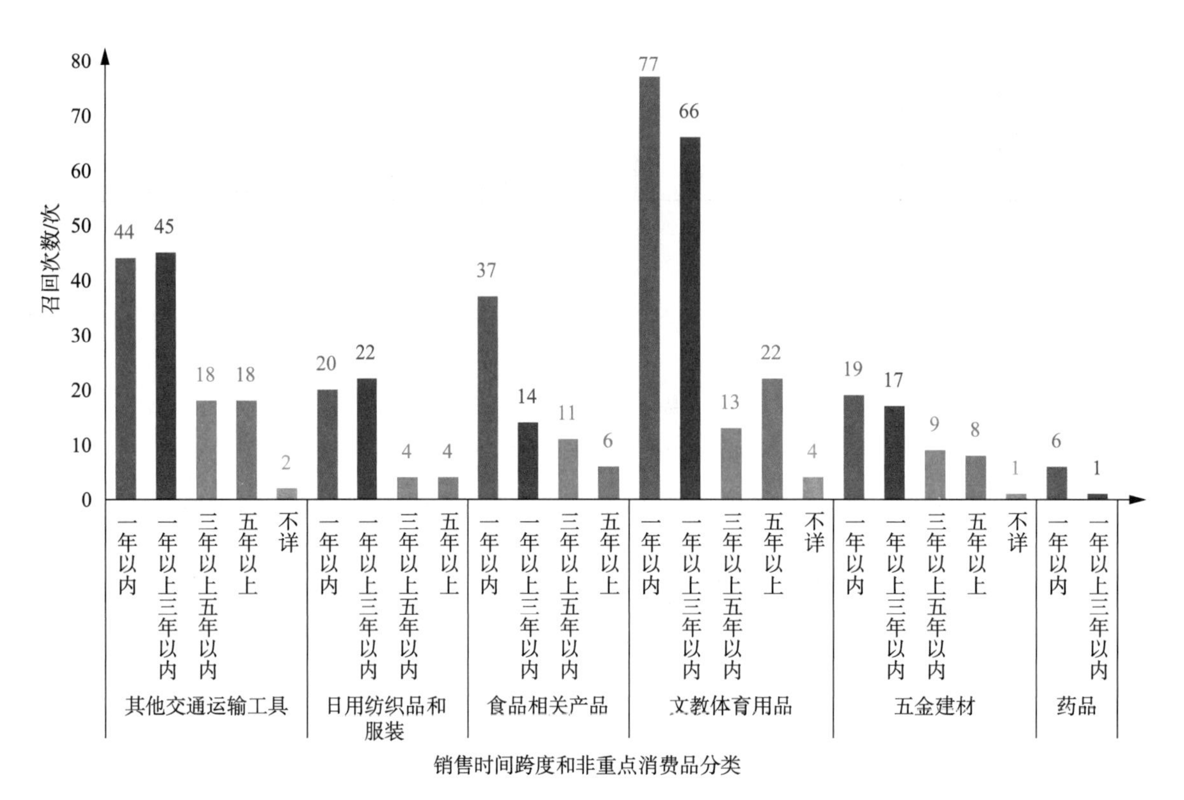

图 2.8-25　2012—2017 年美国和加拿大非重点消费品销售时间跨度上召回次数的分布

2012—2017 年，美国和加拿大实施召回的非重点消费品中，不同销售时间跨度上对应的召回数量分布情况如图 2.8-26 所示。统计数据表明，五金建材的销售时间跨度是五年以上的召回数量远远超过其他的非重点消费品。

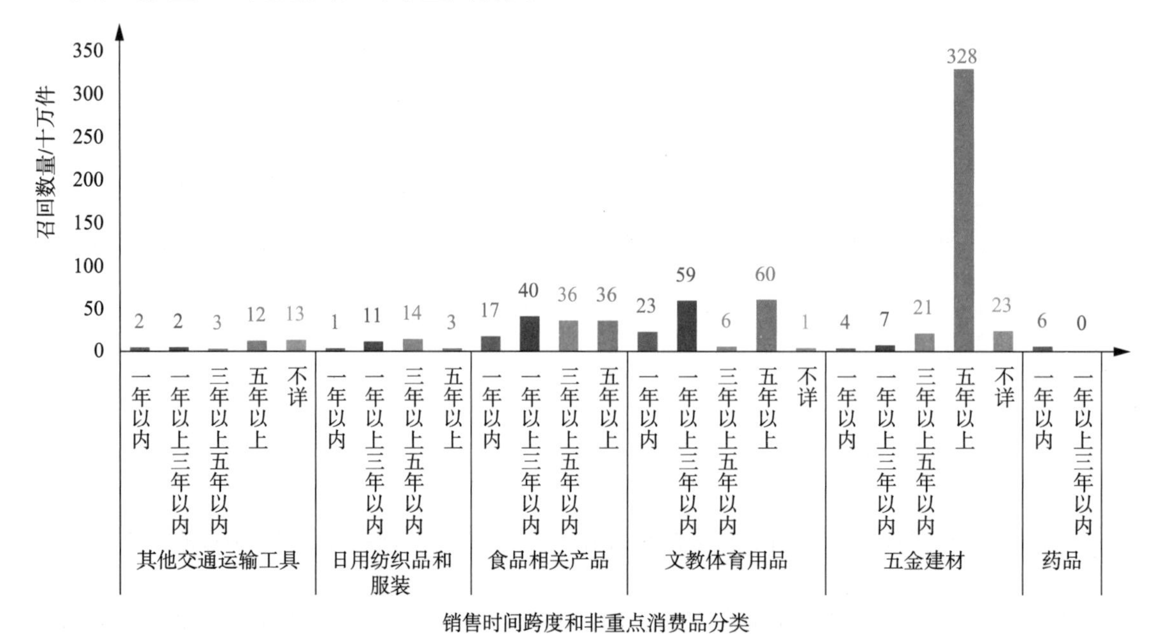

图 2.8-26　2012—2017 年美国和加拿大非重点消费品销售时间跨度上召回数量的分布

2.8.2 欧盟

欧盟的召回通报中时间信息均为不详，在此不做分析。

2.8.3 澳大利亚

2012—2017 年，澳大利亚实施召回的消费品中，有/无生产时间信息的召回次数分布情况如图 2.8-27 所示。统计数据表明，有生产时间记录的召回次数占总召回次数的 1.42%，生产时间记录不详的召回次数的占比为 98.58%。

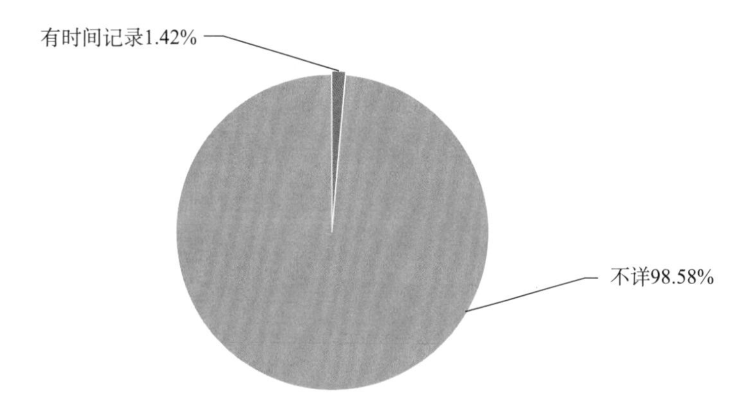

图 2.8-27　2012—2017 年澳大利亚有/无生产时间信息的召回次数对比

2012—2017 年，澳大利亚实施召回的消费品中，不同生产时间跨度上的召回次数分布情况如图 2.8-28 所示。统计数据表明，生产时间跨度是五年以上的召回次数最多，生产时间跨度是三年以上五年以内的召回次数最少。

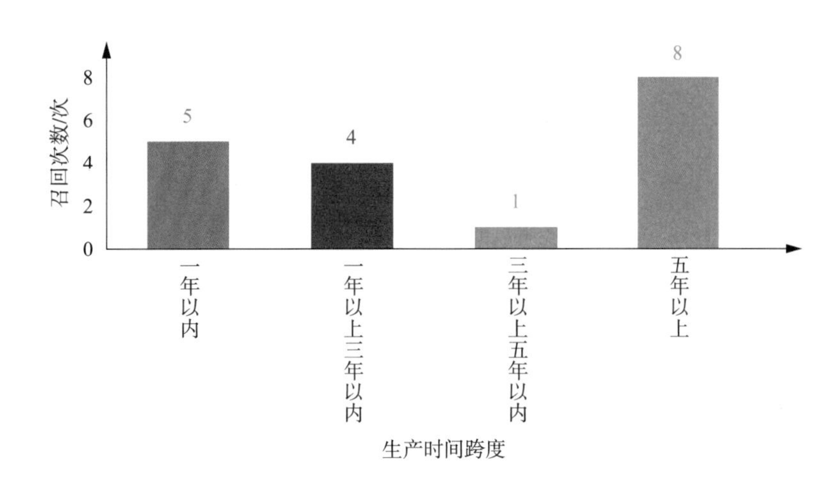

图 2.8-28　2012—2017 年澳大利亚生产时间跨度上召回次数的分布

2012—2017 年，澳大利亚实施召回的消费品中，在各个年度不同生产时间跨度上的召回次数分布情况如图 2.8-29 所示。统计数据表明，除了不详数据外，2012 年、2016 年生

产时间跨度是五年以上的召回次数最多，2013年生产时间跨度是一年以内的召回次数最多，2014年、2015年和2017年的召回消费品的生产时间跨度均为不详。

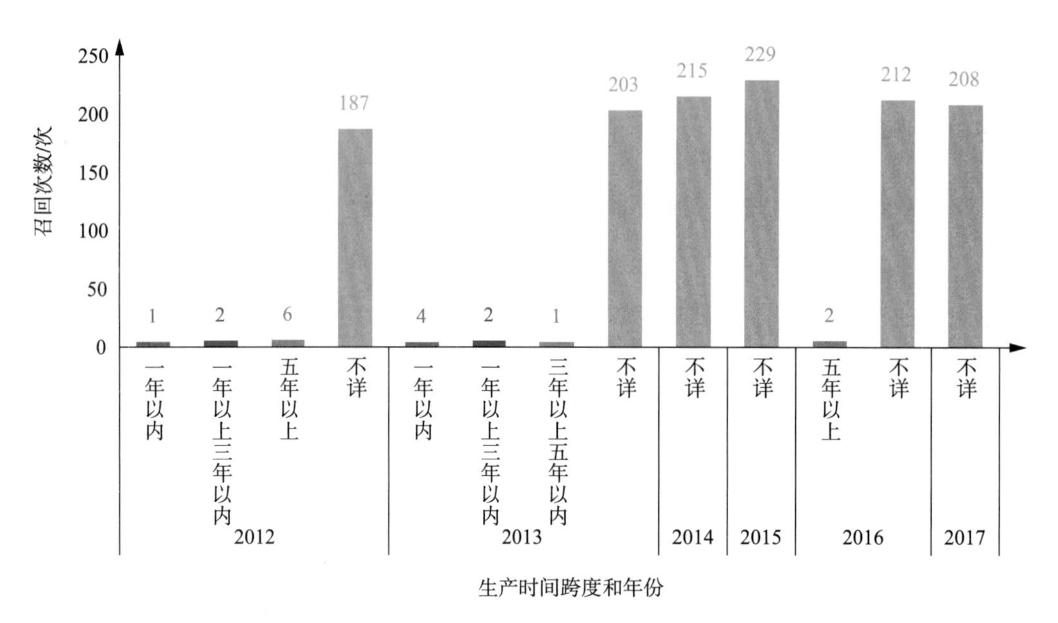

图2.8-29　2012—2017年澳大利亚各个年度的生产时间跨度上召回次数的分布

2012—2017年，澳大利亚实施召回的消费品中，不同生产时间跨度上召回次数的分布情况如图2.8-30所示。统计数据表明，家具、日用纺织品和服装、食品相关产品、五金建材和药品的生产时间跨度均为不详。

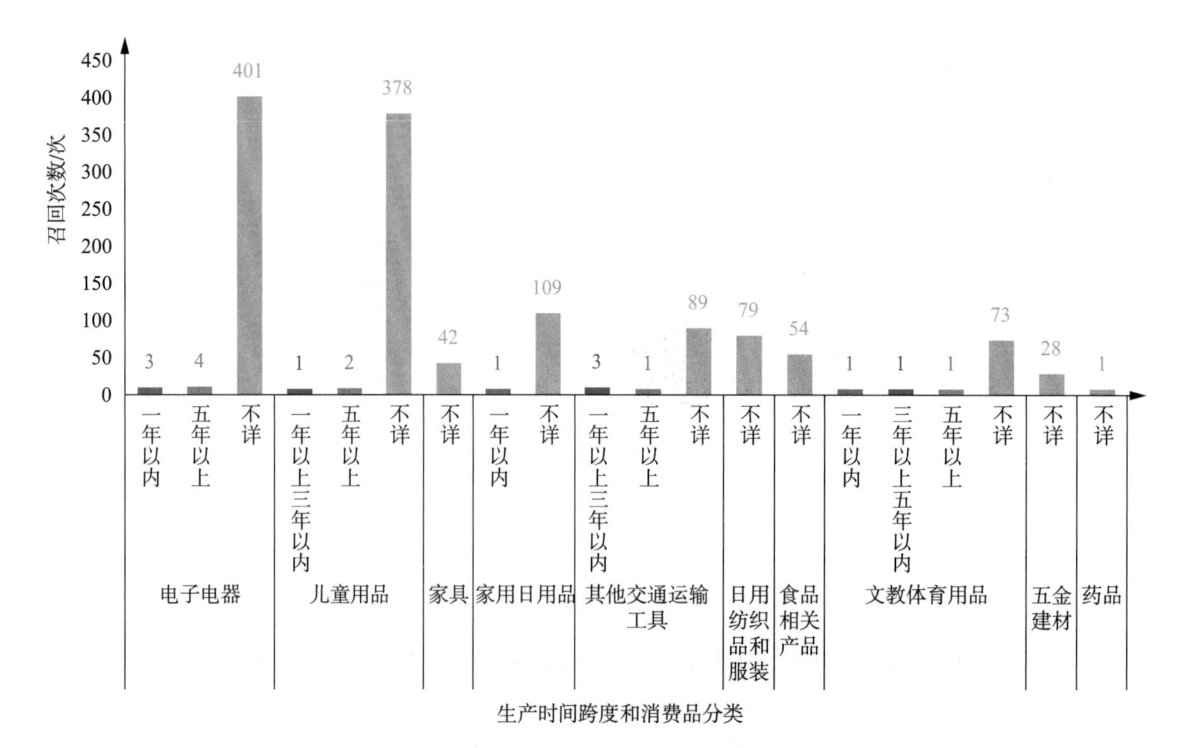

图2.8-30　2012—2017年澳大利亚消费品生产时间跨度上召回次数的分布

2012—2017 年，澳大利亚实施召回的消费品中，有/无销售时间信息的召回次数分布情况如图 2.8-31 所示。统计数据表明，有销售时间记录的召回次数占总召回次数的 73.74%，销售时间记录不详的召回次数占比为 26.26%。

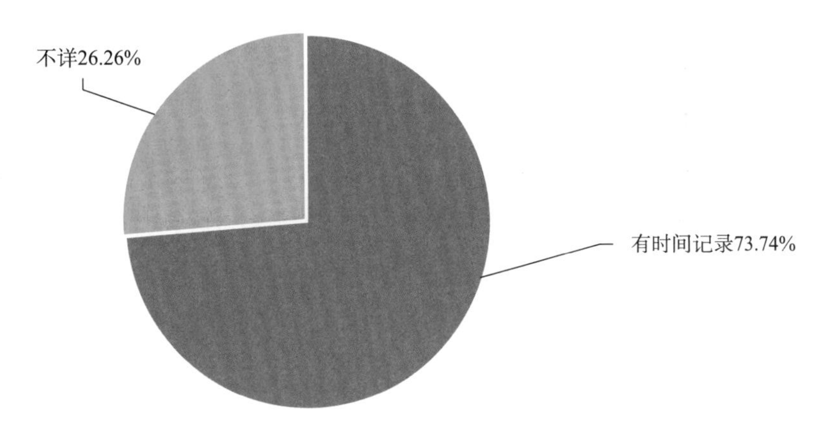

图 2.8-31　2012—2017 年澳大利亚有/无销售时间信息的召回次数对比

2012—2017 年，澳大利亚实施召回的消费品中，不同销售时间跨度上的召回次数分布情况如图 2.8-32 所示。统计数据表明，销售时间跨度是一年以内的召回次数最多，销售时间跨度是五年以上的召回次数最少。

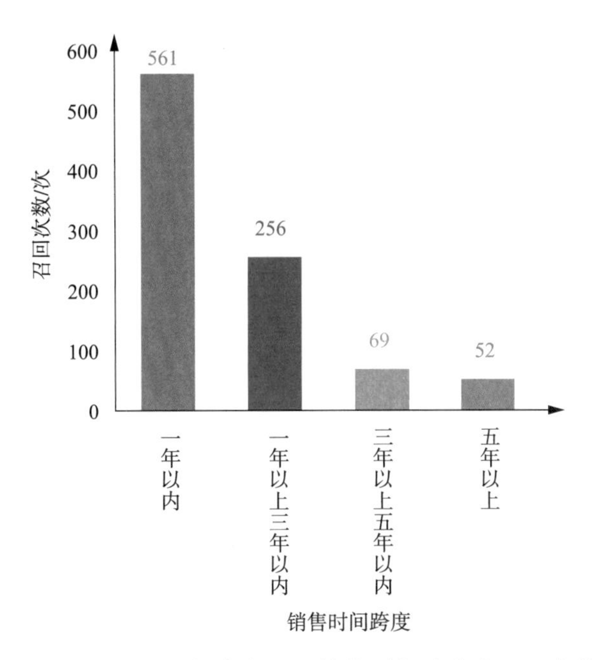

图 2.8-32　2012—2017 年澳大利亚销售时间跨度上召回次数的分布

2012—2017 年，澳大利亚实施召回的消费品中，各个年度不同销售时间跨度上的召回次数分布情况如图 2.8-33 所示。统计数据表明，不同销售时间跨度的召回次数在各年份之间差别不大。

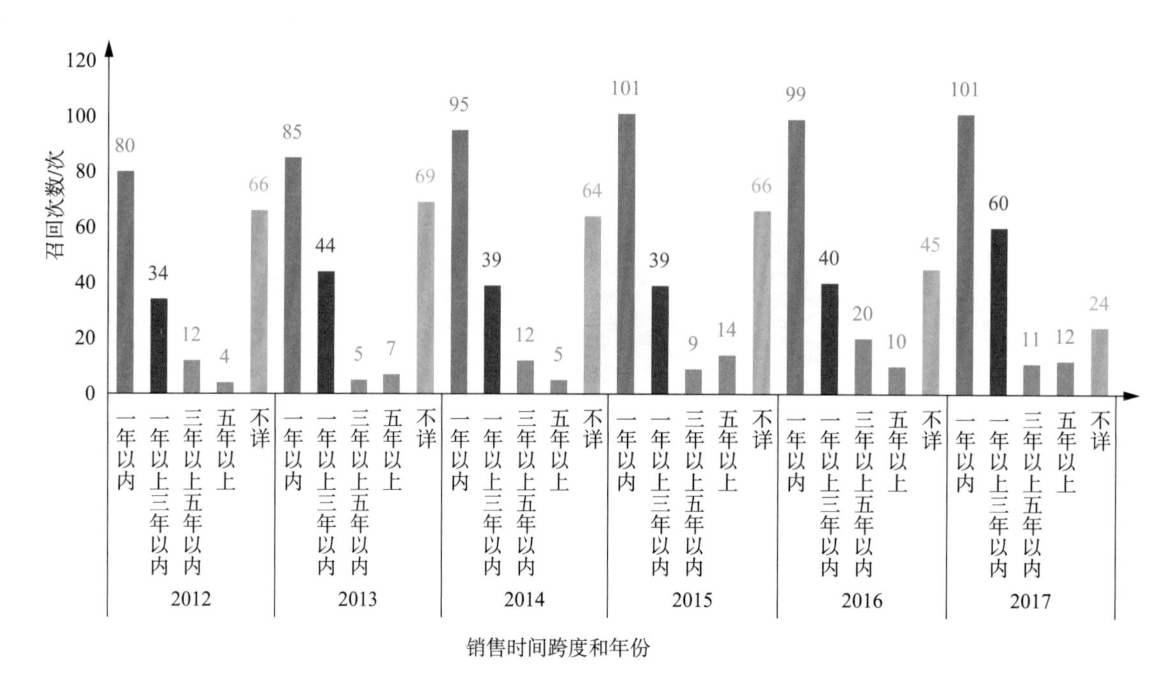

图 2.8-33　2012—2017 年澳大利亚各个年度销售时间跨度上召回次数的分布

2012—2017 年，澳大利亚实施召回的重点消费品中，不同销售时间跨度上召回次数分布情况如图 2.8-34 所示。统计数据表明，电子电器、儿童用品、家具和家用日用品召回中，销售时间跨度在一年以内的召回次数最多。

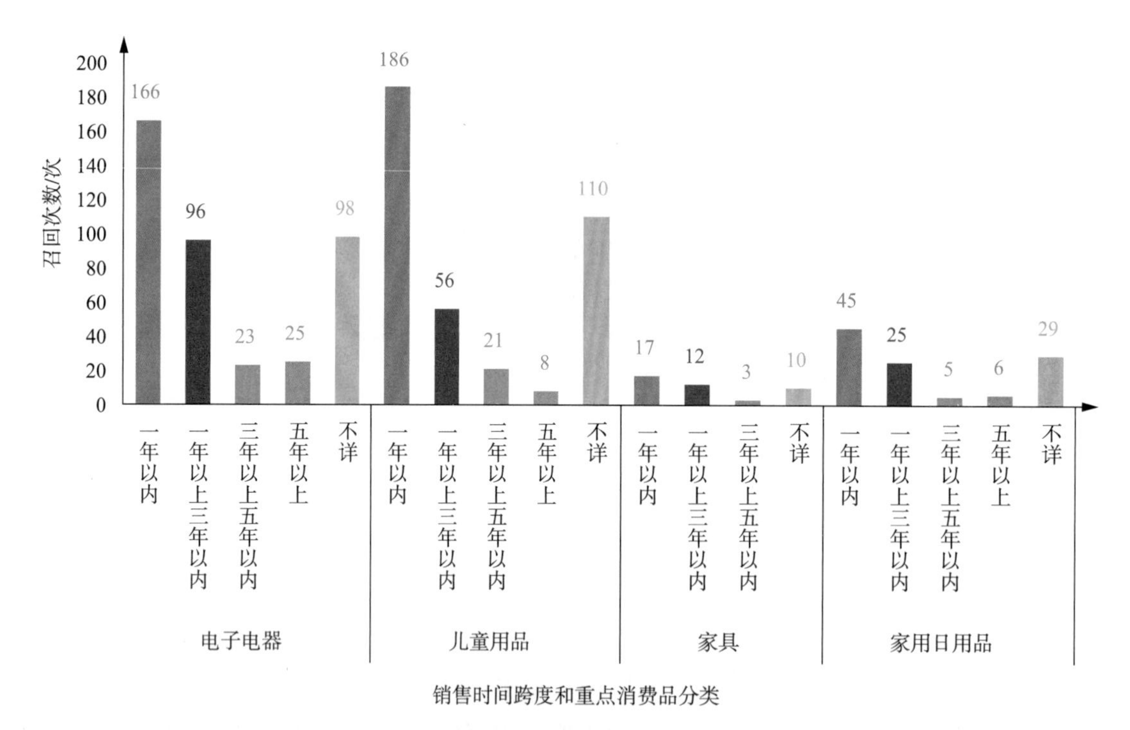

图 2.8-34　2012—2017 年澳大利亚重点消费品销售时间跨度上召回次数的分布

2012—2017 年，澳大利亚实施召回的非重点消费品中，不同销售时间跨度上召回次数分布情况如图 2.8-35 所示。统计数据表明，其他交通运输工具的销售时间跨度为一年以上三年以内的召回次数最多，日用纺织品和服装、食品相关产品、文教体育用品和五金建材的销售时间跨度为一年以内的召回次数最多，药品的销售时间跨度均为一年以内。

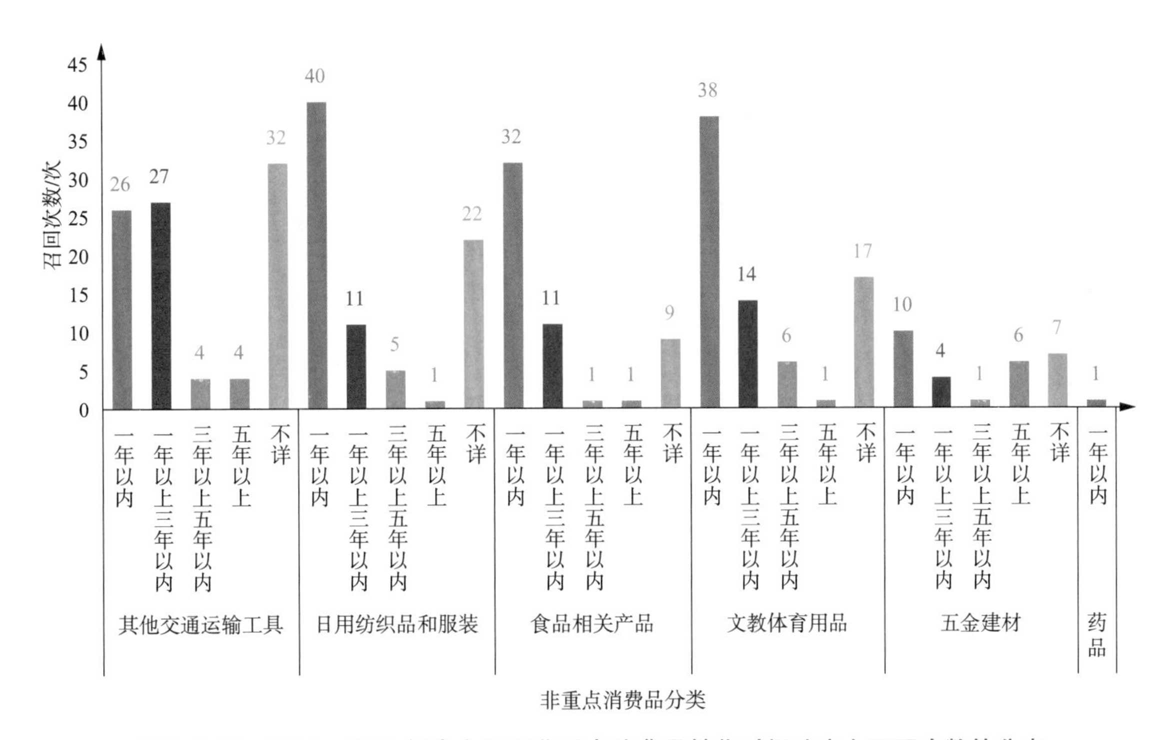

图 2.8-35　2012—2017 年澳大利亚非重点消费品销售时间跨度上召回次数的分布

2.8.4　日本

2012—2017 年，日本实施召回的消费品中，有/无生产时间信息的召回次数分布情况如图 2.8-36 所示。有生产时间记录的召回次数占总召回次数的 19.23%，生产时间记录不详的召回次数占比为 80.77%。

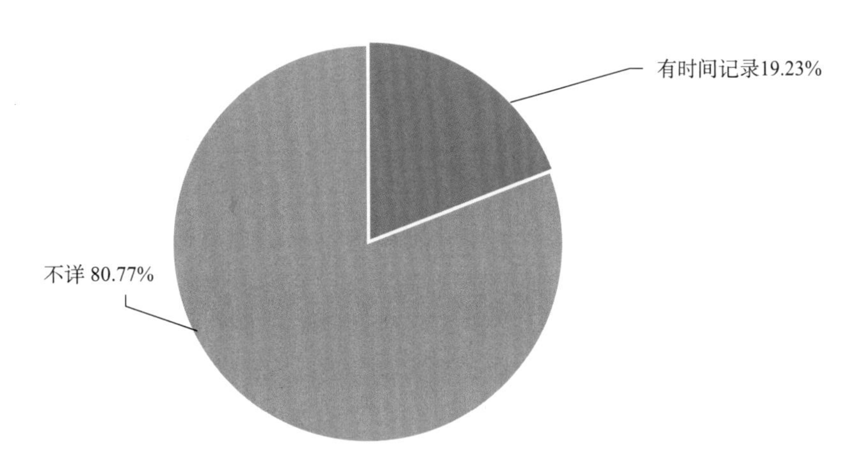

图 2.8-36　2012—2017 年日本有/无生产时间信息的召回次数对比

2012—2017年，日本实施召回的消费品中，不同生产时间跨度上的召回次数分布情况如图2.8-37所示。统计数据表明，生产时间跨度是五年以上的召回次数最多，生产时间跨度是三年以上五年以内的召回次数最少。

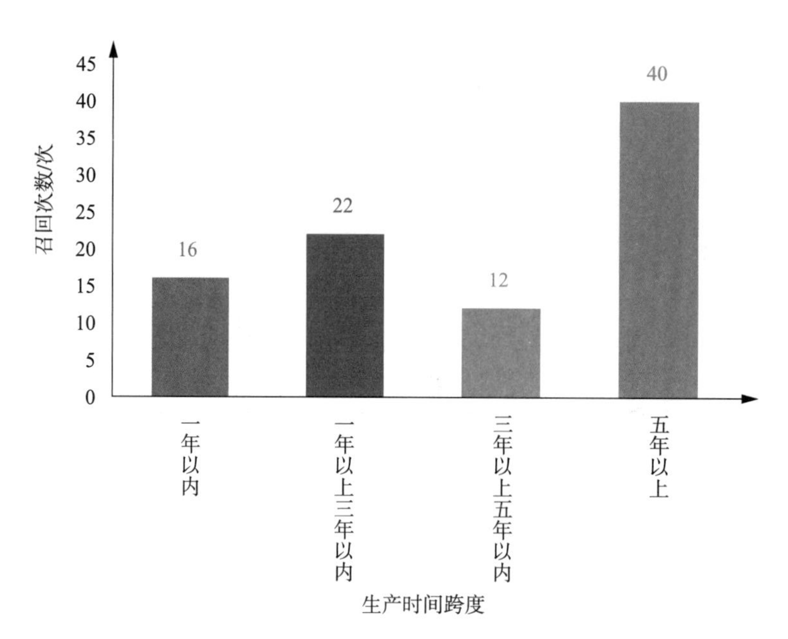

图2.8-37　2012—2017年日本生产时间跨度上召回次数的分布

2012—2017年，日本实施召回的消费品中，有/无生产时间信息的召回数量分布情况如图2.8-38所示。有生产时间记录的召回数量占总召回数量的42.25%，生产时间记录不详的召回数量占比为57.75%。

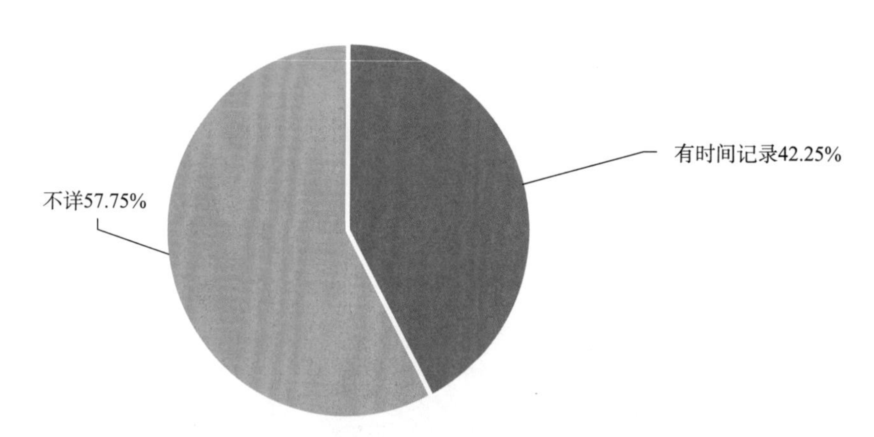

图2.8-38　2012—2017年日本有/无生产时间信息的召回数量对比

2012—2017年，日本实施召回的消费品中，不同生产时间跨度上的召回数量分布情况如图2.8-39所示。统计数据表明，召回数量最多的生产时间跨度是五年以上，召回数量最少的生产时间跨度是一年以上三年以内。

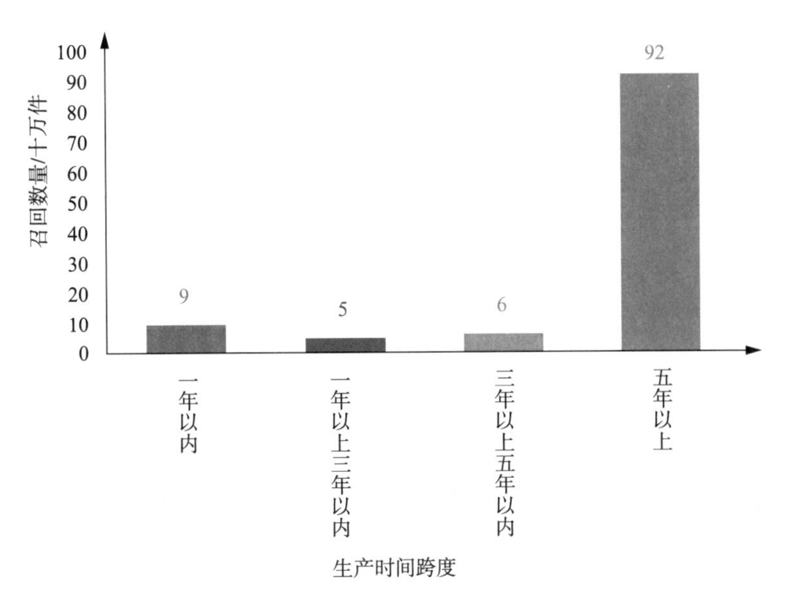

图 2.8-39 2012—2017 年日本生产时间跨度上召回数量的分布

2012—2017 年，日本实施召回的消费品中，不同生产时间跨度上的召回次数在各个年度的分布情况如图 2.8-40 所示。统计数据表明，除了生产时间跨度为不详的召回外，2012—2014 年以及 2017 年生产时间跨度是五年以上的召回次数最多，2015 年生产时间跨度是一年以上三年以内和五年以上的召回次数最多，2016 年生产时间跨度是一年以上三年以内的召回次数最多。

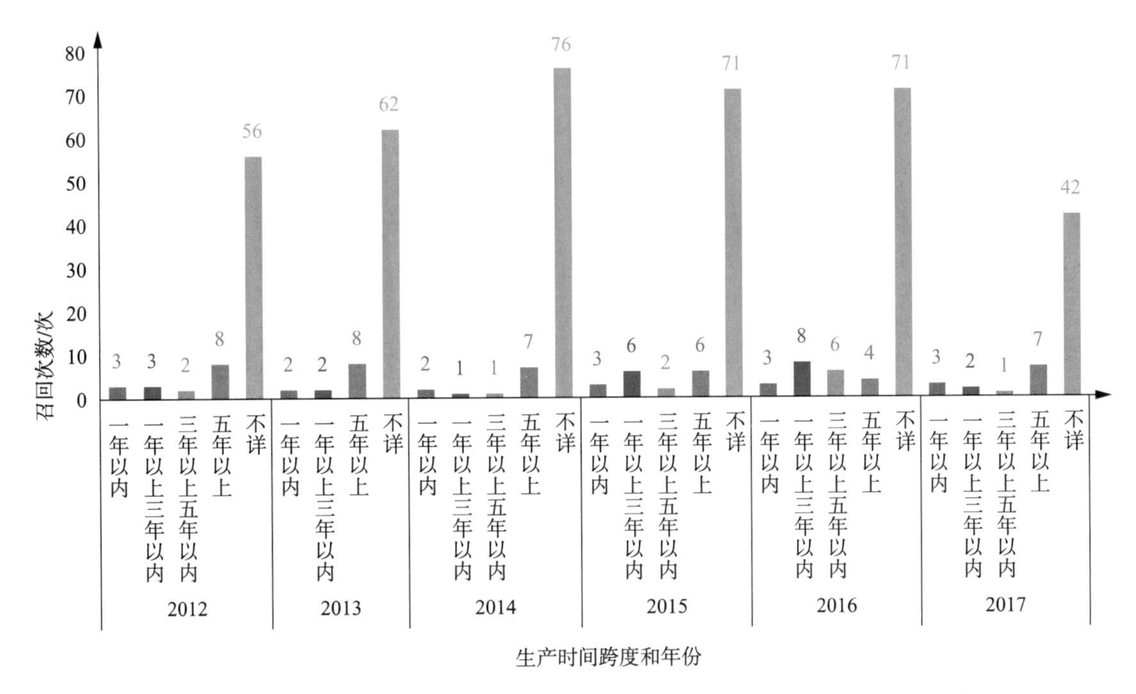

图 2.8-40 2012—2017 年日本各个年度生产时间跨度上召回次数的分布

2012—2017 年，日本实施召回的消费品中，不同生产时间跨度的召回数量在各个年度的分布情况如图 2.8-41 所示。统计数据表明，除了生产时间跨度为不详的召回外，2016 年生产时间跨度是一年以上三年以内的召回数量最多，其余年份生产时间跨度均是五年以上的召回数量最多。

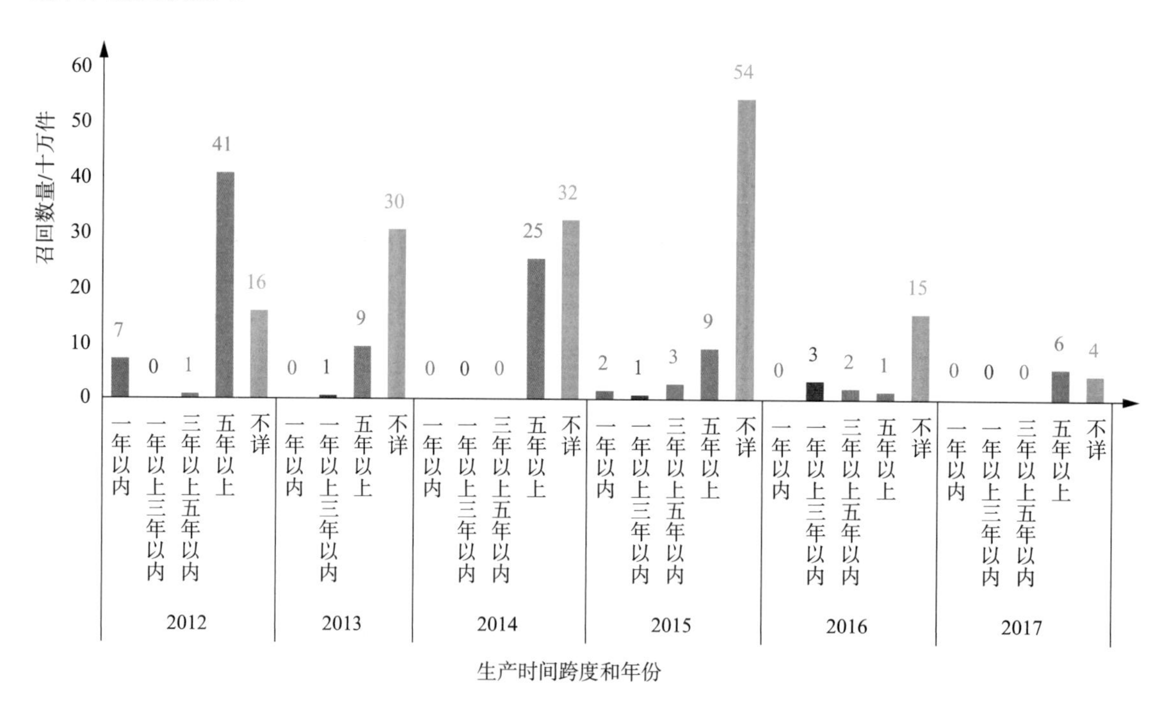

图 2.8-41　2012—2017 年日本各个年度的生产时间跨度上召回数量的分布

2012—2017年，日本实施召回的重点消费品中，不同生产时间跨度上召回次数分布情况如图2.8-42所示。统计数据表明，除了生产时间跨度为不详的召回外，电子电器、儿童用品和家具的生产时间跨度是五年以上的召回次数最多，家用日用品的生产时间跨度是一年以上三年以内和五年以上的召回次数最多。

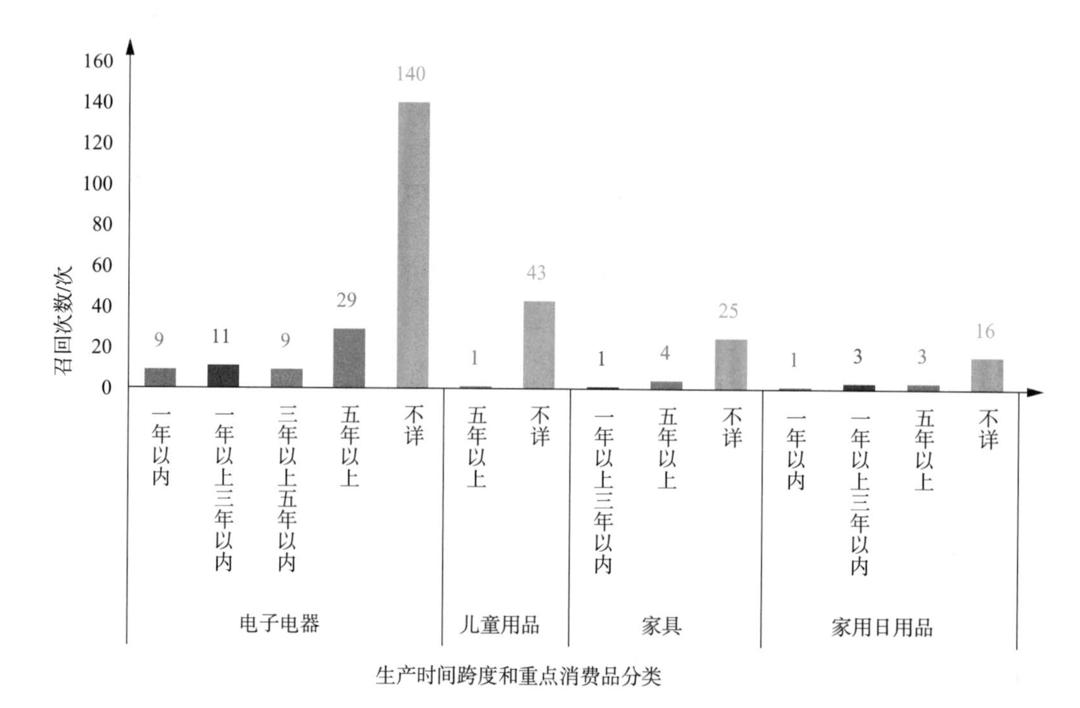

图 2.8-42　2012—2017 年日本重点消费品生产时间跨度上召回次数的分布

2012—2017 年，日本实施召回的重点消费品中，不同生产时间跨度上召回数量分布情况如图 2.8-43 所示。统计数据表明，除了生产时间跨度为不详的召回外，电子电器、儿童用品、家具的生产时间跨度均是五年以上的召回数量最多。

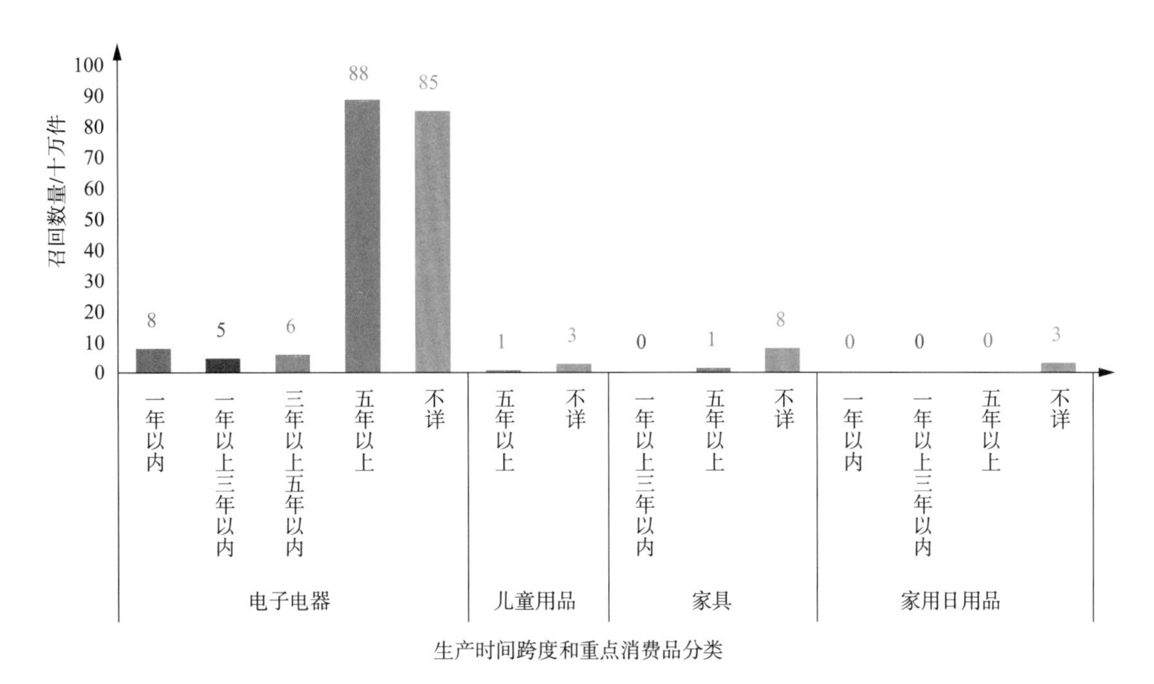

图 2.8-43 2012—2017 年日本重点消费品生产时间跨度上召回数量的分布

2012—2017 年，日本实施召回的非重点消费品中，不同生产时间跨度上召回次数分布情况如图 2.8-44 所示。数据表明，除了生产时间跨度为不详的召回外，其他交通运输工具、日用纺织品和服装的生产时间跨度为一年以上三年以内的召回次数最多，食品相关产品的生产时间跨度均为一年以内的召回次数最多。

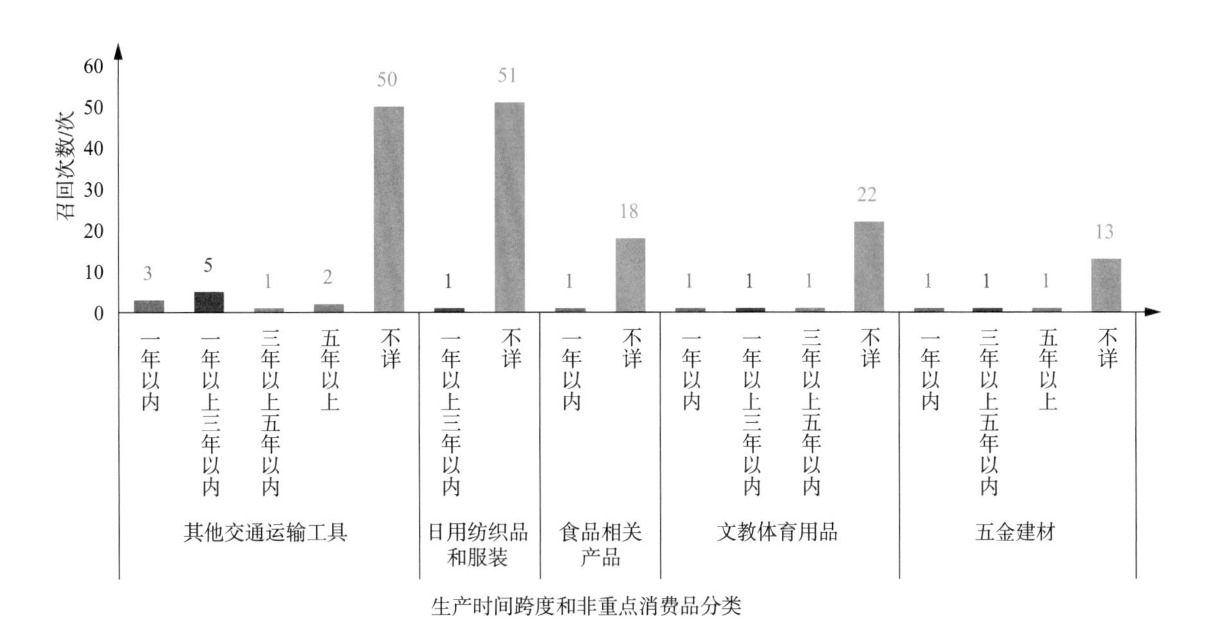

图 2.8-44 2012—2017 年日本非重点消费品生产时间跨度上召回次数的分布

2012—2017年，日本实施召回的非重点消费品中，不同生产时间跨度上召回数量分布情况如图2.8-45所示。数据表明，除了生产时间跨度为不详的召回外，食品相关产品的生产时间跨度是一年以内的召回数量远远超过其他的召回非重点消费品。

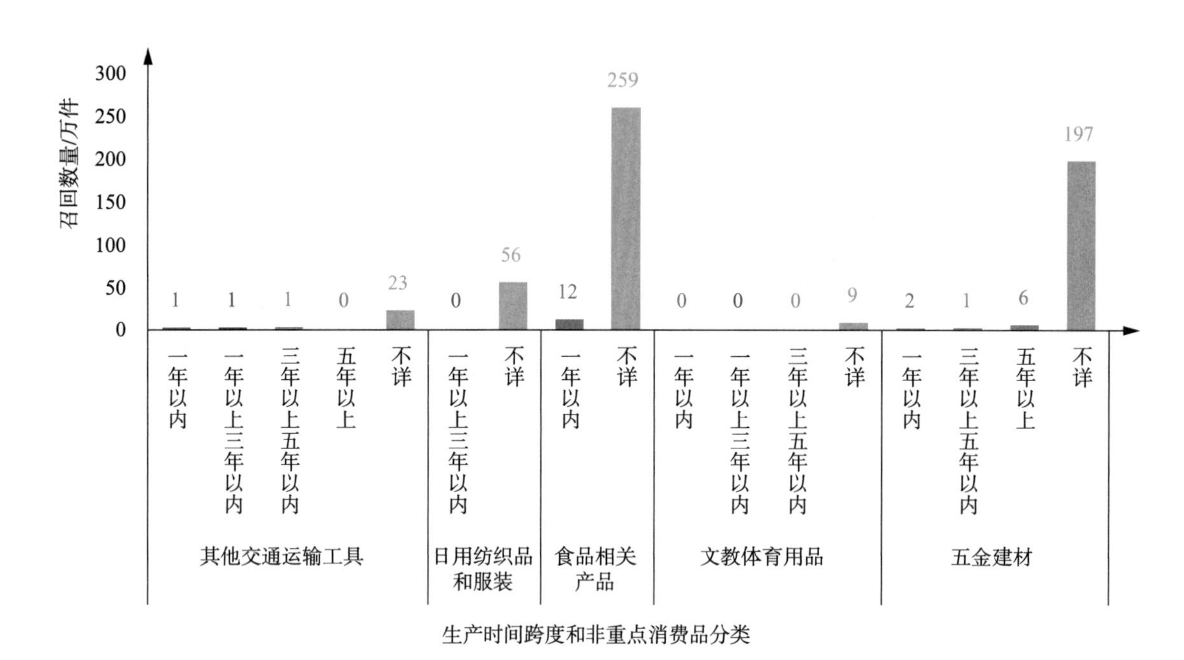

图2.8-45　2012—2017年日本非重点消费品生产时间跨度上召回数量的分布

2012—2017年，日本实施召回的消费品中，有/无销售时间信息的召回次数分布情况如图2.8-46所示。统计数据表明，有销售时间记录的召回次数占总召回次数的比为67.74%，销售时间记录不详的召回次数占比为32.26%。

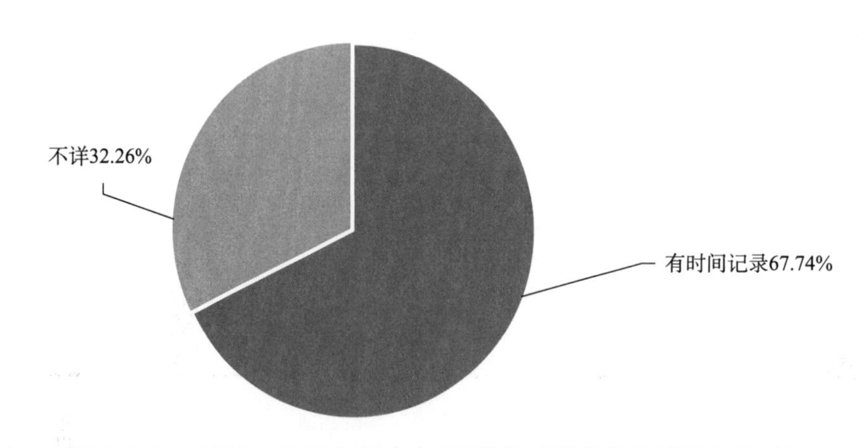

图2.8-46　2012—2017年日本有/无销售时间信息的召回次数对比

2012—2017年，日本实施召回的消费品中，不同销售时间跨度上的召回次数分布情况如图2.8-47所示。统计数据表明，销售时间跨度是一年以内的召回次数最多，销售时间跨度是三年以上五年以内的召回次数最少。

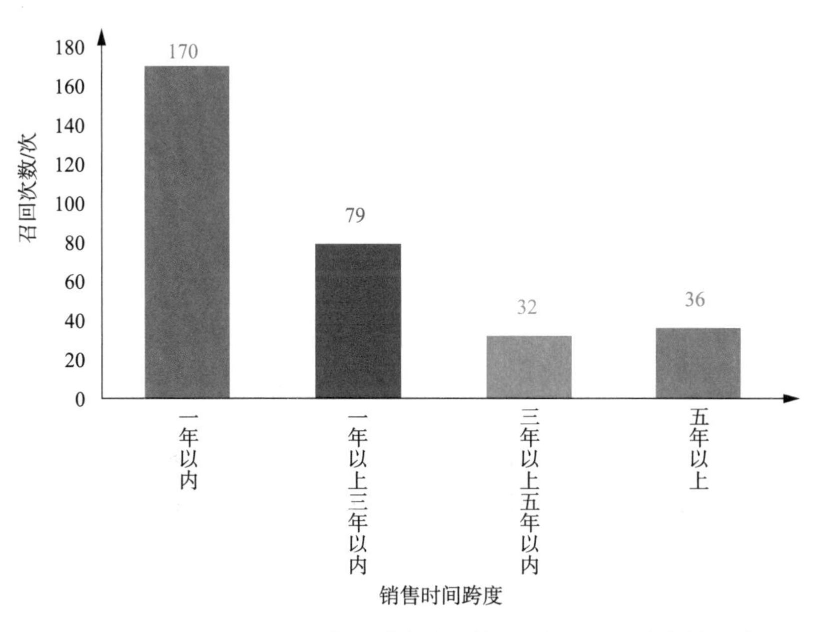

图 2.8-47　2012—2017 年日本销售时间跨度上召回次数的分布

2012—2017 年，日本实施召回的消费品中，各个年度不同销售时间跨度上的召回次数分布情况如图 2.8-48 所示。统计数据表明，除了销售时间跨度为不详的召回外，各个年度变化不大，销售时间跨度是一年以内的召回次数最多。

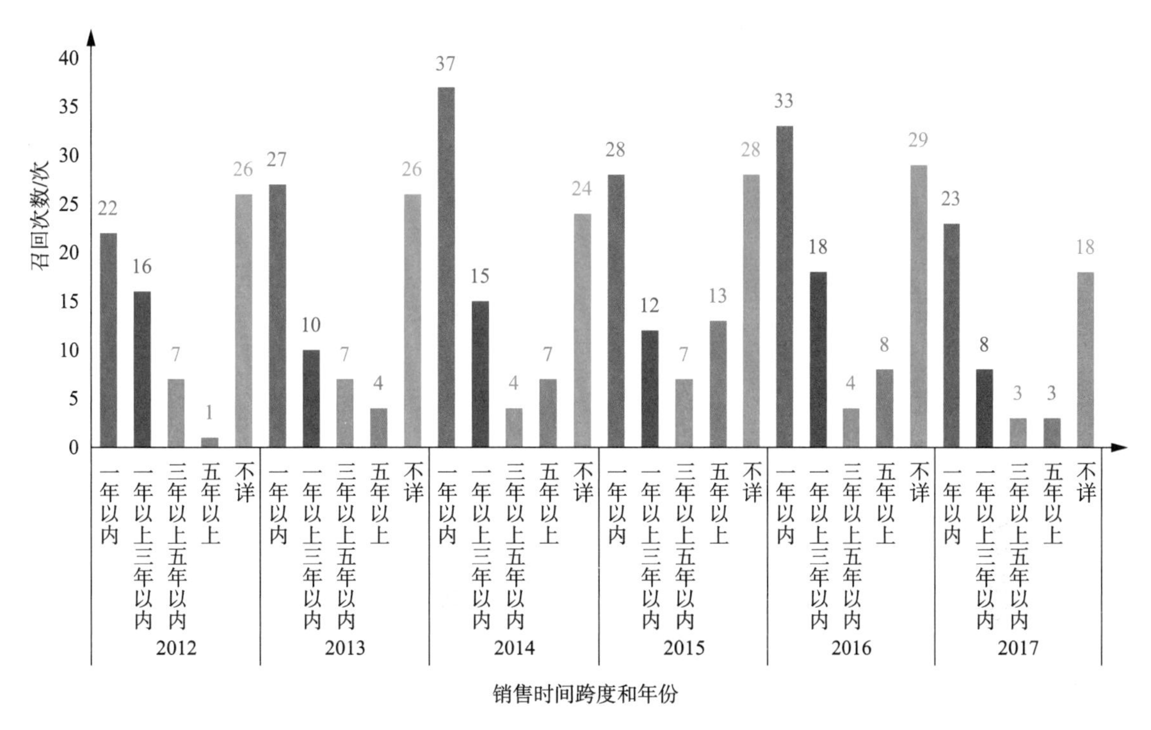

图 2.8-48　2012—2017 年日本各个年度召回消费品销售时间跨度上召回次数的分布

2012—2017 年，日本实施召回的消费品中，各个年度不同销售时间跨度上的召回数量分布情况如图 2.8-49 所示。除了销售时间跨度为不详的召回外，2014 年生产时间跨度是五年以上的召回次数最多，2013 年生产时间跨度是一年以内的召回次数最多，2012 年、

2015年生产时间跨度是三年以上五年以内的召回次数最多。

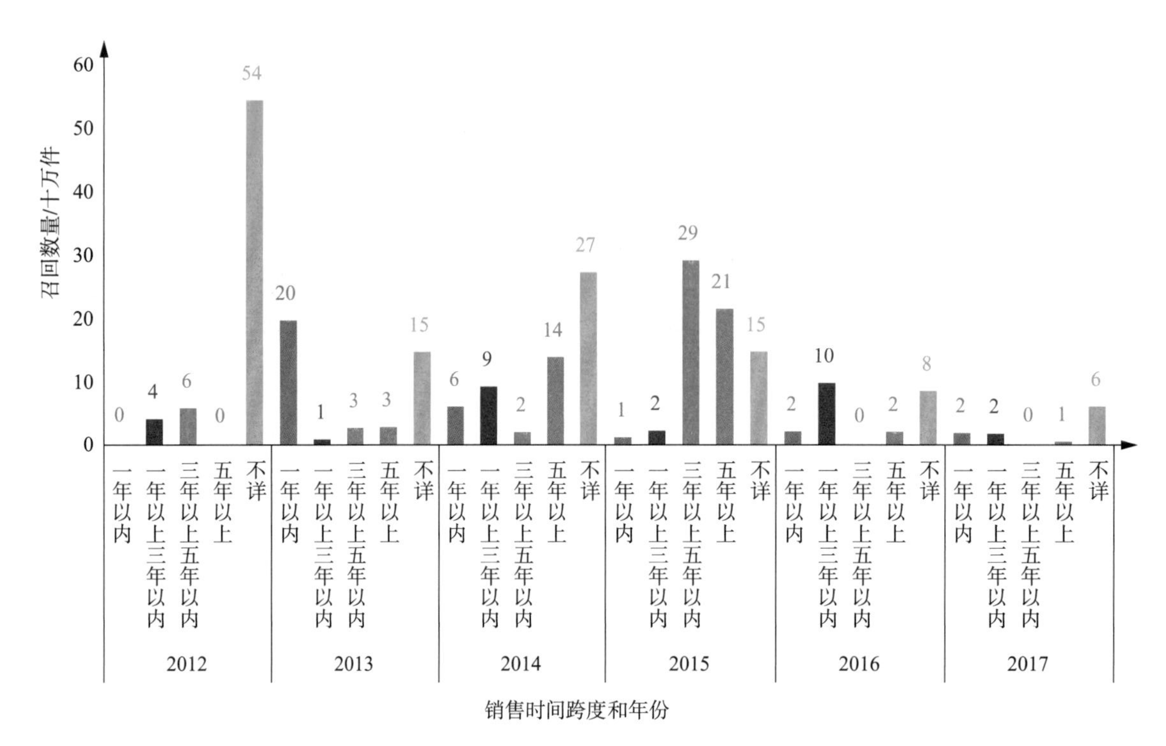

图2.8-49　2012—2017年日本各个年度的销售时间跨度上召回数量的分布

2012—2017年，日本实施召回的重点消费品中，不同销售时间跨度上召回次数分布情况如图2.8-50所示。统计数据表明，除了销售时间跨度为不详的召回外，电子电器、儿童用品、家用日用品的销售时间跨度均是一年以内的召回次数最多，家具的销售时间跨度是一年以上三年以内的召回次数最多。

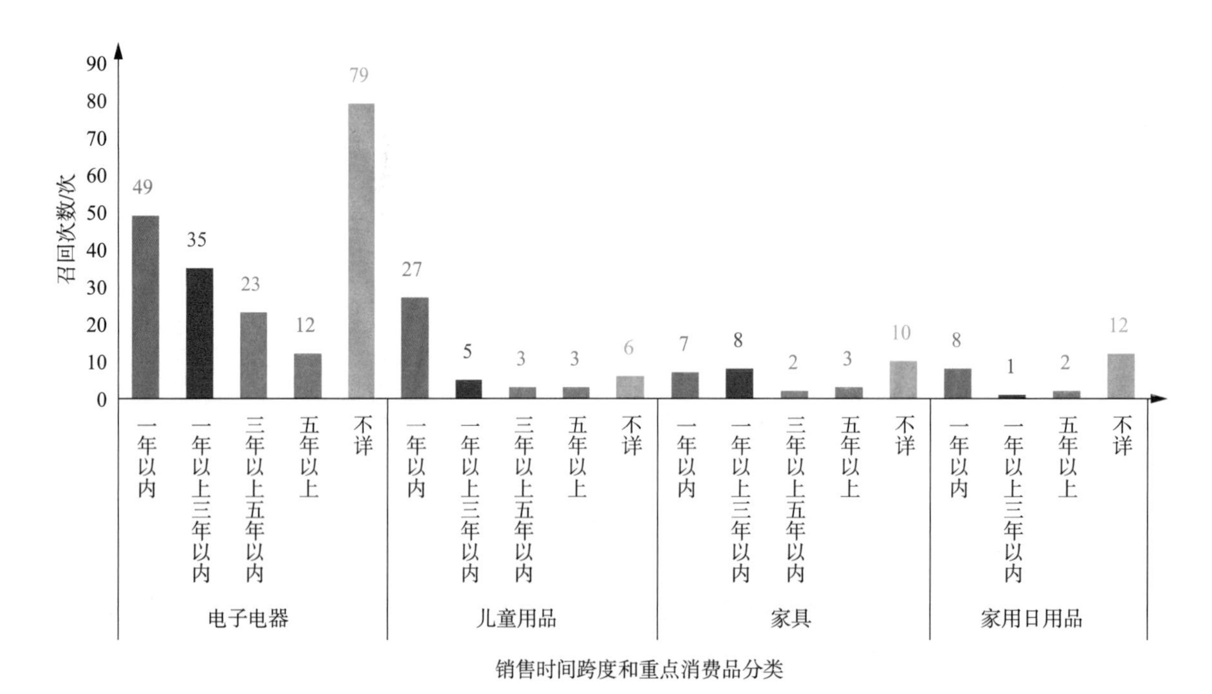

图2.8-50　2012—2017年日本重点消费品销售时间跨度上召回次数的分布

2012—2017年，日本实施召回的重点消费品中，不同销售时间跨度上召回数量分布情况如图2.8-51所示。统计数据表明，除了销售时间跨度为不详的召回外，电子电器的销售时间跨度是三年以上五年以内的召回数量最多，家具的销售时间跨度是五年以上的召回数量最多。

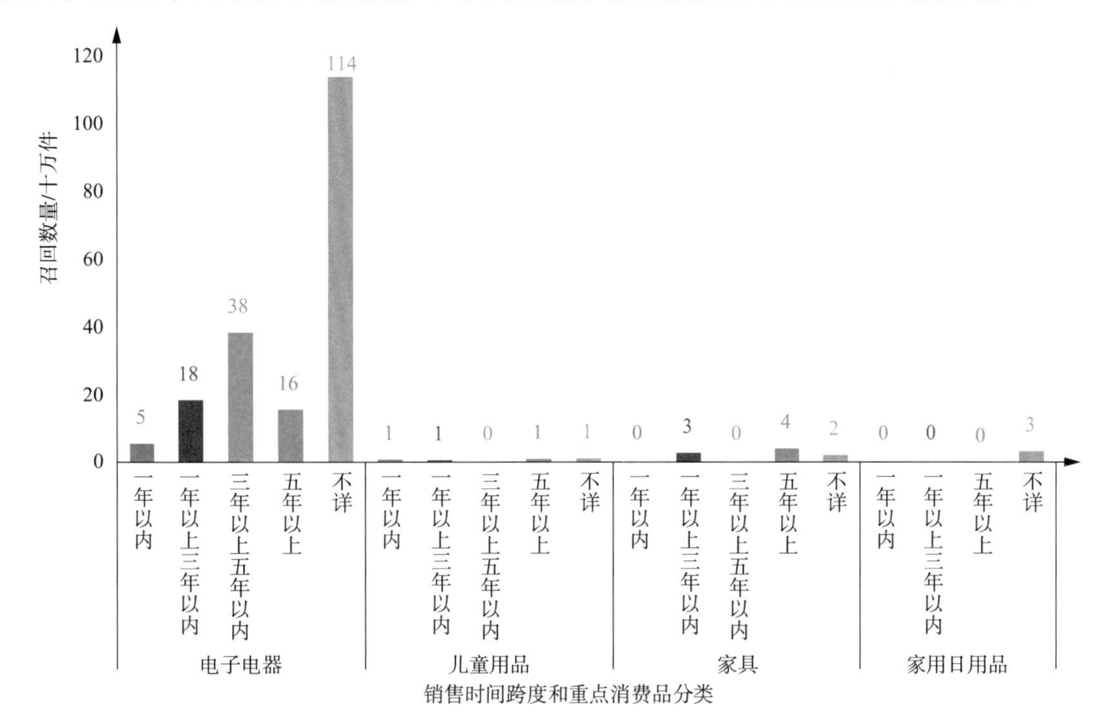

图2.8-51 2012—2017年日本重点消费品销售时间跨度上召回数量的分布

2012—2017年，日本实施召回的非重点消费品中，不同销售时间跨度上召回次数分布情况如图2.8-52所示。统计数据表明，除了销售时间跨度为不详的召回外，其他交通运输工具、日用纺织品和服装、食品相关产品的销售时间跨度均是一年以内的召回次数最多，五金建材的销售时间跨度为一年以上三年以内的召回次数最多。

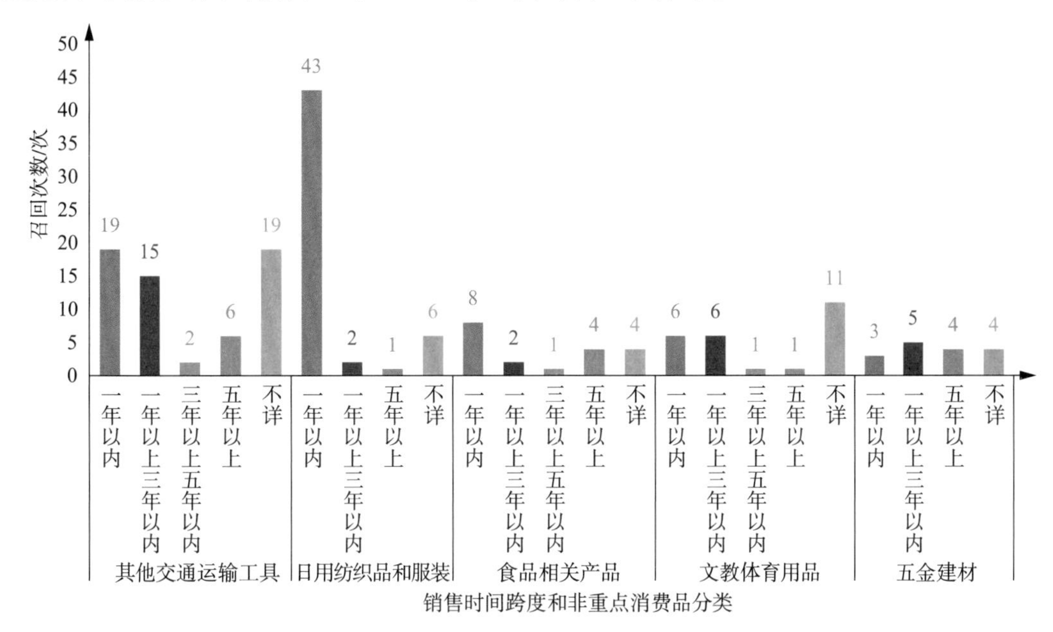

图2.8-52 2012—2017年日本非重点消费品销售时间跨度上召回次数的分布

2012—2017年，日本实施召回的非重点消费品中，不同销售时间跨度上召回数量分布情况如图2.8-53所示。统计数据表明，食品相关产品的销售时间跨度是一年以内的召回数量远超召回的其他非重点消费品，其次是五金建材的销售时间跨度是五年以上的召回数量最多。

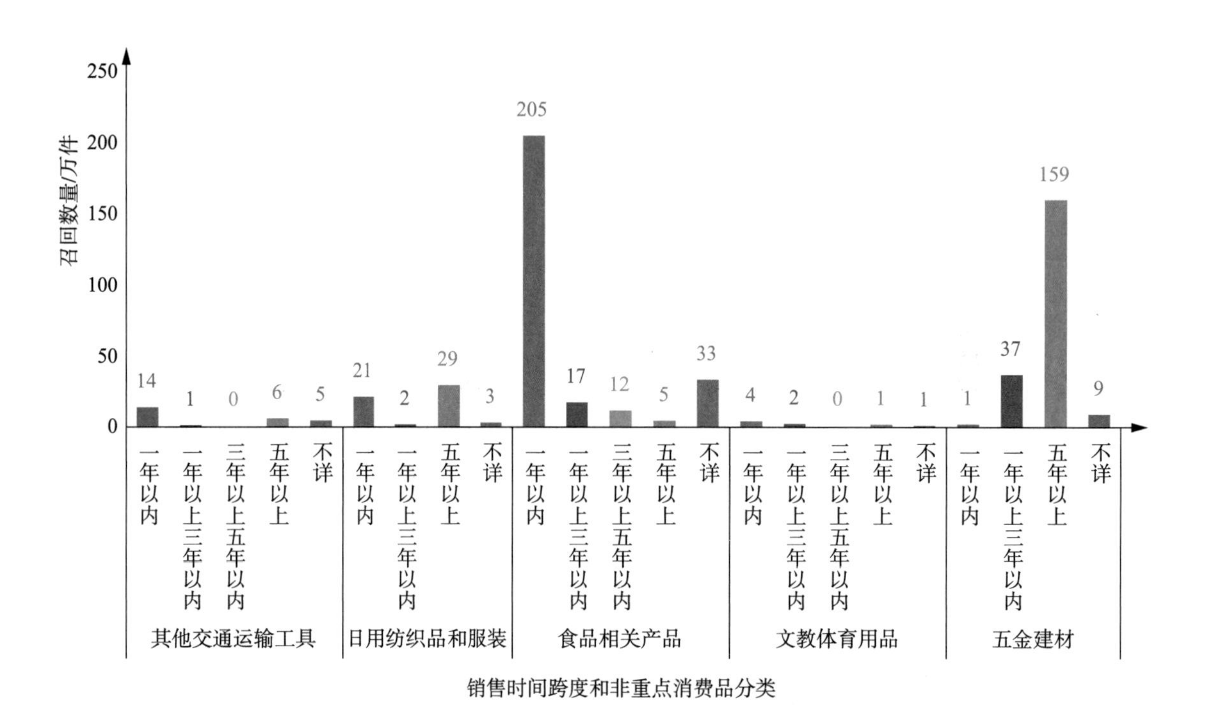

图2.8-53　2012—2017年日本非重点消费品销售时间跨度上召回数量的分布